U0792963

职业教育建筑类专业“新形态一体化”系列教材

建筑结构平法识图

主　编　刘晓立
副主编　李庆肖　郝　哲　尚　敏
参　编　王绍强　赵伟森　崔欣英　高晓旋　房　倩
　　　　刘永娟　何国林　舒兆涛　杜亚港
主　审　张玉威

机械工业出版社

本书依据《中等职业学校建筑工程施工专业教学标准》，以《混凝土结构施工图平面整体表示方法制图规则和构造详图》“22G101”系列图集和《混凝土结构设计规范（2015 年版）》（GB 50010—2010）为基础，对接职业标准和行业企业岗位需求编写。

本书共有 8 个教学任务，依次为混凝土结构平法识图通用知识、独立基础平法施工图识读、条形基础平法施工图识读、柱平法施工图识读、梁平法施工图识读、板平法施工图识读、楼梯平法施工图识读、剪力墙平法施工图识读。本书附有某学校实训楼工程图和微课视频。

本书主要作为中等职业学校土建施工、建设工程管理类专业教材，也可作为建筑行业人员参考用书。

为方便教学，本书还配有电子课件及相关资源，凡使用本书作为教材的教师可登录机械工业出版社教育服务网（www.cmpedu.com），进行注册下载。机工社职教建筑群（教师交流 QQ 群）：221010660。咨询电话：010-88379934。

图书在版编目（CIP）数据

建筑结构平法识图/刘晓立主编. —北京：机械工业出版社，2024.5
职业教育建筑类专业“新形态一体化”系列教材
ISBN 978-7-111-75508-1

Ⅰ.①建…　Ⅱ.①刘…　Ⅲ.①建筑结构-建筑制图-识图-中等专业学校-教材　Ⅳ.①TU204

中国国家版本馆 CIP 数据核字（2024）第 066991 号

机械工业出版社（北京市百万庄大街 22 号　邮政编码 100037）
策划编辑：沈百琦　　责任编辑：沈百琦　舒　宜
责任校对：王小童　刘雅娜　　封面设计：马精明
责任印制：郜　敏
中煤（北京）印务有限公司印刷
2024 年 7 月第 1 版第 1 次印刷
184mm×260mm · 15.5 印张 · 343 千字
标准书号：ISBN 978-7-111-75508-1
定价：49.00 元（含工作页）

电话服务
客服电话：010-88361066
010-88379833
010-68326294

网络服务
机　工　官　网：www.cmpbook.com
机　工　官　博：weibo.com/cmp1952
金　　书　　网：www.golden-book.com
机工教育服务网：www.cmpedu.com

前言

2019年1月《国家职业教育改革实施方案》在教材建设上倡导使用新型活页式、工作手册式教材并配套开发信息化资源。2019年12月，教育部印发的《职业院校教材管理办法》，要求教材内容对接科技发展趋势和市场需求，及时吸收比较成熟的新技术、新工艺、新规范等。

本书是活页式新形态教材，以《国家职业教育改革实施方案》为行动纲领，内容以培养学生职业技能为核心，突出以学生为中心，以实际项目图样为载体，以识读结构构件平法施工图划分相对独立的模块化工作任务为编写框架，对接职业岗位需求，充分融入当前职业教育改革的要求。

本书具有以下特点：

（1）“校、企、研”共同编写的活页式新形态教材

本书结合专业教学改革实际，是由一线教师、企业专家、出版社共同参与开发的一本活页式教材。本书分为主教材和工作页两部分，主教材为理论知识点部分，以“理论够用、实践为重”，力求做到科学严谨、简短精练；工作页以学生实战练习为主，结合行动导向法、项目教学六步法进行内容和结构设计，以实现学生学习主体地位，提升职业技能培养为目标。

（2）引入合适的工程案例，满足课程需要和学生学习特点

本书选用一套“某学校实训楼”的建筑结构施工图，按照图纸目录中包括的构件施工图划分8个学习任务，以识图任务为引领，将结构构件的基本知识、平法制图规则、构件标准构造详图等主要知识点融合到平法识图的任务中。

（3）融入思政元素，培养爱岗敬业新时代工匠

本书在课程内容、教学评价上充分挖掘其蕴含的思政元素，对应章节的相关内容，通过案例、图片、视频等有机融入中华优秀传统文化、创新意识，弘扬劳动光荣、技能宝贵、精益求精的劳模精神和工匠精神，在课堂上实现对学生价值塑造、知识传授和能力培养“三位一体”的人才培养，落实“三全育人（全员育人、全程育人、全方位育人），立德树人”的根本任务。

（4）图文并茂，激发学生的学习兴趣

本书在内容表达形式上通过穿插思维导图、三维图形、微视频（二维码）等，减少仅有文字表达的枯燥感，增加了学习过程的趣味性。

（5）配套立体化资源，满足多维学习需求

本书有专门配套的图样、学生练习的工作页、突破学习重难点知识的微课视频、知识点的例题解析，以及每一章节的课件，方便教师授课和学生学习。

本书建议学时数120~180学时。

本书由河北城乡建设学校刘晓立担任主编并统稿，河北城乡建设学校李庆肖、郝哲、

尚敏担任副主编，参与编写的还有河北城乡建设学校王绍强、赵伟森、崔欣英、高晓旋，亚瑞建筑设计有限公司房倩，威海职业学院刘永娟，广西理工职业技术学校何国林，河北顺安远大环保科技股份有限公司舒兆涛，河北叶太信息科技有限公司杜亚港。全书由河北城乡建设学校张玉威负责主审。

本书编写过程中参考了一些文献和资料，另外，一砖一瓦科技有限公司石家庄分公司樊素强为本书提供了很多建议和资料，在此一并表示衷心的感谢。

由于编者水平有限，书中不足之处在所难免，恳请读者批评指正，以便进一步修改完善。

编　者

本书二维码清单

序号	名称	图形	序号	名称	图形
1	结构类型		8	条形基础梁的平面注写方式	
2	锚固长度概念及查表取值		9	条形基础底板的平面注写方式	
3	钢筋连接		10	条形基础列表注写方式	
4	独立基础平法识图		11	条形基础底板构造	
5	独立基础平面注写——钢筋识读		12	条形基础梁构造	
6	独立基础底板钢筋构造		13	柱配筋	
7	条形基础识读基本知识		14	柱列表注写方式	

（续）

序号	名称	图形	序号	名称	图形
15	柱构造要求-嵌固部位、H_n含义		23	原位标注	
16	梁平面注写——梁编号		24	标准构造详图	
17	梁平面注写——梁截面尺寸		25	板式楼梯类型	
18	梁平面注写——梁箍筋		26	楼梯平面注写方式	
19	梁平面注写——梁上部通长筋或架立筋		27	楼梯配筋构造解读	
20	梁平面注写——梁侧面钢筋及梁顶标高差		28	墙身和墙柱	
21	楼板平法识图基础知识		29	墙梁和洞口	
22	板集中标注内容		30	墙柱的标注	

（续）

序号	名称	图形	序号	名称	图形
31	墙身的标注		35	墙身水平分布筋构造	
32	墙梁的标注		36	墙身竖向分布筋构造	
33	洞口的注写		37	墙梁构造	
34	剪力墙截面注写方式				

目　录

任务 1　混凝土结构平法识图通用知识

学习内容

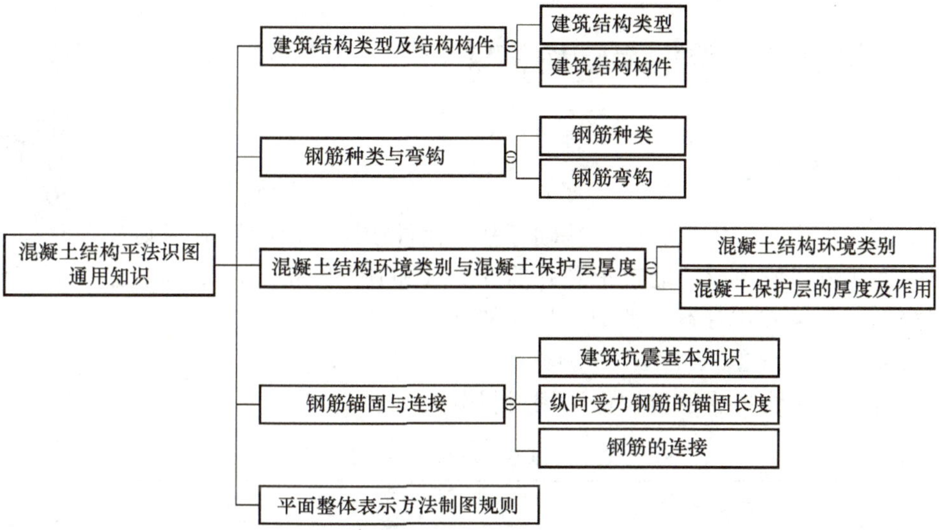

学习目标

学习任务	知识点	技能目标	素养目标
1. 建筑结构类型及结构构件	知识点 1：建筑结构类型 知识点 2：建筑结构构件	1. 能根据建筑特征，识别建筑结构类型 2. 了解结构构件受力情况 3. 能绘制结构构件平面图	观看建筑史纪录片，了解中国建筑发展史。强调结构安全的重要性，增强学生责任意识，培养学生遵守职业道德和职业规范意识
2. 钢筋种类与弯钩	知识点 1：钢筋种类 知识点 2：钢筋弯钩	1. 能根据热轧钢筋牌号及性能表识读钢筋牌号及符号，并能一一对应 2. 能正确识读纵向钢筋弯钩与机械锚固形式 3. 能正确识读封闭箍筋及拉筋弯钩构造	了解钢筋的市场需求，以及钢筋施工安全问题的案例，培养学生责任感
3. 混凝土结构环境类别与混凝土保护层厚度	知识点 1：混凝土结构环境类别 知识点 2：混凝土保护层的厚度及作用	能根据表格判断构件混凝土最小保护层厚度	

（续）

学习任务	知识点	技能目标	素养目标
4. 钢筋锚固与连接	知识点1：建筑抗震基本知识 知识点2：纵向受力钢筋的锚固长度 知识点3：钢筋的连接	能根据图样识读建筑抗震等级 能正确查表得出钢筋锚固长度	重视理论与实践相结合，在学习中培养协作意识、探索研究问题能力
5. 平面整体表示方法制图规则	知识点：熟悉平面整体表示方法制图规则	会识读图纸目录 会识读层高表	

1.1 建筑结构类型及结构构件

一、建筑结构类型

建筑结构是由梁、板、墙、柱、基础等基本构件按照一定的组成规则，通过正确的连接方式所组成的能够承受并传递荷载和其他间接作用的体系。建筑结构按不同分类方式有不同类型，具体如下：

结构类型

1. 按建筑物主要承重构件所用材料分类

建筑结构按建筑物主要承重构件所用材料分类见表 1-1。

表 1-1　按建筑物主要承重构件所用材料分类

结构类型	承重材料特点	图例
钢筋混凝土结构	主要承重构件所用材料为钢筋和混凝土	
砌体结构	竖向承重构件为砖、石或砌块墙体，水平承重构件为钢筋混凝土梁、楼板	

（续）

结构类型	承重材料特点	图例
钢结构	主要承重构件所用材料为型钢	
木结构	主要承重构件所用材料为木材	

2. 按承重结构分类

建筑结构按承重结构分类见表1-2。

表1-2 按承重结构分类

结构类型	承重结构特点	适用范围及图例
框架结构	框架结构是指由梁和柱以刚接或者铰接相连接而成，构成承重体系的结构，即由梁和柱组成框架共同抵抗使用过程中出现的水平荷载和竖向荷载	具有可以较灵活地配合建筑平面布置的优点，利于安排需要较大空间的建筑结构 

（续）

结构类型	承重结构特点	适用范围及图例
剪力墙结构	剪力墙结构是用钢筋混凝土墙板来代替框架结构中的梁柱，用钢筋混凝土墙板来承受竖向力和水平力	钢筋混凝土墙板能承受竖向力和水平力，它的刚度很大，空间整体性好，高层住宅采用最为广泛 
框架-剪力墙结构	框架-剪力墙结构也称框剪结构，这种结构是在框架结构中布置一定数量的剪力墙，构成灵活自由的使用空间，满足不同建筑功能的要求	它具有框架结构平面的布置灵活、有较大空间的优点，又具有侧向刚度较大的优点，适用于高层建筑 

（续）

结构类型	承重结构特点	适用范围及图例
筒体结构	筒体结构是指由一个或多个筒体作为承重结构的高层建筑结构，是将剪力墙或密柱框架集中到房屋的内部和外围而形成的空间封闭式的筒体	它适用于平面或竖向布置繁杂、水平荷载大的高层建筑 

二、建筑结构构件

建筑结构构件主要指的是结构施工图上的承重构件，支承荷载起骨架作用的构件或由其组成的整体都称为结构。房屋中的梁、柱、屋架、基础等构件，以及由这些构件所组成的体系都是结构构件。

1. 受弯构件

在钢筋混凝土结构中，梁和板是典型的受弯构件。

（1）钢筋混凝土梁

1）受力情况。实验和理论分析表明，受弯构件在荷载的作用下，截面上通常有弯矩和剪力共同作用，跨中由弯矩作用引起正截面破坏，靠近支座处由剪力和弯矩共同作用产生斜截面破坏。梁破坏形式示意图如图 1-1 所示。

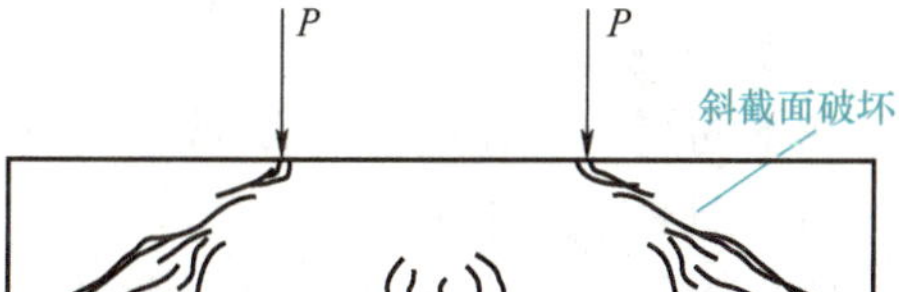

图 1-1　梁破坏形式示意图

2）钢筋配置。梁下部需设置纵向受力钢筋（简称受力筋），梁内需设置箍筋，斜截面处也可设置弯起钢筋。框架形态及梁柱钢筋设置示意图如图 1-2 所示。

（2）钢筋混凝土板

1）受力情况。板跨中承受跨中正弯矩，下部为受拉区，上部为受压区；支座处承受支座负弯矩，板上部为受拉区，下部为受压区。

2）钢筋配置。跨中板下部需设置纵向受力钢筋，支座处板上部需设置纵向受力钢筋。板内钢筋设置示意图如图 1-3 所示。

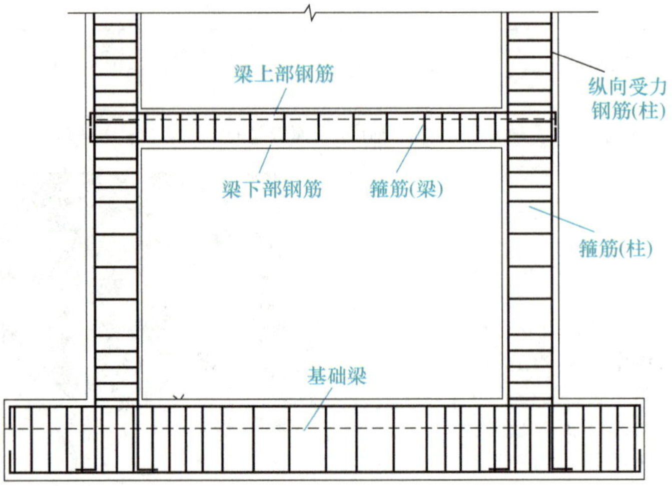

图 1-2　框架形态及梁柱钢筋设置示意图

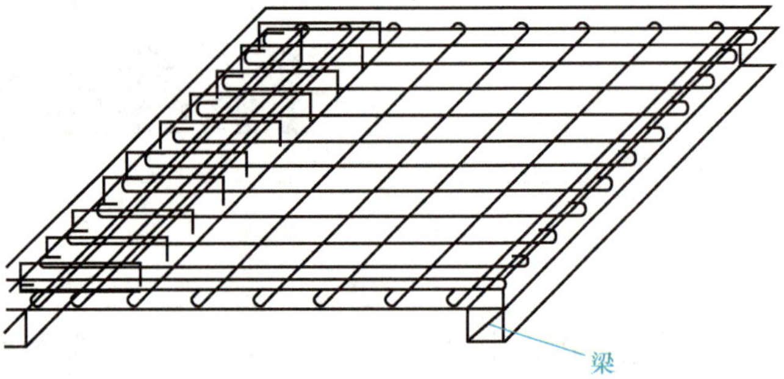

图 1-3　板内钢筋设置示意图

2. 受压构件

在钢筋混凝土结构中，最常见的受压构件为柱。

(1) 柱的受力情况

柱主要承受纵向压力，也会承受一定的弯矩和剪力作用。柱按照纵向外力的作用位置不同，可分为轴心受压构件、单向偏心受压构件和双向偏心受压构件。受压构件类型如图 1-4 所示。

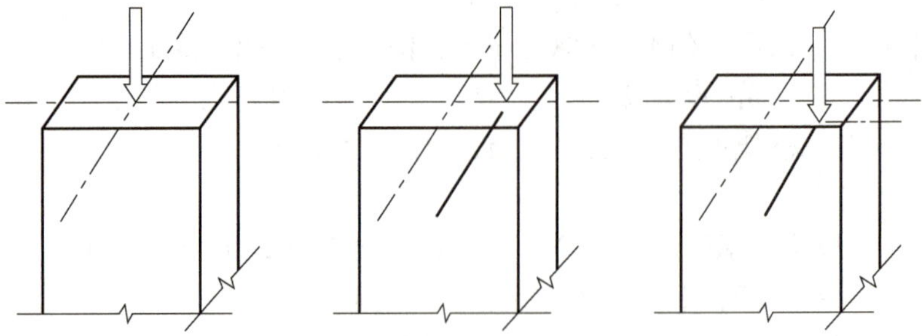

图 1-4　受压构件类型

（2）钢筋配置

柱内主要钢筋配置有纵向受力钢筋和箍筋两种（见图 1-2）。

3. 受扭构件

在钢筋混凝土结构中，常见的受扭构件主要有雨篷梁或有挑檐的边梁等。

（1）受力特点

受扭构件通常处于弯矩、剪力、扭矩共同作用的复合受扭状态。各横截面绕杆轴线发生了沿力偶作用方向的相对转动，受扭构件受力示意图如图 1-5 所示。

（2）钢筋配筋

为防止受扭构件在扭矩作用下破坏，需设置抗扭钢筋。

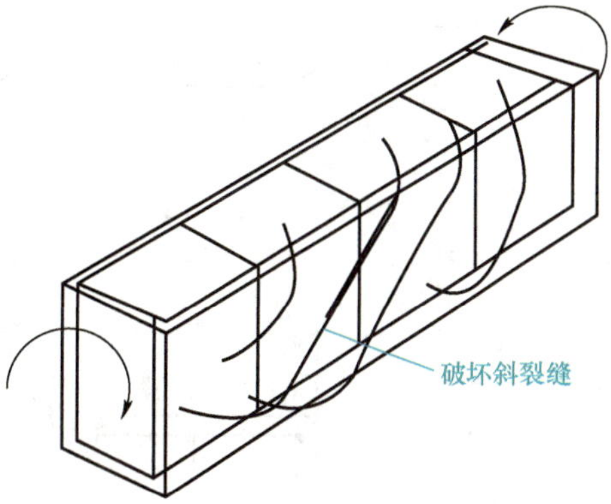

图 1-5 受扭构件受力示意图

1.2 钢筋种类与弯钩

一、钢筋种类

钢筋混凝土结构中所用钢筋应具有较高的强度和良好的塑性，便于加工和焊接，并应与混凝土之间具有足够的黏结力。普通混凝土结构主要采用热轧钢筋，热轧钢筋牌号及性能见表 1-3。

表 1-3 热轧钢筋牌号及性能

钢筋牌号	符号	屈服强度标准值 f_{yk}/(N/mm²)	极限强度标准值 f_{stk}/(N/mm²)	抗拉强度设计值 f_y/(N/mm²)	抗压强度设计值 f'_y/(N/mm²)	公称直径 d/mm
HPB300	Φ	300	420	270	270	6～14
HRB400 HRBF400 RRB400	Φ $Φ^F$ $Φ^R$	400	540	360	360	6～50
HRB500 HRBF500	Φ $Φ^F$	500	630	435	435	6～50

二、钢筋弯钩

1. 纵向钢筋弯钩与机械锚固形式

纵向钢筋弯钩与机械锚固形式如图 1-6 所示。

2. 封闭箍筋及拉筋弯钩构造

封闭箍筋及拉筋弯钩构造如图 1-7 所示。

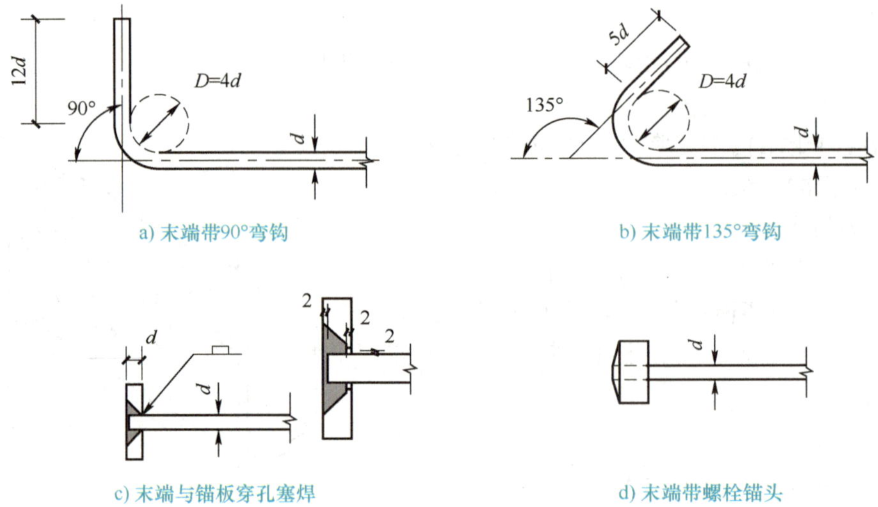

图 1-6　纵向钢筋弯钩与机械锚固形式

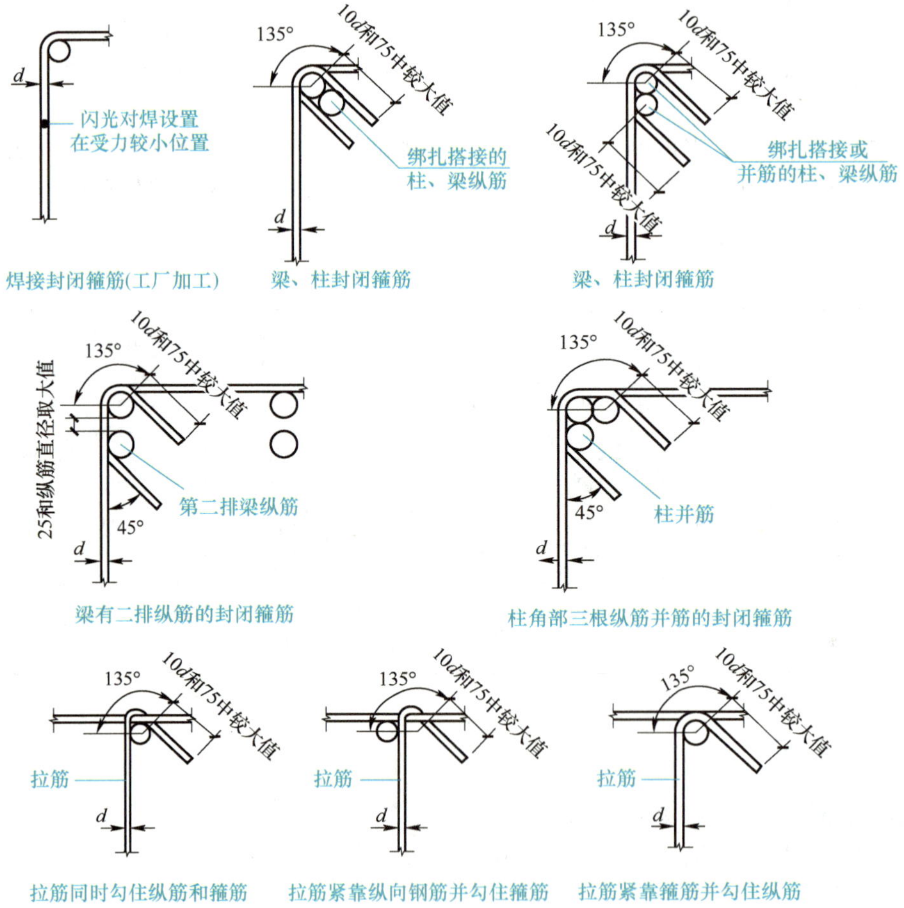

图 1-7　封闭箍筋及拉筋弯钩构造

1.3 混凝土结构环境类别与混凝土保护层厚度

一、混凝土结构环境类别

混凝土结构环境类别见表1-4。

表1-4 混凝土结构环境类别

环境类别	条件
一	室内干燥环境 无侵蚀性静水浸没环境
二a	室内潮湿环境 非严寒和非寒冷地区的露天环境 非严寒和非寒冷地区与无侵蚀性的水或土壤直接接触的环境 严寒和寒冷地区的冰冻线以下与无侵蚀性的水或土壤直接接触的环境
二b	干湿交替环境 水位频繁变动环境 严寒和寒冷地区的露天环境 严寒和寒冷地区冰冻线以上与无侵蚀性的水或土壤直接接触的环境
三a	严寒和寒冷地区冬季水位变动区环境 受除冰盐影响环境 海风环境
三b	盐渍土环境 受除冰盐作用环境 海岸环境
四	海水环境
五	受人为或自然的侵蚀性物质影响的环境

注：1. 室内潮湿环境是指构件表面经常处于结露或湿润状态的环境。
2. 严寒和寒冷地区的划分应符合现行国家标准《民用建筑热工设计规范》（GB 50176—2016）的有关规定。
3. 海岸环境和海风环境宜根据当地情况，考虑主导风向及结构所处迎风、背风部位等因素的影响，由调查研究和工程经验确定。
4. 受除冰盐影响环境是指受到除冰盐盐雾影响的环境；受除冰盐作用环境是指被除冰盐溶液溅射的环境，以及使用除冰盐地区的洗车房、停车楼等建筑。
5. 混凝土结构的环境类别是指混凝土暴露表面所处的环境条件。

二、混凝土保护层的厚度及作用

1. 混凝土保护层的厚度

混凝土保护层厚度c是指混凝土结构构件中，最外层钢筋的外缘至混凝土表面之间的距离。梁、柱的保护层厚度从箍筋外缘起算。混凝土保护层的最小厚度见表1-5。

表 1-5 混凝土保护层的最小厚度 （单位：mm）

环境类别	板、墙	梁、柱
一	15	20
二 a	20	25
二 b	25	35
三 a	30	40
三 b	40	50

注：1. 表中混凝土保护层厚度指最外层钢筋外边缘至混凝土表面的距离，适用于设计工作年限为 50 年的混凝土结构。
2. 构件中受力钢筋的保护层厚度不应小于钢筋的公称直径。
3. 一类环境中，设计工作年限为 100 年的结构最外层钢筋的保护层厚度不应小于表中数值的 1.4 倍；二、三类环境中，设计工作年限为 100 年的结构应采取专门的有效措施。四类和五类环境类别中的混凝土结构的耐久性要求应符合国家现行有关标准的规定。
4. 混凝土强度等级为 C25 时，表中保护层厚度数值应增加 5mm。
5. 基础底面钢筋的保护层厚度，有混凝土垫层时应从垫层顶面算起，且不应小于 40mm。

2. 混凝土保护层的作用

1）防止钢筋锈蚀。

2）保证钢筋和混凝土之间的黏结。

1.4 钢筋锚固与连接

一、建筑抗震基本知识

1. 抗震设防类别

建筑工程按抗震设防类别分为以下四类：

（1）特殊设防类建筑工程

特殊设防类建筑工程是指使用特殊设施，涉及国家公共安全的重大建筑工程，以及地震时可能发生严重次生灾害等特别重大灾害后果，需要进行特殊设防的建筑。此类建筑工程的设防类别简称为甲类。

（2）重点设防类建筑工程

重点设防类建筑工程是指地震时使用功能不能中断或需尽快恢复的生命线相关建筑，以及地震时可能导致大量人员伤亡等重大灾害后果，需要提高设防标准的建筑。此类建筑工程的设防类别简称为乙类。

（3）适度设防类建筑工程

适度设防类建筑工程是指使用上人员稀少且震损不致产生次生灾害，允许在一定条件下适度降低要求的建筑。此类建筑工程的设防类别简称为丁类。

（4）标准设防类建筑工程

标准设防类建筑工程是指大量的除（1）、（2）、（3）以外按标准要求进行设防的建筑。此类建筑工程的设防类别简称为丙类。

2. 抗震设防目标

抗震设防目标是指建筑结构遭遇不同水准的地震影响时，对结构、构件、使用功能、设备的损坏程度及人身安全的总要求。我国《建筑抗震设计规范（2016年版）》（GB 50011—2010）中将抗震目标与三种烈度相对应，分为三个水准，具体描述如下：

第一水准：当遭受低于本地区抗震设防烈度的多遇地震影响时，建筑物一般不受损坏或不需修理可继续使用。

第二水准：当遭受相当于本地区抗震设防烈度的地震影响时，可能损坏，经一般修理或不须修理仍可继续使用。

第三水准：当遭受高于本地区抗震设防烈度的罕遇地震影响时，不致倒塌或发生危及生命的严重损坏。

上述抗震设防目标可概括为“小震不坏、中震可修、大震不倒”。

一般在抗震设防烈度低于6度地区，地震作用对建筑物的损坏程度较小，可不予考虑抗震设防；对于抗震设防烈度为6度及以上地区的建筑，必须进行抗震设计；在抗震设防烈度为9度以上地区，即使采取很多措施，仍难以保证安全，故在抗震设防烈度大于9度地区的抗震设计应按有关专门规定执行。所以《建筑抗震设计规范（2016年版）》（GB 50011—2010）适用于抗震设防烈度为6~9度地区。

3. 抗震等级

抗震等级是设计部门依据国家有关规定，根据设防类别、结构类型、烈度和房屋高度四个因素确定的。它将建筑抗震等级分为一、二、三、四级，其中一级最高。

二、纵向受力钢筋的锚固长度

纵向受力（一般受拉力）钢筋的锚固长度是指受力钢筋依靠其表面与混凝土的黏结作用达到设计承受应力的最小理论长度。

锚固长度概念及查表取值

纵向受拉钢筋的锚固长度可通过22G101系列图集查到。

（1）受拉钢筋基本锚固长度

受拉钢筋基本锚固长度 l_{ab} 见表1-6。

表1-6 受拉钢筋基本锚固长度 l_{ab}

钢筋种类	混凝土强度等级							
	C25	C30	C35	C40	C45	C50	C55	≥C60
HPB300	34*d*	30*d*	28*d*	25*d*	24*d*	23*d*	22*d*	21*d*
HRB400、HRBF400、RRB400	40*d*	35*d*	32*d*	29*d*	28*d*	27*d*	26*d*	25*d*
HRB500、HRBF500	48*d*	43*d*	39*d*	36*d*	34*d*	32*d*	31*d*	30*d*

抗震设计时受拉钢筋基本锚固长度 l_{abE} 见表1-7。

表1-7 抗震设计时受拉钢筋基本锚固长度 l_{abE}

钢筋种类		混凝土强度等级							
		C25	C30	C35	C40	C45	C50	C55	≥C60
HPB300	一、二级	39*d*	35*d*	32*d*	29*d*	28*d*	26*d*	25*d*	24*d*
	三级	36*d*	32*d*	29*d*	26*d*	25*d*	24*d*	23*d*	22*d*

（续）

钢筋种类		混凝土强度等级							
		C25	C30	C35	C40	C45	C50	C55	≥C60
HRB400 HRBF400	一、二级	46*d*	40*d*	37*d*	33*d*	32*d*	31*d*	30*d*	29*d*
	三级	42*d*	31*d*	34*d*	30*d*	29*d*	28*d*	27*d*	26*d*
HRB500 HRBF500	一、二级	55*d*	49*d*	45*d*	41*d*	39*d*	37*d*	36*d*	35*d*
	三级	50*d*	45*d*	41*d*	38*d*	36*d*	34*d*	33*d*	32*d*

注：1. 四级抗震时，$l_{abE}=l_{ab}$。

2. 混凝土强度等级应取锚固区的混凝土强度等级。

3. 当锚固钢筋的保护层厚度不大于5*d*时，锚固钢筋长度范围内应设置横向构造钢筋（简称横向构造筋），其直径不应小于*d*/4（*d*为需要锚固的多根钢筋的最大直径）；对梁、柱等构件间距不应大于5*d*，对板、墙等构件间距不应大于10*d*，且均不应大于100mm（*d*为需要锚固的多根钢筋的最小直径）。

（2）受拉钢筋锚固长度

受拉钢筋锚固长度 l_a 和受拉钢筋抗震锚固长度 l_{aE} 依据钢筋种类、直径、混凝土强度等级、抗震等级确定，见表1-8和表1-9。

表1-8　受拉钢筋锚固长度 l_a

钢筋种类	混凝土强度等级															
	C25		C30		C35		C40		C45		C50		C55		≥C60	
	d≤25	*d*>25	*d*≤25	*d*>25	*d*≤25	*d*>25	*d*≤25	*d*>25	*d*≤25	*d*>25	*d*≤25	*d*>25	*d*≤25	*d*>25	*d*≤25	*d*>25
HPB300	34*d*	—	30*d*	—	28*d*	—	25*d*	—	24*d*	—	23*d*	—	22*d*	—	21*d*	—
HRB400 HRBF400 RRB400	40*d*	44*d*	35*d*	39*d*	32*d*	35*d*	29*d*	32*d*	28*d*	31*d*	27*d*	30*d*	26*d*	29*d*	25*d*	28*d*
HRB500 HRBF500	48*d*	53*d*	43*d*	47*d*	39*d*	43*d*	36*d*	40*d*	34*d*	37*d*	32*d*	35*d*	31*d*	34*d*	30*d*	33*d*

表1-9　受拉钢筋抗震锚固长度 l_{aE}

钢筋种类及抗震等级		混凝土强度等级															
		C25		C30		C35		C40		C45		C50		C55		≥C60	
		d≤25	*d*>25	*d*≤25	*d*>25	*d*≤25	*d*>25	*d*≤25	*d*>25	*d*≤25	*d*>25	*d*≤25	*d*>25	*d*≤25	*d*>25	*d*≤25	*d*>25
HPB300	一、二级	39*d*	—	35*d*	—	32*d*	—	29*d*	—	28*d*	—	26*d*	—	25*d*	—	24*d*	—
	三级	36*d*	—	32*d*	—	29*d*	—	26*d*	—	25*d*	—	24*d*	—	23*d*	—	22*d*	—
HRB400 HRBF400	一、二级	46*d*	51*d*	40*d*	45*d*	37*d*	40*d*	33*d*	37*d*	32*d*	36*d*	31*d*	35*d*	30*d*	33*d*	29*d*	32*d*
	三级	42*d*	46*d*	37*d*	41*d*	34*d*	37*d*	30*d*	34*d*	29*d*	33*d*	28*d*	32*d*	27*d*	30*d*	26*d*	29*d*
HRB500 HRBF500	一、二级	55*d*	61*d*	49*d*	54*d*	45*d*	49*d*	41*d*	46*d*	39*d*	43*d*	37*d*	40*d*	36*d*	39*d*	35*d*	38*d*
	三级	50*d*	56*d*	45*d*	49*d*	41*d*	45*d*	38*d*	42*d*	36*d*	39*d*	34*d*	37*d*	33*d*	36*d*	32*d*	35*d*

注：1. 当为环氧树脂涂层带肋钢筋时，表中数据尚应乘以1.25。

2. 当纵向受拉钢筋在施工过程中易受扰动时，表中数据尚应乘以1.1。

3. 当锚固长度范围内纵向受力钢筋周边保护层厚度为3*d*（*d*为锚固钢筋的直径）时，表中数据可乘以0.8；保护层厚度不小于5*d*时，表中数据可乘以0.7；中间时按内插值。

4. 当纵向受拉普通钢筋锚固长度修正系数（注1~注3）多于一项时，可按连乘计算。

5. 受拉钢筋的锚固长度 l_a、l_{aE} 计算值不应小于200mm。

三、钢筋的连接

钢筋的连接方法可分为绑扎搭接、机械连接和焊接连接三种。

1. 钢筋的绑扎搭接

钢筋的绑扎搭接如图 1-8 所示。

钢筋连接

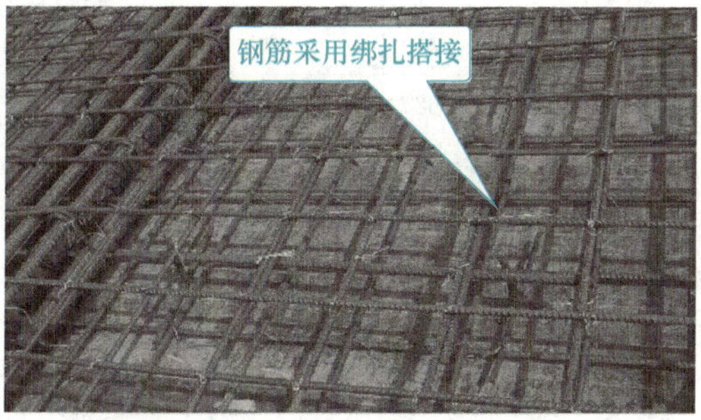

图 1-8　钢筋的绑扎搭接

（1）《混凝土结构设计规范（2015 年版）》（GB 50010—2010）规定

1）轴心受拉及小偏心受拉杆件的纵向受力筋不得采用绑扎搭接。

2）其他构件中的钢筋采用绑扎搭接时，受拉钢筋直径不宜大于 25mm，受压钢筋直径不宜大于 28mm。

3）同一构件相邻纵向受拉钢筋的绑扎搭接接头宜相互错开。钢筋绑扎搭接接头连接区段的长度为 1.3 倍搭接长度，同一连接区段内纵向受拉钢筋的绑扎搭接接头如图 1-9 所示。

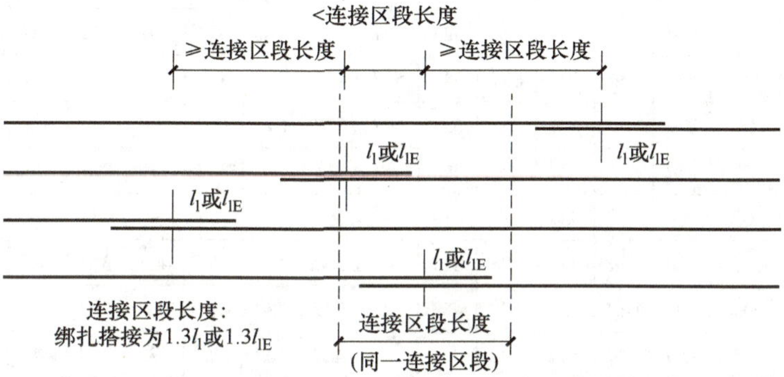

图 1-9　同一连接区段内纵向受拉钢筋的绑扎搭接接头

4）位于同一连接区段内受拉钢筋搭接接头面积百分率：对梁类、板类及墙类构件，不宜大于 25%；对柱类构件，不宜大于 50%。当工程中确有必要增大受拉钢筋搭接接头面积百分率时，对梁类构件，不宜大于 50%；对板、墙、柱及预制构件的拼接处，可根据实际情况放宽。

（2）纵向受拉钢筋绑扎搭接接头的搭接长度 l_l 和纵向受拉钢筋抗震绑扎搭接接头连接区段 l_{lE}

纵向受拉钢筋绑扎搭接接头连接区段长度 l_l 见表 1-10。

表 1-10　纵向受拉钢筋绑扎搭接接头连接区段长度 l_l

钢筋种类及同一区段内钢筋搭接接头面积百分率		混凝土强度等级															
		C25		C30		C35		C40		C45		C50		C55		≥C60	
		d≤25	d>25	d≤25	d>25	d≤25	d>25	d≤25	d>25	d≤25	d>25	d≤25	d>25	d≤25	d>25	d≤25	d>25
HPB300	≤25%	41d	—	36d	—	34d	—	30d	—	29d	—	28d	—	26d	—	25d	—
	>25%~50%	48d	—	42d	—	39d	—	35d	—	34d	—	32d	—	31d	—	29d	—
	>50%~100%	54d	—	48d	—	45d	—	40d	—	38d	—	37d	—	35d	—	34d	—
HRB400 HRBF400 RRB400	≤25%	48d	53d	42d	47d	38d	42d	35d	38d	34d	37d	32d	36d	31d	35d	30d	34d
	>25%~50%	56d	62d	49d	55d	45d	49d	41d	45d	39d	43d	38d	42d	36d	41d	35d	39d
	>50%~100%	64d	70d	56d	62d	51d	56d	46d	51d	45d	50d	43d	48d	42d	46d	40d	45d
HRB500 HRBF500	≤25%	58d	64d	52d	56d	47d	52d	43d	48d	41d	44d	38d	42d	37d	41d	36d	40d
	>25%~50%	67d	74d	60d	66d	55d	60d	50d	56d	48d	52d	45d	49d	43d	48d	42d	46d
	>50%~100%	77d	85d	69d	75d	62d	69d	58d	64d	54d	59d	51d	56d	50d	54d	48d	53d

纵向受拉钢筋抗震绑扎搭接接头连接区段长度 l_{lE} 见表 1-11。

表 1-11　纵向受拉钢筋抗震绑扎搭接接头连接区段长度 l_{lE}

钢筋种类及同一区段内钢筋搭接接头面积百分率			混凝土强度等级															
			C25		C30		C35		C40		C45		C50		C55		≥C60	
			d≤25	d>25	d≤25	d>25	d≤25	d>25	d≤25	d>25	d≤25	d>25	d≤25	d>25	d≤25	d>25	d≤25	d>25
一、二级抗震等级	HPB300	≤25%	47d	—	42d	—	38d	—	35d	—	34d	—	31d	—	30d	—	29d	—
		50%	55d	—	49d	—	45d	—	41d	—	39d	—	36d	—	35d	—	34d	—
	HRB400 HRBF400	≤25%	55d	61d	48d	54d	44d	48d	40d	44d	38d	43d	37d	42d	36d	40d	35d	38d
		50%	64d	71d	56d	63d	52d	56d	46d	52d	45d	50d	43d	49d	42d	46d	41d	45d
	HRB500 HRBF500	≤25%	66d	73d	59d	65d	54d	59d	49d	55d	47d	52d	44d	48d	43d	47d	42d	46d
		50%	77d	85d	69d	76d	63d	69d	57d	64d	55d	60d	52d	56d	50d	55d	49d	53d
三级抗震等级	HPB300	≤25%	43d	—	38d	—	35d	—	31d	—	30d	—	29d	—	28d	—	26d	—
		50%	50d	—	45d	—	41d	—	36d	—	35d	—	34d	—	32d	—	31d	—
	HRB400 HRBF400	≤25%	50d	55d	44d	49d	41d	44d	36d	41d	35d	40d	34d	38d	32d	36d	31d	35d
		50%	59d	64d	52d	57d	48d	52d	42d	48d	41d	46d	39d	45d	38d	42d	36d	41d
	HRB500 HRBF500	≤25%	60d	67d	54d	59d	49d	54d	46d	50d	43d	47d	41d	44d	40d	43d	38d	42d
		50%	70d	78d	63d	69d	57d	63d	53d	59d	50d	55d	48d	52d	46d	50d	45d	49d

注：1. 表中数值为纵向受拉钢筋绑扎搭接接头的搭接长度。
2. 两根不同直径钢筋搭接时，表中 d 取钢筋较小直径。
3. 当为环氧树脂涂层带肋钢筋时，表中数据尚应乘以 1.25。
4. 当纵向受拉钢筋在施工过程中易受扰动时，表中数据尚应乘以 1.1。
5. 当搭接长度范围内纵向受力钢筋周边保护层厚度为 $3d$（d 为锚固钢筋的直径）时，表中数据可乘以 0.8；保护层厚度不小于 $5d$ 时，表中数据可乘以 0.7；中间时按内插值。
6. 上述修正系数（注 3~注 5）多于一项时，可按连乘计算。
7. 当位于同一连接区段内的钢筋搭接接头面积百分率为 100%时，$l_{lE}=1.6l_{aE}$。
8. 当位于同一连接区段内的钢筋搭接接头面积百分率为表中数据中间值时，搭接长度可按内插取值。
9. 任何情况下，搭接长度不应小于 300mm。
10. 四级抗震等级时，$l_{lE}=l_l$。
11. HPB300 级钢筋末端应做 180°弯钩。

2. 钢筋的机械连接

钢筋的机械连接如图 1-10 所示。

图 1-10 钢筋的机械连接

纵向受力钢筋的机械连接接头宜相互错开。钢筋的机械连接区段的长度为 35d，d 为连接钢筋的较小直径。同一连接区段内纵向受拉钢筋机械连接、焊接连接接头如图 1-11 所示。

位于同一连接区段内纵向受拉钢筋接头面积百分率不宜大于 50%；纵向受压钢筋接头百分率可不受限制。

3. 钢筋的焊接连接

纵向受力钢筋的焊接连接接头宜相互错开。钢筋的焊接连接如图 1-12 所示。钢筋焊接连接区段的长度为 35d 且不小于 500mm，d 为连接钢筋的较小直径（见图 1-11）。

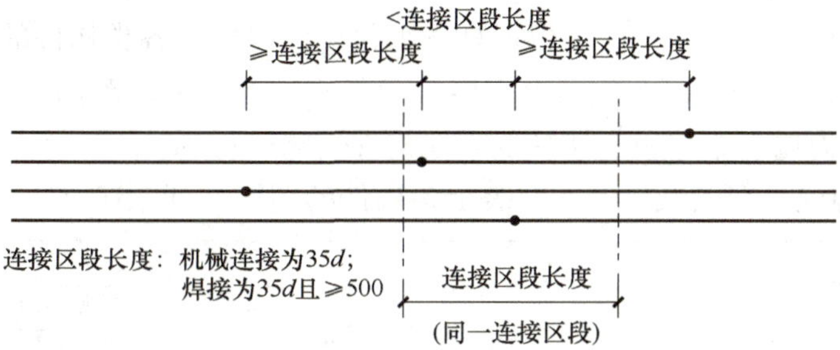

图 1-11 同一连接区段内纵向受拉钢筋机械连接、焊接连接接头

图 1-12 钢筋的焊接连接

纵向受拉钢筋接头面积百分率不应大于 50%；纵向受压钢筋接头百分率可不受限制。

1.5 平面整体表示方法制图规则

1. 建筑结构施工图平面整体表示方法

混凝土结构施工图采用建筑结构施工图平面整体表示方法（简称平法）。平法的表达形式，概括来讲，是把结构构件的尺寸和配筋等信息，按照平面整体表示方法的制图规则，直接在各类构件的结构平面布置图上表达，再与标准构造详图相配合，构成一套完整的结构设计施工图。

2. 平法制图规则

平法制图规则既是设计者完成平法施工图的依据，也是施工、监理人员准确理解和实施平法施工图的依据。

3. 钢筋采用90°弯折锚固构造

标准构造详图中钢筋采用90°弯折锚固时，“平直段长度”及“弯折段长度”均指包括弯弧在内的投影长度，如图1-13所示。

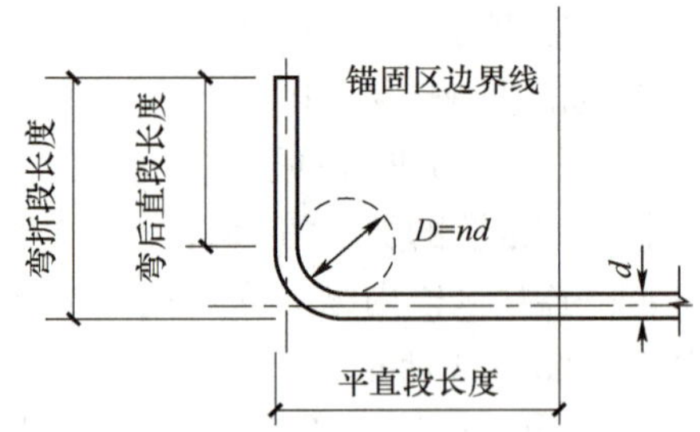

图 1-13　钢筋 90°弯折锚固示意

4. 平法施工图组成部分

按平法绘制的施工图，一般是由各类结构构件的平法施工图和标准构造详图两大部分构成，但对于复杂的工业与民用建筑，尚需增加模板、开洞和预埋件等平面图，必要时可增加剖面配筋图。

5. 结构施工图图纸目录

按平法绘制结构施工图时，必须根据具体工程设计，按照各类构件的平法制图规则，在按结构（标准）层绘制的平面布置图上直接表示各构件的尺寸、配筋。结构施工图的编排，宜按基础、柱、剪力墙、梁、板、楼梯及其他构件的顺序排列。

图1-14是结构施工图图纸目录，它表示各构件的图样排列顺序。

图纸目录		某学校实训楼	设计编号 专业：结构 共 1 页　第 1 页 日期：	
序号	编号	名称	规格	备注
0		目录	A4	
1	GS-01	框架结构设计总说明	A2+1/4	
2	GS-02	基础平面图	A2+1/2	
3	GS-03	基础详图	A2	
4	GS-04	框架柱配筋平面图	A2+1/2	
5	GS-05	二层结构平面图	A2+1/2	
6	GS-06	二层梁配筋平面图	A2+1/2	
7	GS-07	三层结构平面图	A2+1/2	
8	GS-08	三层梁配筋平面图	A2+1/2	
9	GS-09	四、五层结构平面图	A2+1/2	
10	GS-10	四、五层梁配筋平面图	A2+1/2	
11	GS-11	六层结构平面图	A2+1/2	
12	GS-12	六层梁配筋平面图	A2+1/2	
13	GS-13	屋顶结构平面图	A2+1/2	
14	GS-14	屋顶梁配筋平面图	A2+1/2	
15	GS-15	水箱间、电梯机房屋顶结构平面图 水箱间、电梯机房屋顶梁配筋平面图	A2	
16	GS-16	楼梯一详图	A2+1/4	
17	GS-17	楼梯二详图	A2+1/4	

图 1-14　结构施工图图纸目录

6. 结构层楼面标高、结构层高

按平法绘制结构施工图时，应采用表格或其他方式注明包括地下和地上各层的结构层楼面标高、结构层高及相应的结构层号，如图 1-15 所示。

结构层号	楼面标高/m	结构层高/m
屋面2	65.670	—
塔层2	62.370	3.30
屋面1 (塔层1)	59.070	3.30
16	55.470	3.60
15	51.870	3.60
14	48.270	3.60
13	44.670	3.60
12	41.070	3.60
11	37.470	3.60
10	33.870	3.60
9	30.270	3.60
8	26.670	3.60
7	23.070	3.60
6	19.470	3.60
5	15.870	3.60
4	12.270	3.60
3	8.670	3.60
2	4.470	4.20
1	-0.030	4.50
-1	-4.530	4.50
-2	-9.030	4.50

结构层楼面标高
结 构 层 高

注：上部结构嵌固部位为 -4.530。

图 1-15 结构层楼面标高、结构层高及相应的结构层号

为施工方便，宜将统一的结构层楼面标高和结构层高分别放在柱、墙、梁等各类构件的平法施工图中。

注意：结构层楼面标高是指将建筑图中的各层地面和楼面标高值扣除建筑面层及垫层做法厚度后的标高，结构层号应与建筑楼层号对应一致。

具体施工图的层高表中，竖向粗线表示该图所表达竖向构件（柱、墙）的起止标高及所在层范围，横向粗线表示该图所表达水平构件（梁、板）的楼面层标高。

任务 2　独立基础平法施工图识读

学习内容

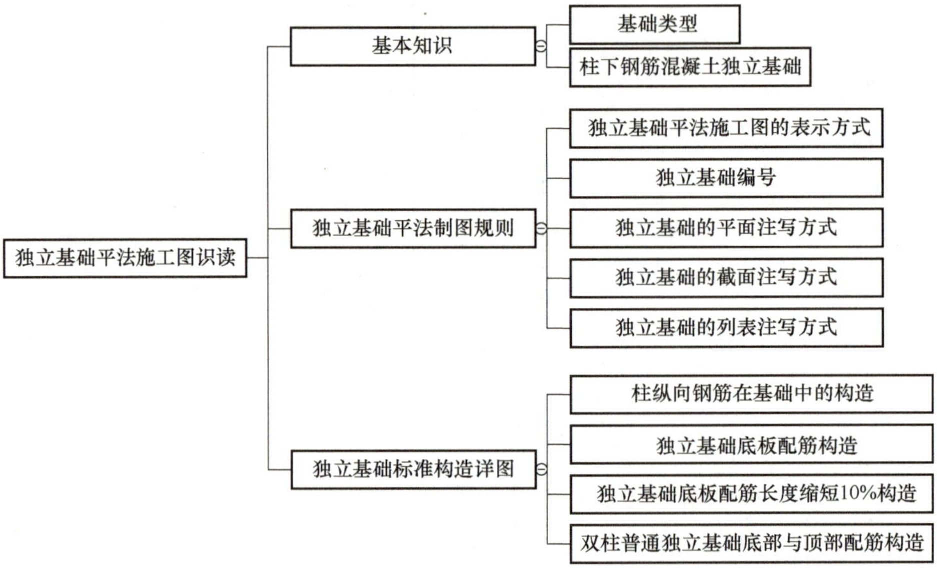

学习目标

学习任务	知识点	技能目标	素养目标
1. 基本知识	知识点 1：基础类型 知识点 2：柱下钢筋混凝土独立基础	1. 能根据基础三维图绘制基础平面图和立面图 2. 能根据基础详图识别基础类型 3. 能绘制基础底板钢筋排列图	以建筑鲁班奖案例为切入点，强调万丈高楼平地起，施工过程中每个环节都必须按照规范、标准高质量完成 培养学生遵守职业道德和职业规范
2. 独立基础平法制图规则	知识点 1：独立基础平法施工图的表示方式 知识点 2：独立基础编号 知识点 3：独立基础的平面注写方式 知识点 4：独立基础的截面注写方式 知识点 5：独立基础的列表注写方式	1. 能根据基础平面布置图识读所包含构件内容、基础类型及编号 2. 能根据平法施工图中集中标注识读基础编号、基础竖向尺寸、基础底板配筋、基础底面相对标高和必要的文字注解 3. 能根据平法施工图原位标注识读基础的平面尺寸 4. 能根据列表注写和截面注写内容识读基础的几何尺寸和配筋	要正确识读图样，首先要掌握制图规则。培养学生树立“规则意识”，做到“知行合一”

（续）

学习任务	知识点	技能目标	素养目标
3. 独立基础标准构造详图	知识点 1：柱纵向钢筋在基础中的构造 知识点 2：独立基础底板配筋构造 知识点 3：独立基础底板配筋长度缩短 10% 构造 知识点 4：双柱普通独立基础底部与顶部配筋构造	1. 能根据图样和图集，正确选用标准构造详图 2. 能正确绘制基础底板钢筋排列图 3. 能判断图样中独立基础底板钢筋的布置方式 4. 能正确计算基础底板钢筋的长度	以“实战任务练习——计算基础底板钢筋长度”为载体，在践行理论实践相结合这一过程中，引导学生养成认真负责、细致严谨的工作态度，养成探索钻研、反思改进的习惯，增强学生的责任担当意识

2.1 基本知识

一、基础类型

独立基础平法识图

基础是指建筑物地面以下的承重结构，是建筑物的墙或柱子在地下的扩大部分，它是将结构所承受的各种作用传递到地基上的结构组成部分。

1. 基础按使用的材料分类

基础按使用的材料可分为砖基础、毛石基础、混凝土基础、毛石混凝土基础、灰土基础、三合土基础、钢筋混凝土基础等。

2. 基础按结构形式分类

基础按结构形式可分为无筋扩展基础、扩展基础、柱下条形基础、筏形基础、箱形基础、桩基础等。无筋扩展基础由混凝土、砖、毛石等材料组成，且不需配置钢筋的墙下条形基础或柱下独立基础。扩展基础是指柱下钢筋混凝土独立基础和墙下钢筋混凝土条形基础。图 2-1 所示为混凝土基础，图 2-2 所示为柱下钢筋混凝土独立基础，图 2-3 所示为柱下条形基础，图 2-4 所示为筏形基础，图 2-5 所示为箱形基础，图 2-6 所示为桩基础。

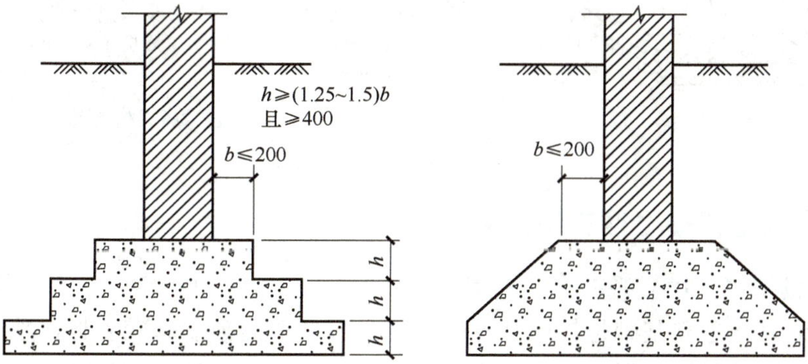

图 2-1 混凝土基础

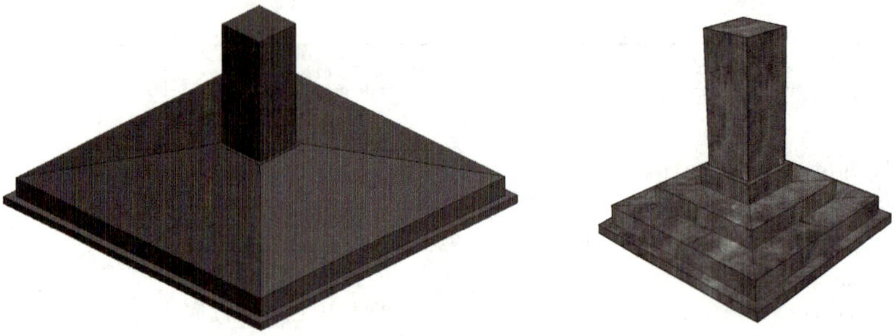

图 2-2　柱下钢筋混凝土独立基础

图 2-3　柱下条形基础

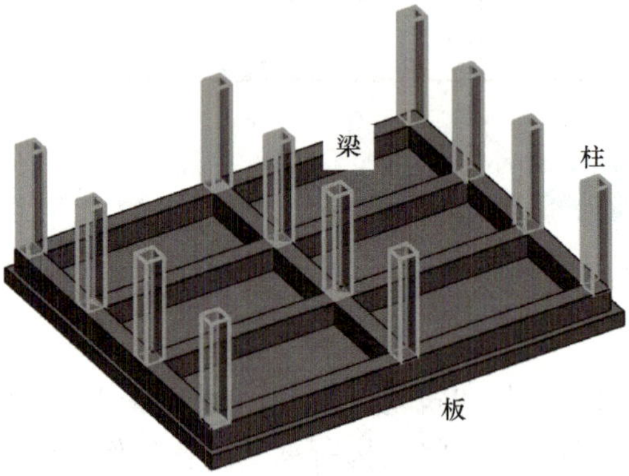

图 2-4　筏形基础

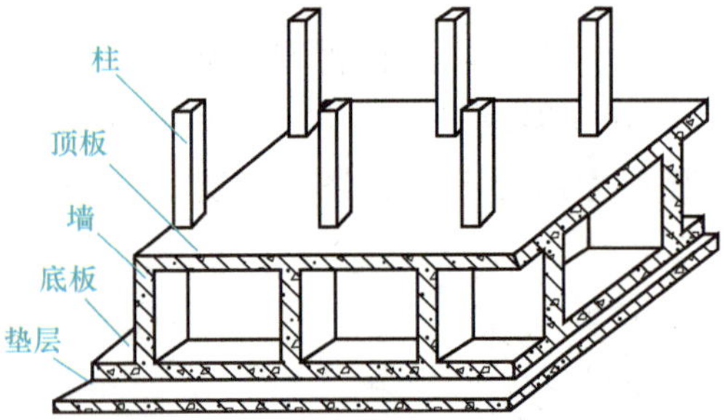

图 2-5　箱形基础

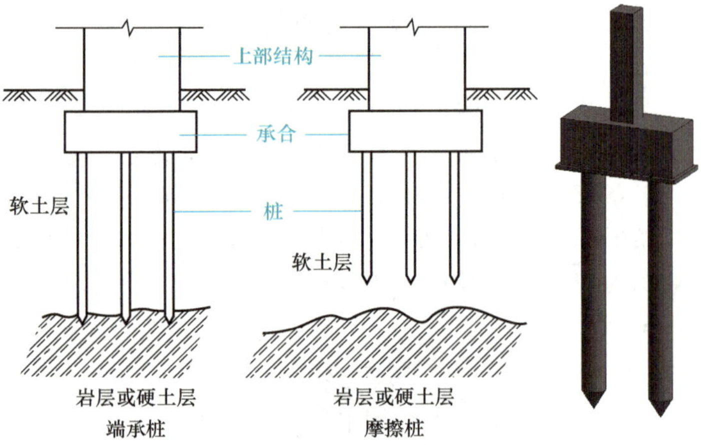

图 2-6　桩基础

二、柱下钢筋混凝土独立基础

1. 柱下钢筋混凝土独立基础形式分类

柱下钢筋混凝土独立基础是扩展基础的一种，包括普通独立基础和杯口独立基础，根据截面形式分为锥形基础和阶形基础。图 2-7a 所示为阶形独立基础，图 2-7b 所示为锥形独立基础，图 2-7c 所示为杯口独立基础。

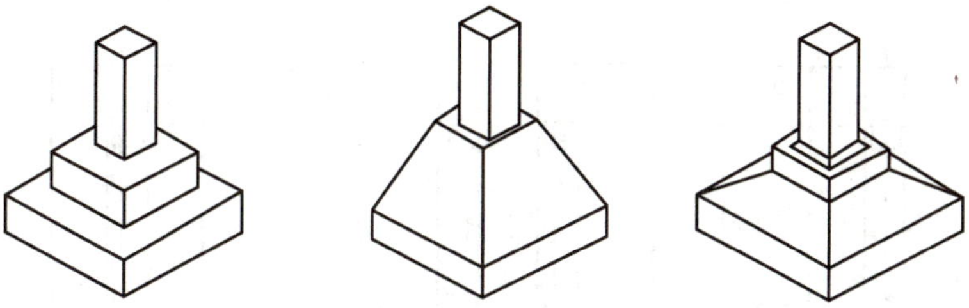

a) 阶形独立基础　　b) 锥形独立基础　　c) 杯口独立基础

图 2-7　柱下钢筋混凝土独立基础

2. 柱下钢筋混凝土独立基础底板钢筋

柱下钢筋混凝土独立基础双向均设置受力钢筋，钢筋排布：长边方向（X 向）钢筋在下，短边方向（Y 向）钢筋在上。柱下钢筋混凝土独立基础底板钢筋如图 2-8 所示。

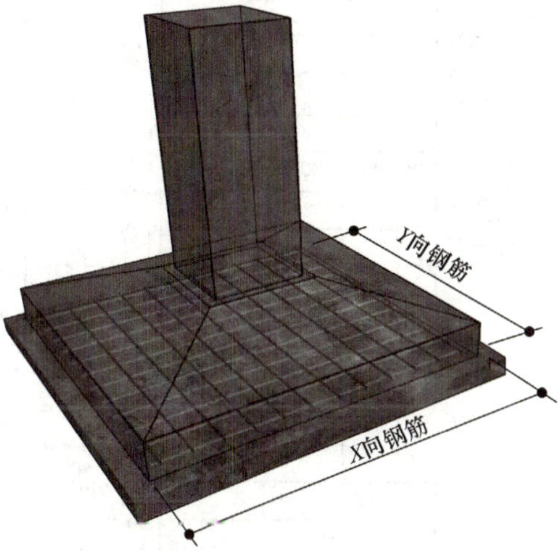

图 2-8　柱下钢筋混凝土独立基础底板钢筋

2.2 独立基础平法制图规则

一、独立基础平法施工图的表示方式

独立基础平面注写——钢筋识读

1）独立基础平法施工图有平面注写、截面注写和列表注写三种表达方式。

2）独立基础的平面布置图应将独立基础平面与基础所支承的柱一起绘制。当设置连系梁时，可根据图面的疏密情况，将基础连系梁与基础平面布置图一起绘制，或将基础连系梁布置图单独绘制。

3）在基础的平面布置图上应标注基础的定位尺寸；当独立基础柱中心线或杯口中心线与建筑轴线不重合时，应标注其定位尺寸。对于编号相同且定位尺寸相同的基础，可仅选择一个进行标注。图 2-9 为独立基础的平面注写方式示意。

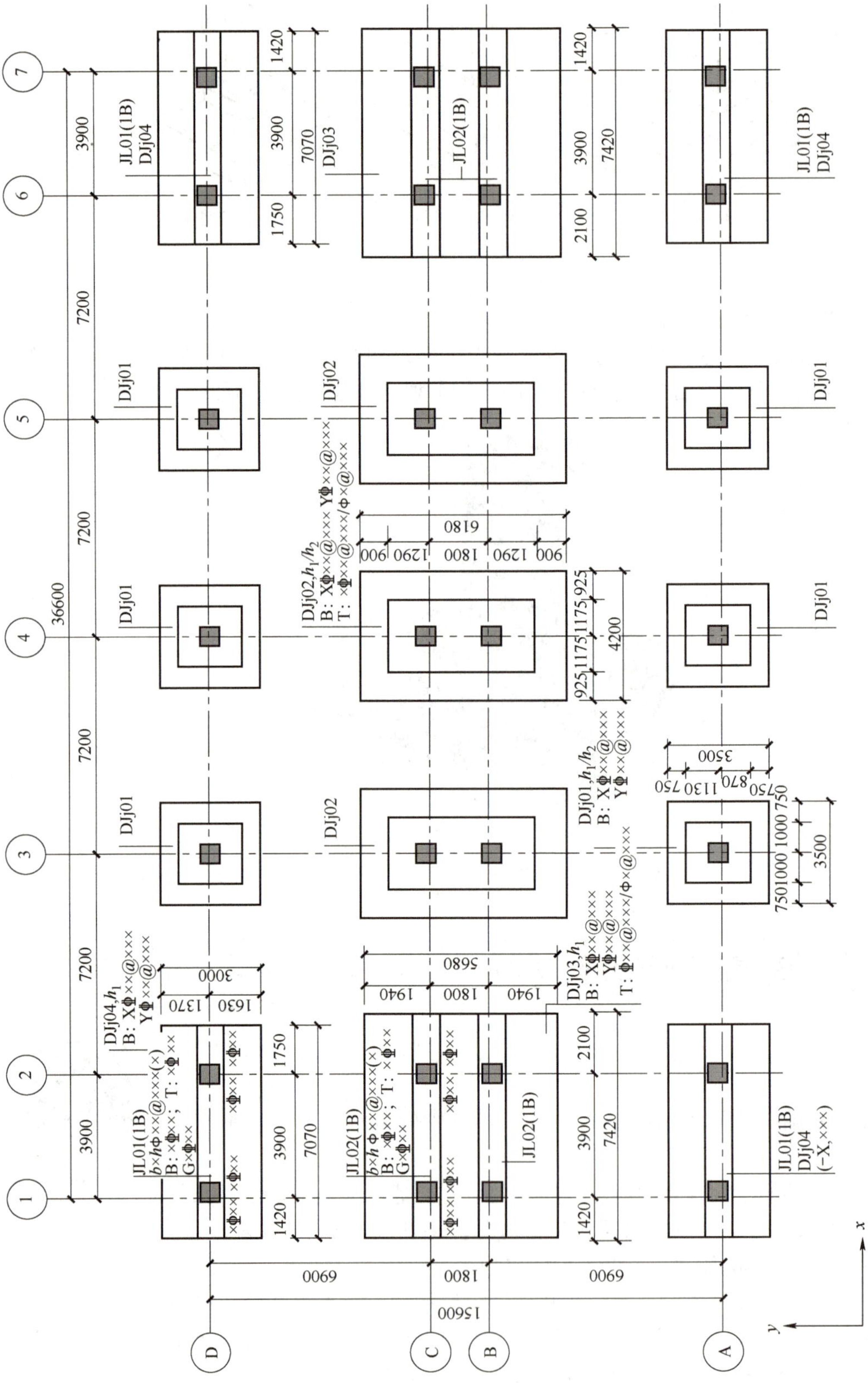

图 2-9 独立基础的平面注写方式示意

二、独立基础编号

独立基础编号见表2-1。

表2-1 独立基础编号

类型	基础底板截面形状	代号	序号
普通独立基础	阶形	DJ j	××
	锥形	DJ z	××
杯口独立基础	阶形	BJ j	××
	锥形	BJ z	××

三、独立基础的平面注写方式

独立基础的平面注写方式包括集中标注和原位标注两部分内容，如图2-10所示。

1. 集中标注

普通独立基础和杯口独立基础的集中标注是在基础平面图上集中引注独立基础编号、独立基础截面竖向尺寸、独立基础配筋三项必注内容，以及基础底面标高（与基础底面基准标高不同时）和必要的文字注解两项选注内容。

（1）独立基础编号（必注内容）

独立基础编号由代号和序号两部分组成。

【例2-1】 图2-10所示的DJz03，表示03号独立基础，基础底板截面形状为锥形。

（2）独立基础截面竖向尺寸（必注内容）

当为阶形截面时，各阶尺寸自下而上用“/”分隔顺序，注写为 $h_1/h_2/\cdots$，如图2-11a所示。当普通独立基础为锥形截面时，注写为 h_1/h_2，如图2-11b所示。

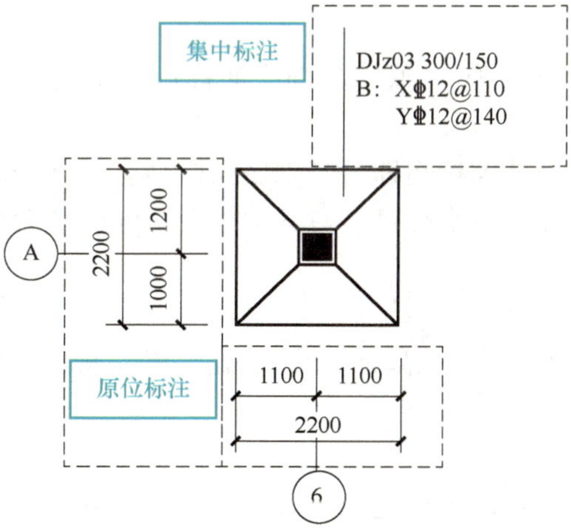

图2-10 独立基础平面注写方式

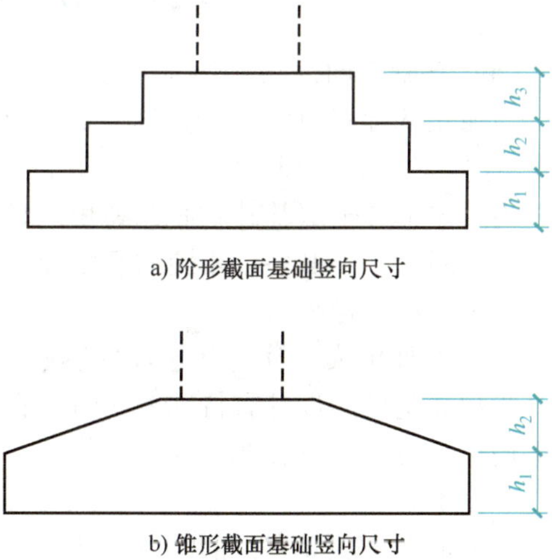

图2-11 普通独立基础竖向尺寸

【例2-2】 图2-10所示的DJz03 300/150，表示独立基础DJz03的竖向尺寸 $h_1=300$mm、$h_2=150$mm，基础底板总高度为450mm。图2-12所示为DJz03基础剖面。

【例 2-3】 DJz03 300/150，表示独立基础 DJz03 的竖向尺寸 $h_1=300$mm、$h_2=150$mm，基础底板总高度为 450mm。图 2-12 注写了 DJz03 基础竖向尺寸。

（3）独立基础配筋（必注内容）

独立基础底板双向配筋注写规定如下：

1）以 B 代表各种独立基础底板的底部配筋。

2）*X* 向配筋以 X 开头、*Y* 向配筋以 Y 开头注写；当两向配筋相同时，则以 X、Y 开头注写。

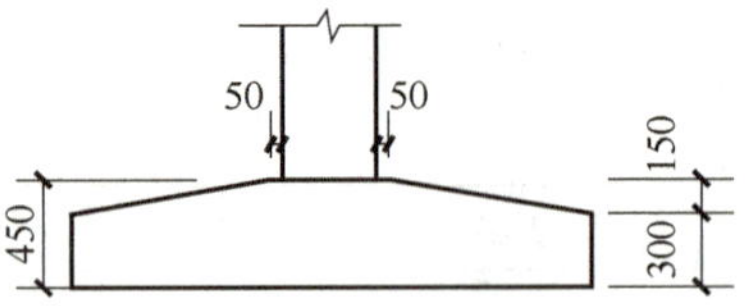

图 2-12 DJz03 基础剖面

【例 2-4】 图 2-10 所示，DJz03 底板配筋标注为 B，XΦ12@110，YΦ12@140，表示基础底板底部配置 HRB400 级钢筋，*X* 向钢筋直径为 12mm，钢筋间距为 110mm。

Y 向钢筋直径为 12mm，钢筋间距为 140mm。图 2-13 所示为 DJz03 独立基础底板双向配筋示意图。

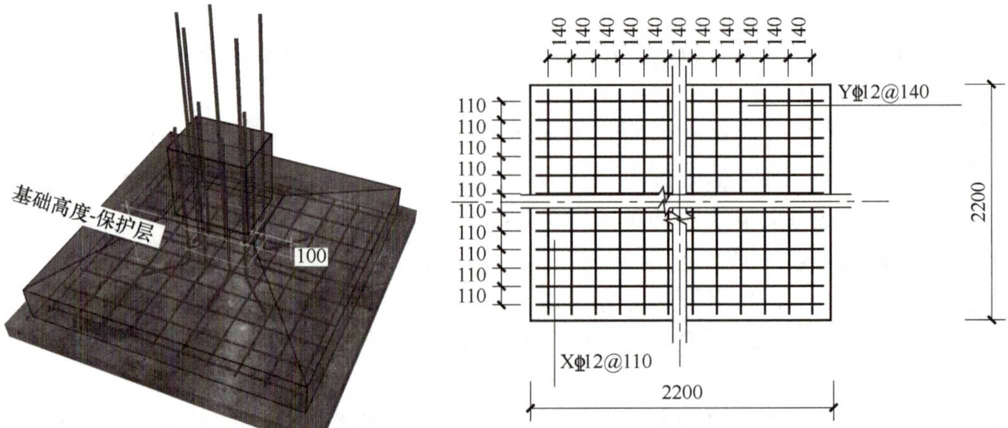

图 2-13 DJz03 独立基础底板双向配筋示意图

（4）基础底面标高（选注内容）

当独立基础底面标高与基础底面基准标高不同时，应将独立基础底面标高直接注写在“( )”内。

当具体工程全部基础底面标高相同时，基础底面基准标高即为基础底面标高。当基础底面标高不同时，应取多数相同的底面标高为基础底面的基准标高，对其他少数不同标高者应标明范围并注明标高。

（5）必要的文字注解（选注内容）

当独立基础的设计有特殊要求时，宜增加必要的文字注解。例如，基础底板配筋长度是否采用缩短方式，可在此项注明。

2. 原位标注

钢筋混凝土独立基础的原位标注是在基础平面布置图上标注独立基础的平面尺寸。对相同编号的基础，可选择一个进行原位标注，其他相同编号者仅注编号。

（1）普通独立基础

原位标注 x、y，x_i、y_i，$i=1,2,3,\cdots$。其中，x、y 为普通独立基础两向边长；x_i、y_i 为阶宽或锥形平面尺寸。阶形和锥形截面普通独立基础原位标注如图 2-14 和图 2-15 所示。

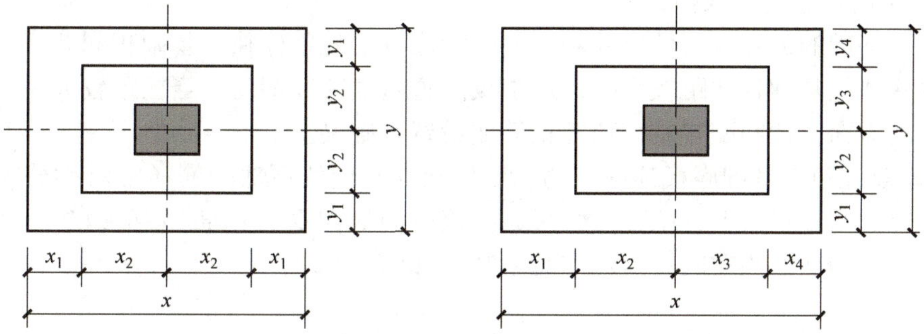

a) 对称形截面　　b) 非对称形截面

图 2-14　阶形截面普通独立基础原位标注

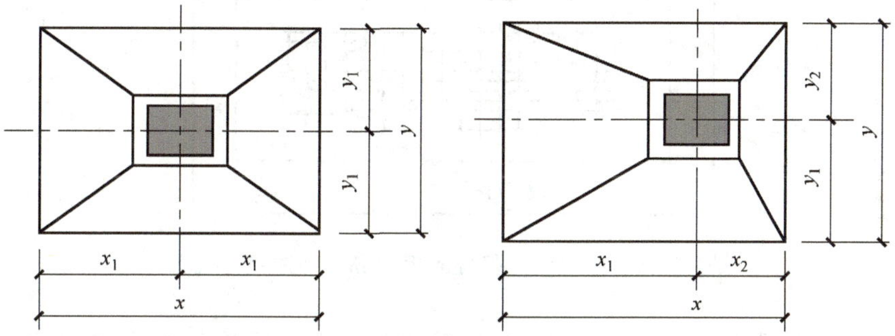

a) 对称形截面　　b) 非对称形截面

图 2-15　锥形截面普通独立基础原位标注

【例 2-5】　如图 2-16 所示为对称阶形独立基础原位标注，x 和 y 两向的基础边长均为 4100mm，x 向阶宽 x_1、x_2 分别为 950mm、1100mm，y 向阶宽为 y_1、y_2 分别为 950mm、1100mm。

【例 2-6】　如图 2-17 所示为非对称锥形独立基础原位标注，x 和 y 两向的基础边长均为 2500mm，x 向锥形平面尺寸 x_1 为 1175mm、x_2 为 1325mm，y 向锥形平面尺寸 y_1 为 1175mm、y_2 为 1325mm。

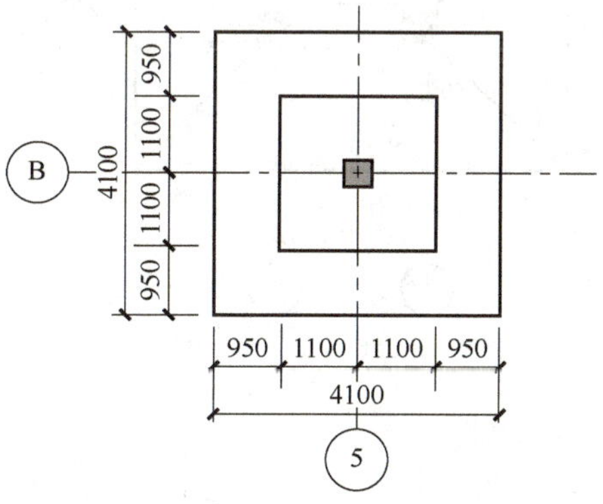

图 2-16　对称阶形独立基础原位标注

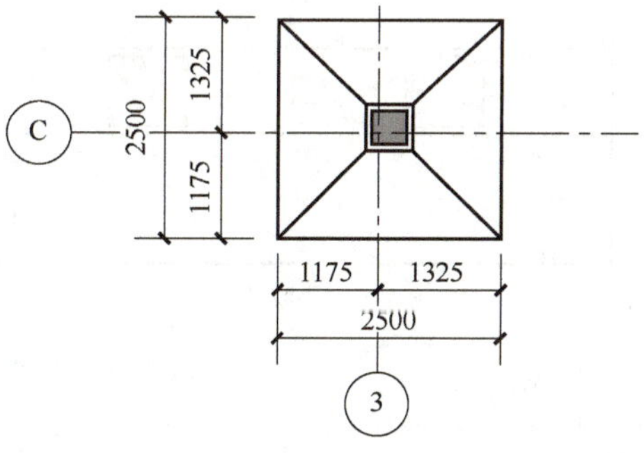

图 2-17　非对称锥形独立基础原位标注

（2）多柱独立基础（双柱或四柱）

多柱独立基础的编号、几何尺寸和配筋的标注方法与单柱独立基础相同。

当为双柱独立基础且柱距较小时，通常仅配置基础底部钢筋；当柱距较大时，除基础底部配筋外，尚需在两柱间配置基础顶部钢筋或设置基础梁。

1）注写双柱独立基础底板顶部配筋。双柱独立基础的顶部配筋通常对称分布在双柱中心线两侧。以大写字母“T”开头，注写为：双柱间纵向受力钢筋/分布钢筋。当纵向受力钢筋在基础底板顶面非满布时，应注明总根数，如图 2-18 所示。

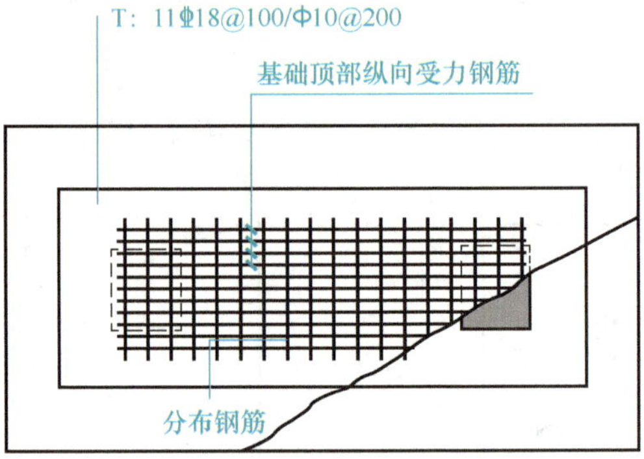

图 2-18　双柱独立基础底板顶部配筋注写方式

【例 2-7】　如图 2-18 所示，T：11 Φ 18@ 100/Φ 10@ 200；表示独立基础顶部配置 HRB400 纵向受力钢筋，直径为 18mm，设置 11 根，间距为 100mm；配置 HPB300 分布钢筋（简称分布筋），直径为 10mm，间距为 200mm。

2）注写双柱独立基础的基础梁配筋。当双柱独立基础为基础底板与基础梁相结合时，注写基础梁的编号、几何尺寸和配筋。通常情况下，双柱独立基础宜采用端部有外伸的基础梁，基础梁宽度宜比柱截面宽出不小于 100mm（每边不小于 50mm），如图 2-19 所示。

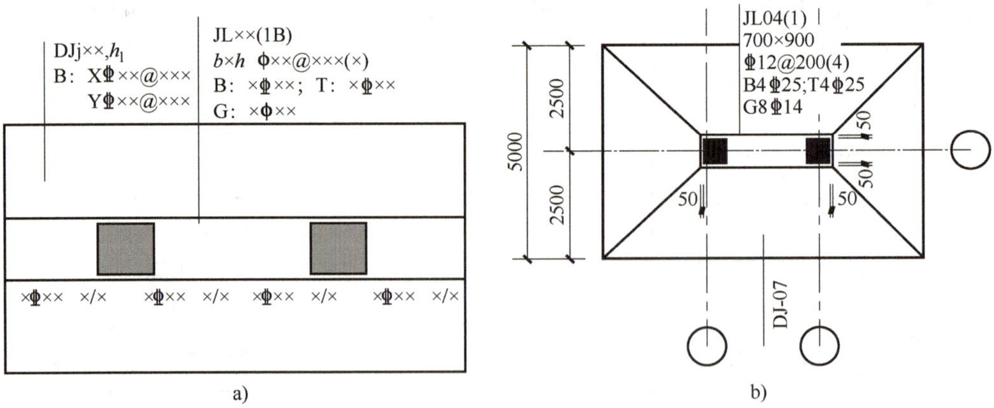

图 2-19　设置双柱基础梁配筋注写图

【例 2-8】　图 2-19 所示，JL04（1），表示 4 号基础梁有 1 跨，两端无外伸；“700×900”表示基础梁截面尺寸为：梁宽为 700mm，梁高为 900mm；Φ 12@ 200（4），表示基础梁箍筋为 HRB400 级钢筋，直径为 12mm，间距为 200mm 的四肢箍；B 4Φ25；T 4Φ25，表示梁底部和梁顶部均配置贯通纵向钢筋（简称纵筋）4 根 HRB400 级钢筋，直径为 25mm；G8Φ14，表示梁每个侧面配置纵向构造钢筋 4 根 HRB400 级钢筋，直径为 14mm，共配置 8 根。

四、独立基础的截面注写方式

独立基础采用截面注写方式，应在基础平面布置图上对所有基础进行编号，标注独立基础的平面尺寸，并用剖面号引出对应的截面图；对于相同编号的基础，可选择一个进行标注，具体表达内容可参照相应的标准构造。

五、独立基础的列表注写方式

独立基础采用列表注写方式，应在基础平面布置图上对所有基础进行编号。

对于多个同类基础，采用列表注写（结合平面和截面示意图）的方式集中表达。普通独立基础截面的几何尺寸和配筋表见表 2-2。

表 2-2　普通独立基础截面的几何尺寸和配筋表

基础编号/截面编号	截面的几何尺寸						底部配筋（B）	
	x	y	x_i	y_i	h_1	h_2	x 向	y 向

具体实例请见本书附图 GS-02 和 GS-03。

2.3 独立基础标准构造详图

独立基础底板钢筋构造

一、柱纵向钢筋在基础中的构造

柱纵向钢筋在基础中的构造如图 2-20 所示。

识读图 2-20，柱钢筋在基础中的构造要点如下：

1）h_j 为基础底面至基础顶面的高度。柱下为基础梁时，h_j 为梁底面到顶面的高度。当柱两侧基础梁标高不同时，取较低标高。

2）锚固区横向箍筋。应满足直径≥$d/4$（d 为纵筋最大直径），间距≤$5d$（d 为纵筋最小直径）且≤100mm 的要求。

3）当柱纵筋在基础中保护层厚度不一致，保护层厚度≤$5d$ 的部分应设置锚固区横向箍筋。

4）当符合下列条件之一时，可仅将柱四角纵筋伸至底板钢筋网片上或筏形基础中间层钢筋网片上（伸至钢筋网片上柱纵筋间距不应大于 1000mm），其余纵筋锚固在基础顶面以下 l_{aE} 即可。

① 若柱为轴心受压或小偏心受压，则基础高度或基础顶面至中间层钢筋网片顶面距离不小于 1200mm。

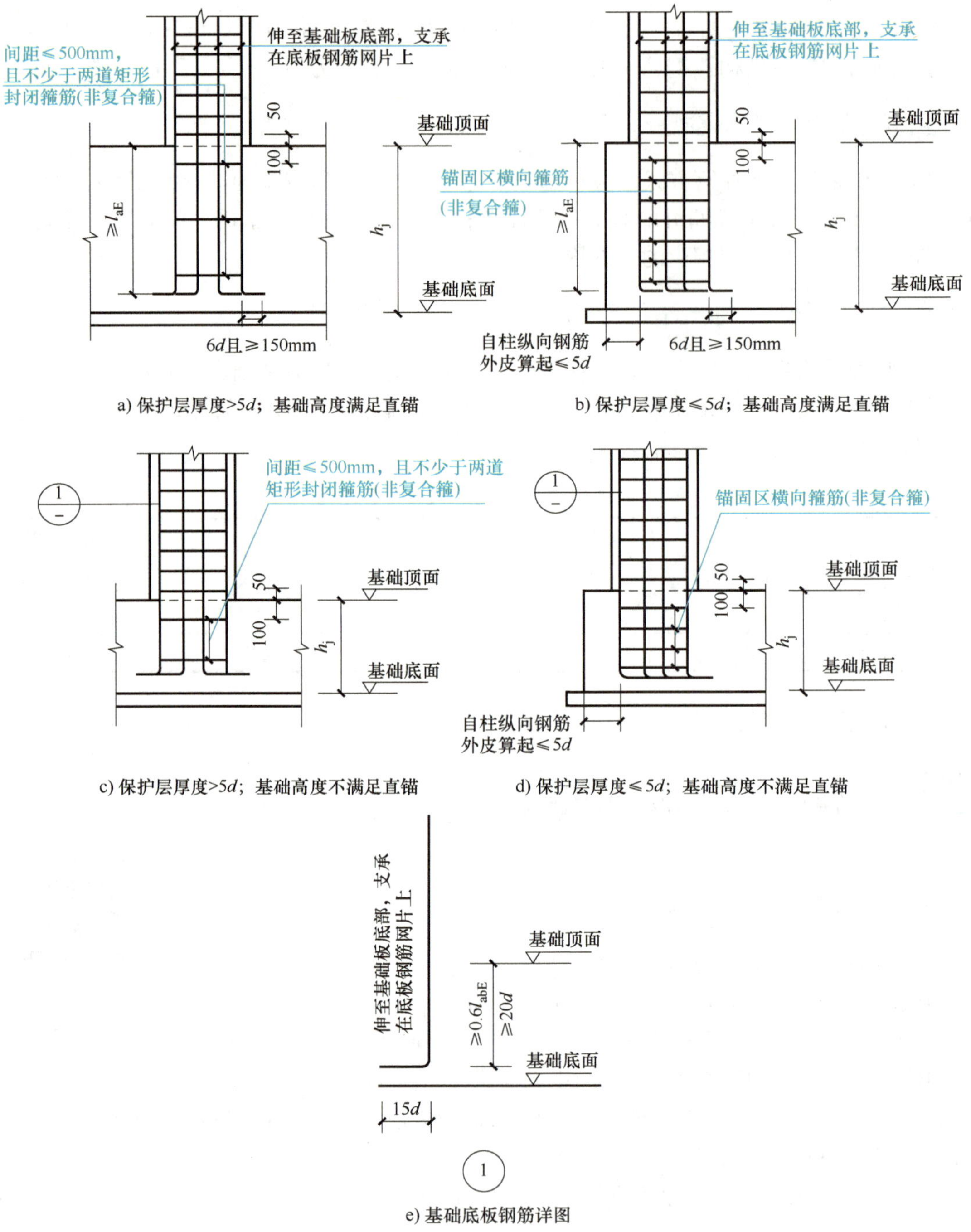

图 2-20　柱纵向钢筋在基础中的构造

② 若柱为大偏心受压，则基础高度或基础顶面至中间层钢筋网片顶面距离不小于 1400mm。

5）图 2-20 中 d 为柱纵筋直径。

二、独立基础底板配筋构造

如图 2-21 所示为锥形独立基础底板配筋构造示意。

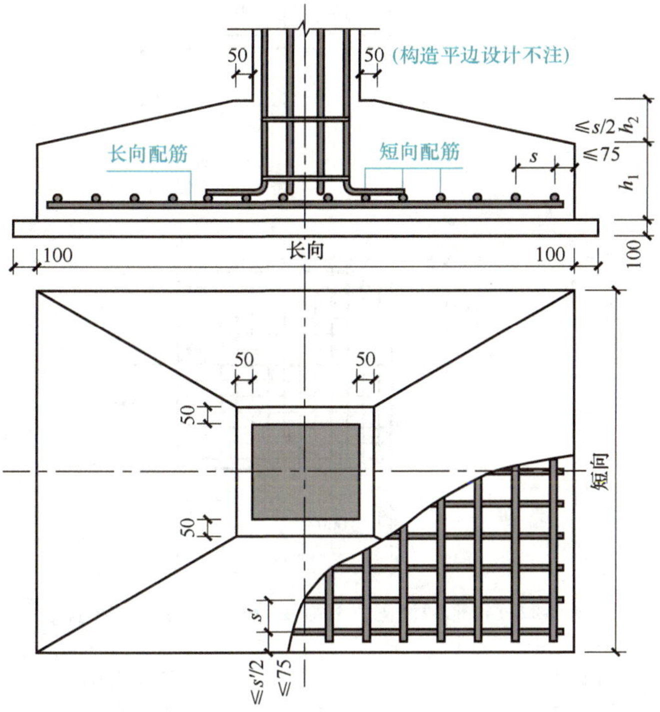

图 2-21 锥形独立基础底板配筋构造示意

独立基础底板配筋构造要点如下：

1）独立基础底板配筋构造适用于普通独立基础和杯口独立基础。

2）独立基础底板双向交叉钢筋长向设置在下，短向设置在上。

3）独立基础底板钢筋定位尺寸距离基础边缘≤75mm 且≤钢筋间距的二分之一。图 2-21 中 s 为短向钢筋间距；s'为长向钢筋间距。

【例 2-9】 如图 2-22 所示，锥形截面独立基础 DJz05 底板双向长度均为 2000mm，双向配筋均为 HRB400 纵向受力钢筋，直径为 12mm，间距为 150mm；独立基础底板钢筋定位尺寸距离基础边缘为（150/2、75）的较小值，为 75mm。

三、独立基础底板配筋长度缩短 10%构造

独立基础底板配筋长度缩短 10%构造如图 2-23 所示。图 2-23a 所示为对称独立基础，图 2-23b为非对称独立基础。

1）当独立基础底板长度≥2500mm 时，除外侧钢筋外，底板配筋长度可取相应方向底板长度的 0.9 倍，交错放置，四边最外侧钢筋不缩短。

2）当非对称独立基础底板长度≥2500mm 时，但该基础某侧从柱中心至基础底板边缘的距离<1250mm，钢筋在该侧不应缩短。

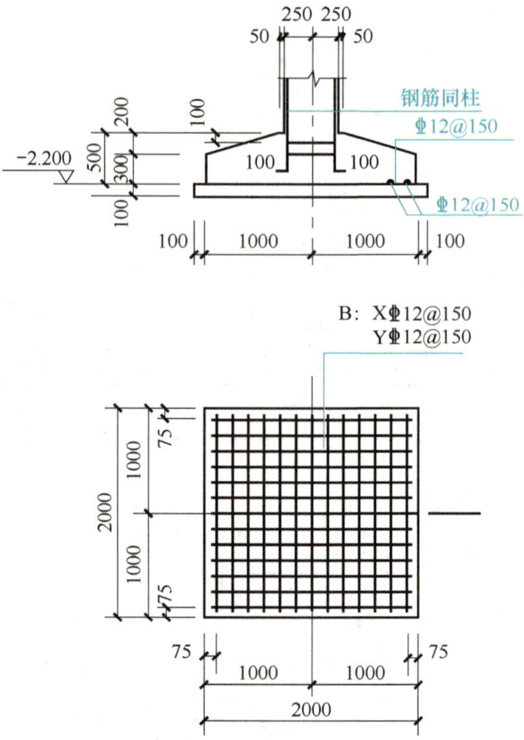

图 2-22 锥形截面独立基础 DJz05 底板配筋构造

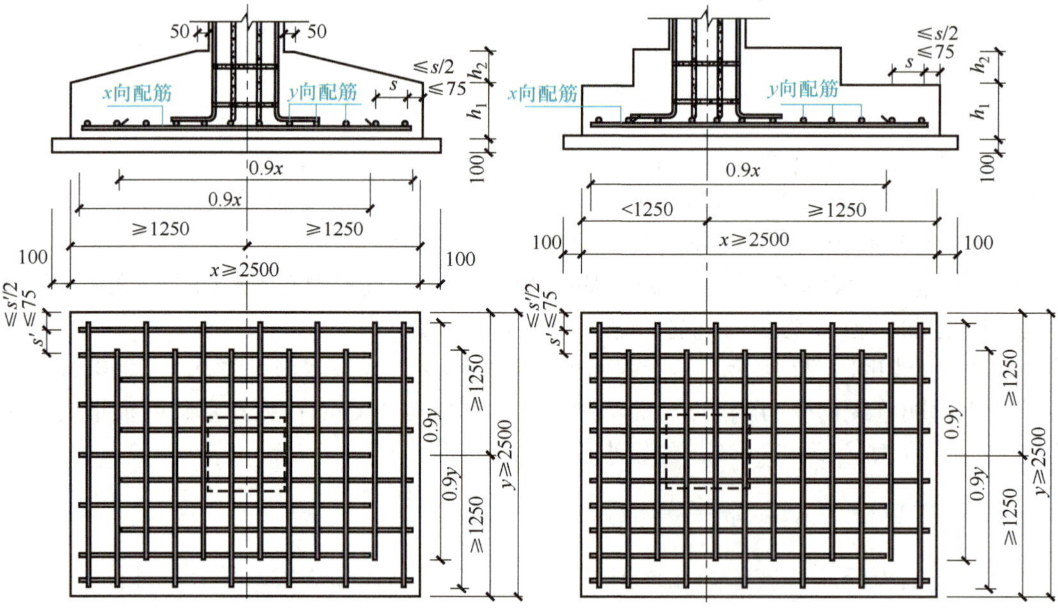

a) 对称独立基础　　b) 非对称独立基础

图 2-23 独立基础底板配筋长度缩短 10%构造

【例 2-10】 如图 2-24 所示，锥形截面独立基础 DJz06 底板 x、y 向尺寸均为 3200mm，长度大于 2500mm，除外侧钢筋外，底板配筋长度可取相应方向底板长度的 0.9 倍（3200×0.9=2880mm），配筋长度为 2880mm，交错放置，四边最外侧钢筋不缩短。

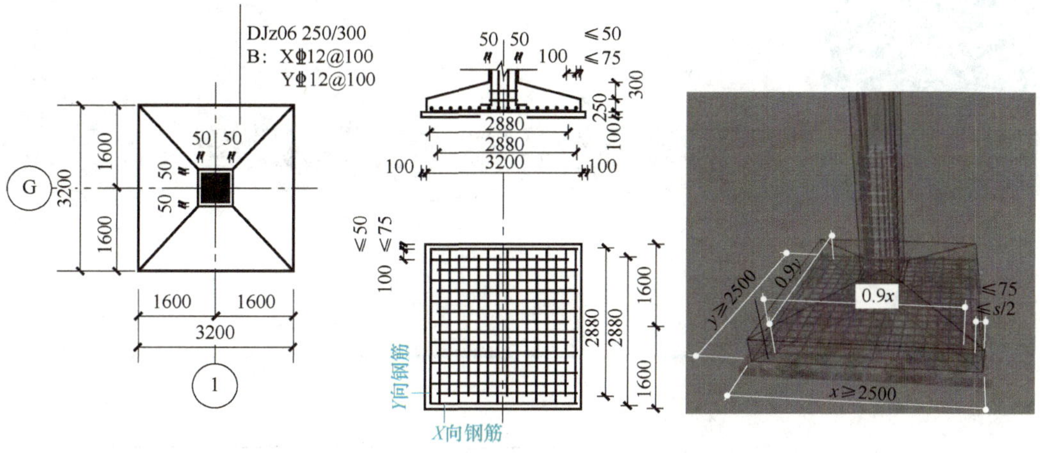

a)　　b)

图 2-24　独立基础 DJz06 底板配筋长度缩短 10%

四、双柱普通独立基础底部与顶部配筋构造

双柱普通独立基础配筋构造如图 2-25 所示。双柱普通独立基础底部与顶部配筋构造要点如下：

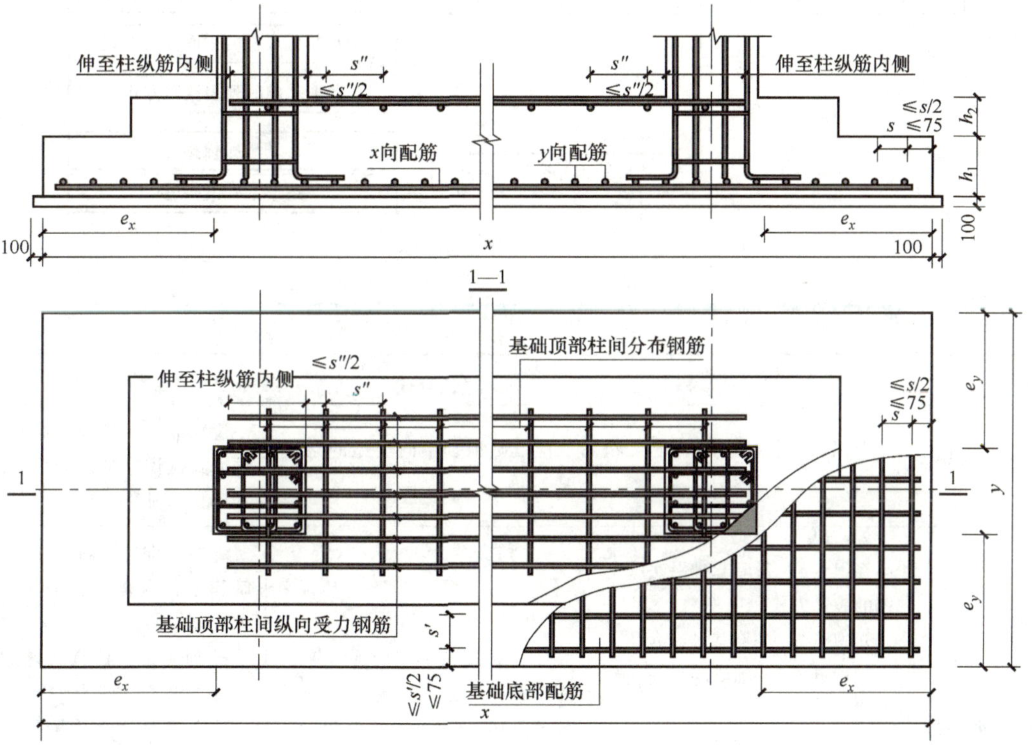

图 2-25　双柱普通独立基础配筋构造

注：s 为基础底部 y 向配筋间距；s'为基础底部 x 向配筋间距，s''为基础顶部柱间分布钢筋间距。

1）双柱普通独立基础底板的截面形状可为阶形和锥形。

2）双柱普通独立基础底板双向交叉钢筋，根据基础两个方向从柱外缘到基础缘外的伸出长度 e_x 和 e_y 大小，较大者方向的钢筋设置在下，较小者方向的钢筋设置在上。

任务 3 条形基础平法施工图识读

学习内容

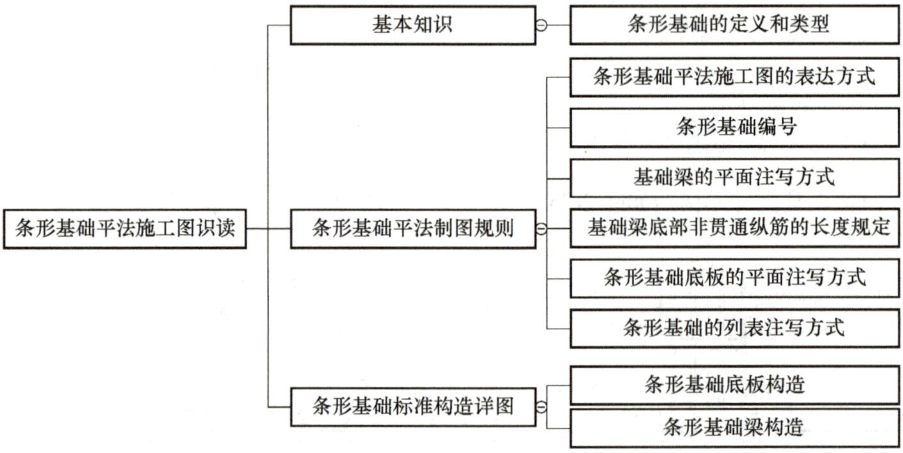

学习目标

学习任务	知识点	技能目标	素养目标
1. 基本知识	知识点：条形基础的定义和类型	能准确识别不同类型的条形基础	逻辑清晰，能运用科学的思维方式认识事物；能正确认识和理解学习的价值
2. 条形基础平法制图规则	知识点 1：条形基础平法施工图的表达方式 知识点 2：条形基础编号 知识点 3：基础梁的平面注写方式 知识点 4：基础梁底部非贯通纵筋的长度规定 知识点 5：条形基础底板的平面注写方式 知识点 6：条形基础的列表注写方式	1. 能根据条形基础平法施工图平面注写方式准确识读条形基础梁和底板信息 2. 能根据条形基础列表注写方式准确识别条形基础梁和底板信息	理性思维：崇尚真知，能理解和掌握基本的科学原理和方法 批判质疑：具有问题意识；能独立思考、独立判断 乐学善学：能正确认识和理解学习的价值，具有积极的学习态度和浓厚的学习兴趣；能养成良好的学习习惯，掌握适合自身的学习方法；能自主学习，具有终身学习的意识和能力等

（续）

学习任务	知识点	技能目标	素养目标
3. 条形基础标准构造详图	知识点1：条形基础底板构造 知识点2：条形基础梁构造	通过查阅图集相关资料，能准确判断条形基础梁或底板不同情况下的构造措施	理性思维，勇于探究，信息意识：能自觉、有效地获取、评估、鉴别、使用信息

3.1 基本知识

条形基础的定义和类型

条形基础识读基本知识

条形基础是指基础长度远远大于宽度的一种基础形式。条形基础按上部结构分为墙下条形基础和柱下条形基础，按下部结构可以分为板式条形基础和梁板式条形基础（见图3-1）。基础的长度大于或等于10倍基础的宽度。

1）板式条形基础。该类条形基础适用于钢筋混凝土剪力墙结构和砌体结构。平法施工图仅表达条形基础底板。

2）梁板式条形基础。该类条形基础适用于钢筋混凝土框架结构、框架-剪力墙结构、部分框支剪力墙结构和钢结构。平法施工图将梁板式条形基础分解为基础梁和条形基础底板分别进行表达。

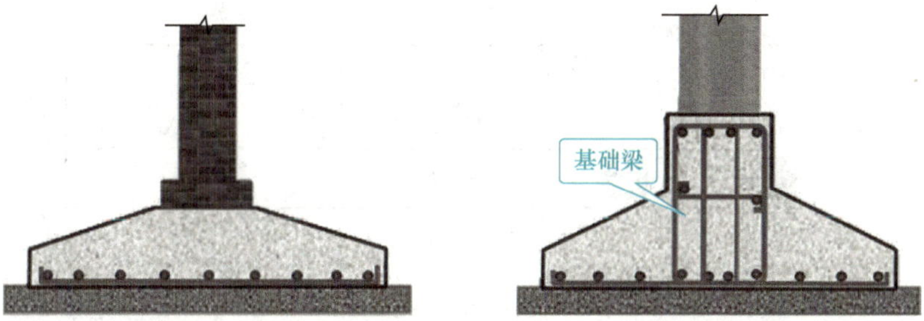

a) 板式条形基础　　b) 梁板式条形基础

图3-1　条形基础类型（按下部结构）

3.2 条形基础平法制图规则

一、条形基础平法施工图的表达方式

1）条形基础平法施工图有平面注写和列表注写两种表达方式，设计者可根据具体工程情况选择一种，或将两种方式相结合，以进行条形基础的施工图设计。

2）当绘制条形基础平面布置图时，应将条形基础平面与基础所支承的上部结构的柱、墙一起绘制。当基础底面标高不同时，需注明与基础底面基准标高不同之处的范围和标高。

3）当梁板式基础梁中心或板式条形基础板中心与建筑定位轴线不重合时，应标注其定位尺寸；对于编号相同的条形基础，可仅选择一个进行标注。

二、条形基础编号

条形基础编号分为基础梁和条形基础底板编号，见表 3-1 的规定。

表 3-1　条形基础编号

类型		代号	序号	跨数及有无外伸
基础梁		JL	××	（××）端部无外伸 （××A）一端有外伸 （××B）两端有外伸
条形基础底板	坡形	TJBp	××	
	阶形	TJBj	××	

注：条形基础通常采用坡形截面或单阶形截面。

三、基础梁的平面注写方式

条形基础梁的平面注写方式

1. 基础梁 JL 的平面注写方式的分类

基础梁 JL 的平面注写方式分为集中标注和原位标注。当集中标注的某项数值不适用于基础梁的某部位时，则将该项数值采用原位标注，施工时，原位标注优先。条形基础平面注写示例如图 3-2 所示。

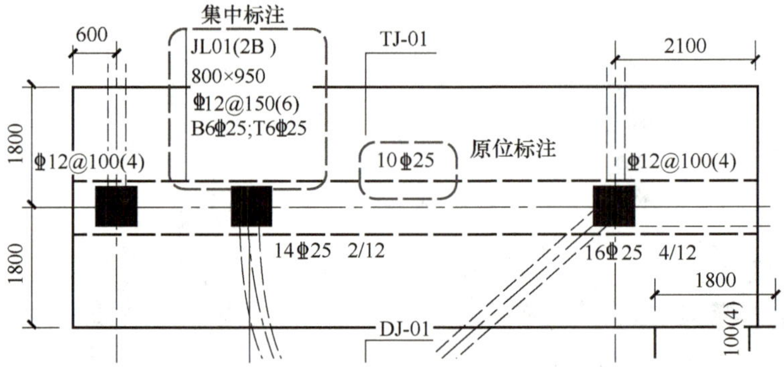

图 3-2　条形基础平面注写示例

2. 基础梁的集中标注

基础梁的集中标注内容包括基础梁编号、截面尺寸、配筋三项必注内容，以及基础梁底面标高（与基础底面基准标高不同时）和必要的文字注解两项选注内容。具体规定如下：

（1）注写基础梁编号（必注内容）（表 3-1）

【例 3-1】　图 3-2 中，JL01（2B）表示 01 号基础梁，2 跨，两端有悬挑。

（2）注写基础梁截面尺寸（必注内容）

注写 $b \times h$，表示梁截面宽度与高度。当为竖向加腋梁时，用 $b \times h$ $Yc_1 \times c_2$ 表示，其中 c_1 为腋长，c_2 为腋高。竖向加腋截面注写示意如图 3-3 所示。

【例 3-2】　图 3-2 中 800×950 表示基础梁的宽为 800mm，高为 950mm。

（3）注写基础梁配筋（必注内容）

1）注写基础梁箍筋。当具体设计仅采用一种箍筋间距时，注写钢筋种类、钢筋直径、箍筋间距与箍筋肢数（箍筋肢数写在括号内，下同）；当具体设计采用两种箍筋时，用“/”分隔不同箍筋，按照从基础梁两端向跨中的顺序注写。先注写第 1 段箍筋（在前面加注箍筋道数），在斜线后再注写第 2 段箍筋（不再加注箍筋道数）。

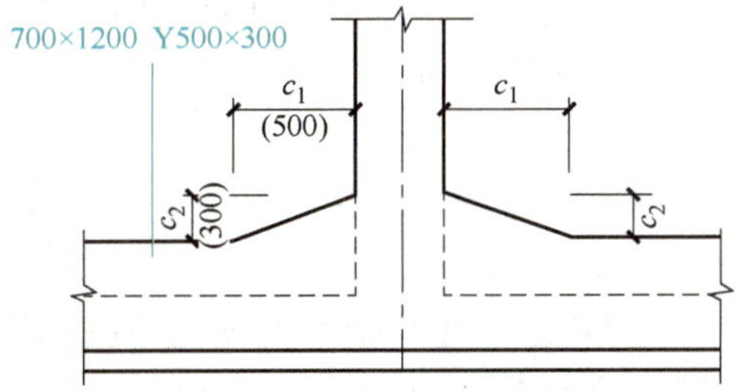

图 3-3　竖向加腋截面注写示意

【例 3-3】　图 3-2 中Φ12@150（6），表示基础梁箍筋为 HRB400，直径为 12mm，箍筋间距为 150mm，6 肢箍。

【例 3-4】　9Φ16@100/Φ6@200（6），表示配置两种间距的 HRB400 箍筋，直径为 16mm，从梁两端起向跨内按箍筋间距 100mm 每端各设置 9 道，梁其余部位的箍筋间距为 200mm，均为 6 肢箍。

施工时应注意：两向基础梁相交的柱下区域，应有一向截面较高的基础梁箍筋贯通设置；当两向基础梁高度相同时，任选一向筋贯通设置。

2）注写梁底部、顶部及侧面纵向钢筋。

① 以 B 开头，注写梁底部贯通纵筋（不应少于梁底部受力钢筋总截面面积的 1/3）。当跨中所注根数少于箍筋肢数时，需要在跨中增设梁底部架立筋以固定箍筋，采用“+”将贯通纵筋与架立筋相连，架立筋注写在加括号后面的括号内。

② 以 T 开头，注写梁顶部贯通纵筋。注写时用分号“；”将底部与顶部贯通纵筋分隔开，如有个别跨与其不同者按本规则第 3 条原位注写的规定处理。

③ 当梁底部或顶部贯通纵筋多于一排时，用“/”将各排纵筋自上而下分开。

【例 3-5】　图 3-2 中 B6Φ25；T6Φ25 表示梁底部贯通纵筋为 6Φ25，顶部贯通纵筋为6Φ25。

【例 3-6】　B4Φ25；T12Φ25 7/5 表示梁底部配置贯通纵筋为 4Φ25；梁顶部配置贯通纵筋上一排为 7Φ25，下一排为 5Φ25，共 12Φ25。

④ 以大写字母 G 开头注写梁两侧面对称设置的纵向构造钢筋的总配筋值（当梁腹板高度 h_w 不小于 450mm 时，根据需要配置）。

【例 3-7】　G8Φ14 表示梁每个侧面配置纵向构造钢筋 4Φ14，共配置 8Φ14。

当需要配置抗扭纵向钢筋时，梁两个侧面设置的抗扭纵向钢筋以 N 开头。

【例 3-8】　N8Φ16 表示梁的两个侧面共配置 8Φ16 的纵向抗扭钢筋，沿截面周边均匀对称设置。

注意：①当为梁侧面构造钢筋时，搭接与锚固长度可取为 $15d$；②当为梁侧面受扭纵向钢筋时，锚固长度为 l_a，搭接长度为 l_l；锚固方式同基础梁上部纵筋。

（4）注写基础梁底面标高（选注内容）

当条形基础的底面标高与基础底面基准标高不同时，将条形基础底面标高注写在“( )”内。

（5）必要的文字注解（选注内容）

当基础梁的设计有特殊要求时，宜增加必要的文字注解。

3. 基础梁 JL 的原位标注

（1）基础梁支座的底部纵筋

1）基础梁支座的底部纵筋系指包含贯通纵筋与非贯通纵筋在内的所有纵筋。

2）当底部纵筋多于一排时，用“/”将各排纵筋自上而下分开。

3）当同排纵筋有两种直径时，用“+”将两种直径的纵筋相连，注写时角筋写在前面。

【例 3-9】 图 3-2 中 14Φ25 2/12 表示基础梁底部贯通纵筋上一排为 2Φ25，下一排为 12Φ25，共 14Φ25。

【例 3-10】 在基础梁支座处原位标注 2Φ25+2Φ22，表示基础梁支座底部有 4 根纵筋，2Φ25 放在角部，2Φ22 放在中部。

4）当梁支座两边的底部纵筋配置不同时，需在支座两边分别标注；当梁支座两边的底部纵筋相同时，可仅在支座的一边标注。

5）当梁支座底部全部纵筋与集中注写过的底部贯通纵筋相同时，可不再重复做原位标注。

6）竖向加腋梁加腋部位钢筋，需在设置加腋的支座处以 Y 开头注写在括号内。

【例 3-11】 竖向加腋梁端（支座）处注写为 Y4Φ25，表示竖向加腋部位斜纵筋为4Φ25。

设计时应注意：对于梁底部在同一个平面上的梁，梁的支座两边配置不同的底部非贯通纵筋时，应先按较小一边的配筋值选配相同直径的纵筋贯穿支座，再将较大一边的配筋差值选配适当直径的钢筋锚入支座，避免造成支座两边大部分钢筋直径不相同的不合理配置结果。

施工及预算方面应注意：当底部贯通纵筋经原位标注修正，出现两种不同配置的底部贯通纵筋时，应在两毗邻跨中配置较小一跨的跨中连接区域进行连接（即配置较大一跨的底部贯通纵筋需伸出至毗邻跨的跨中连接区域。具体位置见标准构造详图）。

（2）原位注写基础梁的附加箍筋或（反扣）吊筋

当两向基础梁十字交叉，但交叉位置无柱时，应根据需要设置附加箍筋或（反扣）吊筋。

将附加箍筋或（反扣）吊筋直接画在平面图中条形基础主梁上，原位直接引注总配筋值（附加箍筋的肢数注在括号内）。当多数附加箍筋或（反扣）吊筋相同时，可在条形基础平法施工图上统一注明。少数与统一注明值不同时，在原位直接引注。

施工时应注意：附加箍筋或（反扣）吊筋的几何尺寸应按照标准构造详图，结合其所在位置的主梁和次梁的截面尺寸确定。

（3）原位标注基础梁外伸部位的变截面高度

当基础梁外伸部位采用变截面高度时，在该部位原位标注 $b \times h_1/h_2$，h_1 为根部截面高度，h_2 为尽端截面高度。基础梁外伸部位变截面高度注写示意如图 3-4 所示。

（4）原位标注修正内容

当在基础梁上集中标注的某项内容（如截面尺寸、箍筋、底部与顶部贯通纵筋或架立筋、梁侧面纵向构造钢筋、梁底面标高等）不适用于某跨或某外伸部位时，将修正内容原位标注在该跨或该外伸部位，施工时原位标注取值优先。

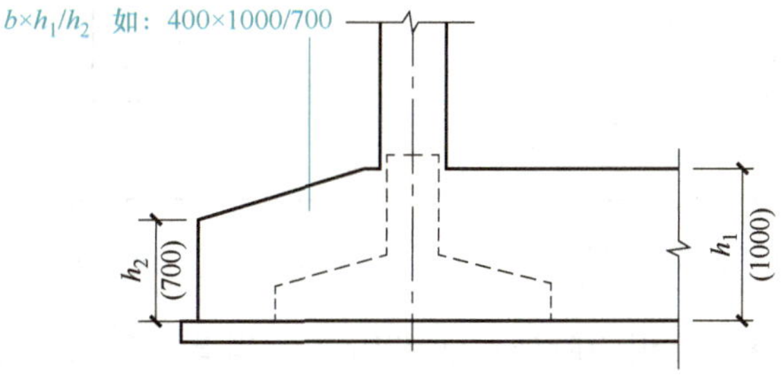

图 3-4 基础梁外伸部位变截面高度注写示意

当在多跨基础梁的集中标注中已注明竖向加腋，而该梁某跨根部不需要竖向加腋时，则应在该跨原位标注截面尺寸 $b \times h$，以修正集中标注中的竖向加腋要求。

四、基础梁底部非贯通纵筋的长度规定

1）为方便施工，对于基础梁柱下区域底部非贯通纵筋的伸出长度 a_0 值：当配置不多于两排时，在标准构造详图中统一取值为自柱边向跨内伸出至 $l_n/3$ 位置；当非贯通纵筋配置多于两排时，从第三排起向跨内的伸出长度值应由设计者注明。l_n 的取值规定为：边跨边支座的底部非贯通纵筋，l_n 取本边跨的净跨长度值；对于中间支座的底部非贯通纵筋，l_n 取支座两边较大一跨的净跨长度值，相关构造见本书任务 3.3 条形基础标准构造详图。

2）基础梁外伸部位底部第一排纵筋伸出至梁端头并全部上弯；其他排钢筋伸至梁端头后截断，相关构造见本书任务 3.3 条形基础标准构造详图。

五、条形基础底板的平面注写方式

条形基础底板 TJBp、TJBj 的平面注写方式分为集中标注和原位标注。

条形基础底板的平面注写方式

1. 条形基础底板的集中标注

条形基础底板的集中标注内容为条形基础底板编号、截面竖向尺寸、配筋三项必注内容，以及条形基础底板底面标高（与基础底面基准标高不同时）、必要的文字注解两项选注内容。

素混凝土条形基础底板的集中标注，除无底板配筋内容外，与钢筋混凝土条形基础底板的集中标注相同。具体规定如下：

（1）注写条形基础底板编号（必注内容）

条形基础底板编号由代号和序号组成，应符合表 3-1 中的要求。

（2）注写条形基础底板截面竖向尺寸（必注内容）

1）当条形基础底板为坡形截面时，注写为 h_1/h_2。条形基础底板坡形截面竖向尺寸如图 3-5 所示。

【例 3-12】 当条形基础底板为坡形截面 TJBp××，当截面竖向尺寸注写为 300/250 时，表示 h_1 = 300mm、h_2 = 250mm，基础底板根部总高度为 550mm。

2）当条形基础底板为阶形截面时，注写 h_1。条形基础底板阶形截面竖向尺寸如图 3-6 所示。

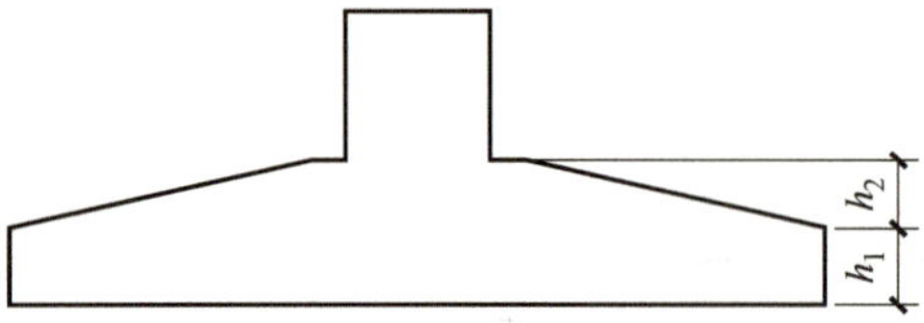

图 3-5 条形基础底板坡形截面竖向尺寸

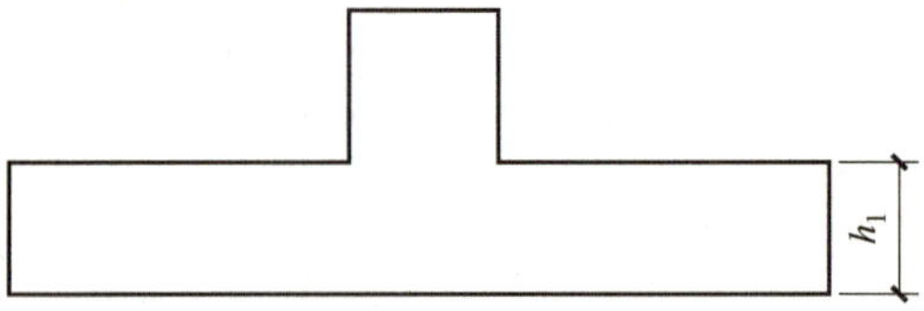

图 3-6 条形基础底板阶形截面竖向尺寸

【例 3-13】 当条形基础底板为阶形截面 TJBj××，当截面竖向尺寸注写为 300mm 时，表示 h_1 = 300mm，即为基础底板总高度。

上例及图 3-6 为单阶，当为多阶时各阶尺寸自下而上以“/”分隔顺写。

（3）注写条形基础底板底部及顶部配筋（必注内容）

以 B 开头，注写条形基础底板底部的横向受力钢筋；以 T 开头，注写条形基础底板顶部的横向受力钢筋；注写时，用“/”分隔条形基础底板的横向受力钢筋与纵向分布钢筋，如图 3-7 和图 3-8 所示。

【例 3-14】 当条形基础底板配筋标注为 B：Φ14@150/Φ8@250；表示条形基础底板底部配置 HRB400 横向受力钢筋，直径为 14mm，间距为 150mm；配置 HPB300 纵向分布钢筋，直径为 8mm，间距为 250mm。条形基础底板底部配筋示意如图 3-7 所示。

【例 3-15】 当为双梁（或双墙）条形基础底板时，除在底板底部配置钢筋外，一般尚需在两根梁或两道墙之间的底板顶部配置钢筋，其中横向受力钢筋的锚固长度 l_a 从梁的内边缘（或墙内边缘）起算。双梁条形基础底板底部配筋示意如图 3-8 所示。

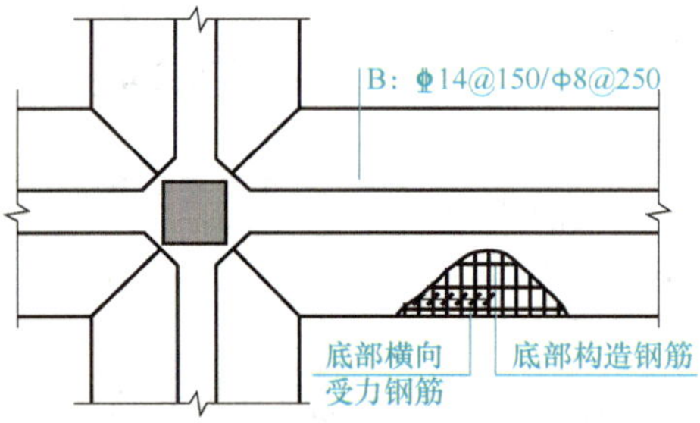

图 3-7 条形基础底板底部配筋示意

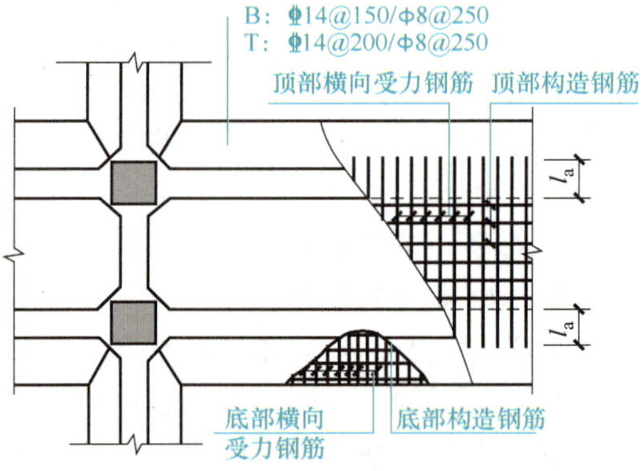

图 3-8 双梁条形基础底板底部配筋示意

（4）注写条形基础底板底面标高（选注内容）

当条形基础底板的底面标高与条形基础底面基准标高不同时，应将条形基础底板底面标高注写在“( )”内。

（5）必要的文字注解（选注内容）

当条形基础底板有特殊要求时，应增加必要的文字注解。

2. 条形基础底板的原位标注

（1）原位注写条形基础底板的平面定位尺寸

原位标注 b、b_i，i=1，2，…。其中，b 为基础底板总宽度，b_i 为基础底板台阶的宽度。

当基础底板采用对称于基础梁的坡形截面或单阶形截面时，b_i 可不注，对于相同编号的条形基础底板，可仅选择一个进行标注。条形基础底板平面尺寸原位标注如图3-9所示。

条形基础存在双梁或双墙共用同一基础底板的情况，当为双梁或为双墙且梁或墙荷载差别较大时，条形基础两侧可取不同的宽度，实际宽度以原位标注的基础底板两侧非对称的不同台阶宽度 b_i 进行表达。

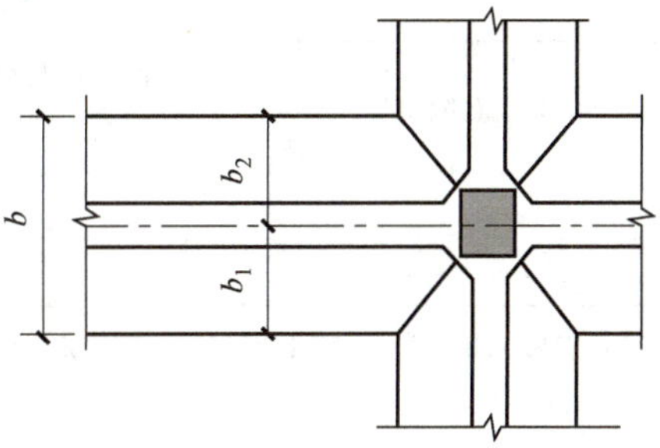

图3-9 条形基础底板平面尺寸原位标注

注：素混凝土条形基础底板的原位标注与钢筋混凝土条形基础底板相同。

（2）原位注写修正内容

当在条形基础底板上集中标注的某项内容，如底板截面竖向尺寸、底板配筋、底板底面标高等，不适用于条形基础底板的某跨或某外伸部分时，可将其修正内容原位标注在该跨或该外伸部位，施工时原位标注取值优先。

六、条形基础的列表注写方式

列表注写方式是在基础平面布置图上对所有条形基础进行编号的。条形基础编号见表3-1。对多个条形基础可采用列表注写（结合截面示意图）的方式进行集中表达。表中内容为条形基础截面的几何数据和配筋，截面示意图上应标注与表中栏目相对应的代号。列表的具体内容规定如下：

条形基础列表注写方式

（1）基础梁列表集中注写内容

1）编号：注写JL××（××）、JL××（××A）或JL××（××B）。

2）几何尺寸：梁截面宽度与高度 $b \times h$。当为竖向加腋梁时，注写 $b \times h$ Y$c_1 \times c_2$，其中，c_1 为腋长，c_2 为腋高。

3）配筋：注写基础梁底部贯通纵筋+非贯通纵筋，顶部贯通纵筋，箍筋。当设计为两种箍筋时，箍筋注写为第一种箍筋/第二种箍筋，第一种箍筋为梁端部箍筋，注写内容包括箍筋的箍数、钢筋种类、直径、间距与肢数。基础梁几何尺寸和配筋表见表3-2。

表3-2 基础梁几何尺寸和配筋表

基础梁编号/截面编号	截面几何尺寸		配筋	
	$b \times h$	竖向加腋 $c_1 \times c_2$	底部贯通纵筋+非贯通纵筋，顶部贯通纵筋，箍筋	第一种箍筋/第二种箍筋

注：1. 表中可根据实际情况增加栏目，如增加基础梁底面标高等。
2. 表中非贯通纵筋需配合原位标注使用。

（2）条形基础底板列表集中注写内容（见表3-3）

1）编号为坡形截面编号为TJBp××（××）、TJBp××（××A）或TJBp××（××B），阶形截面编号为TJBj××（××）、TJBj××（××A）或TJBj××（××B）。

2）几何尺寸为水平尺寸 b、b_i，$i=1$，2，…；竖向尺寸为 h_1/h_2。

3）配筋为 B：Φ××@ ×××/Φ××@ ×××。

表 3-3　条形基础底板几何尺寸和配筋表

基础底板编号/截面编号	截面几何尺寸			底板配筋（B）	
	b	b_i	h_1/h_2	横向受力钢筋	纵向分布钢筋

注：表中可根据实际情况增加栏目，如增加上部配筋、基础底板地面标高（与基础底板地面基准标高不一致时）等。

3.3 条形基础标准构造详图

一、条形基础底板构造

条形基础底板构造

1. 基础构造知识

（1）条形基础底板配筋

条形基础底板配筋可以分为受力钢筋和分布钢筋，受力钢筋在下，分布钢筋垂直于受力钢筋在上。基础梁梁宽范围内不设分布筋，分布钢筋距离边缘要求≤75 且≤$s/2$，距离基础梁≤$s/2$。条形基础底板配筋构造如图 3-10 所示。

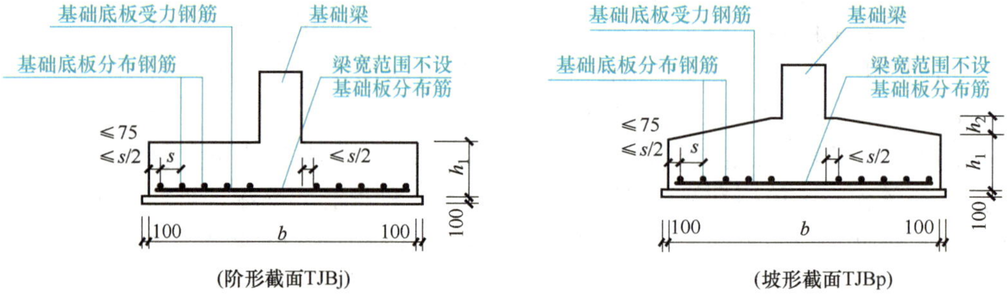

图 3-10　条形基础底板配筋构造

（2）条形基础底板配筋长度缩短 10%构造

当条形基础底板宽度不小于 2500mm 且单边宽度不小于 1250mm 时，底板受力钢筋长度可在相应侧边处缩短 10%。但是，底板交接区的受力钢筋和无交接地板时端部第一根钢筋不应缩短。条形基础底板配筋长度缩短 10%构造如图 3-11 所示。

2. 其他构造要求

（1）十字交接基础底板

十字交接基础底板构造如图 3-12 所示，它可用于转角梁板端部均有纵向延伸的情况。

（2）丁字交接基础底板

丁字交接基础底板构造如图 3-13 所示。

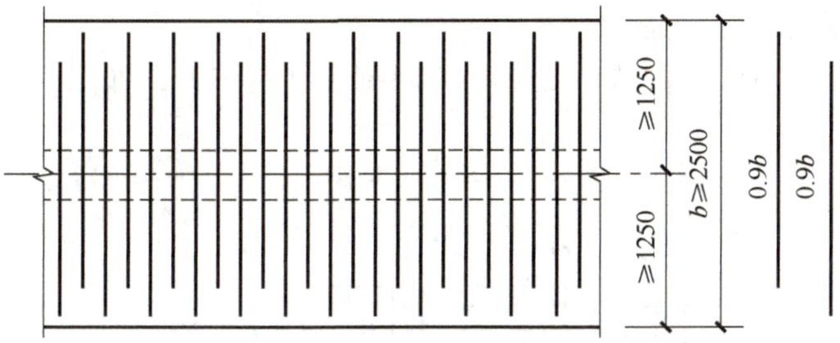

图 3-11　条形基础底板配筋长度缩短 10%构造

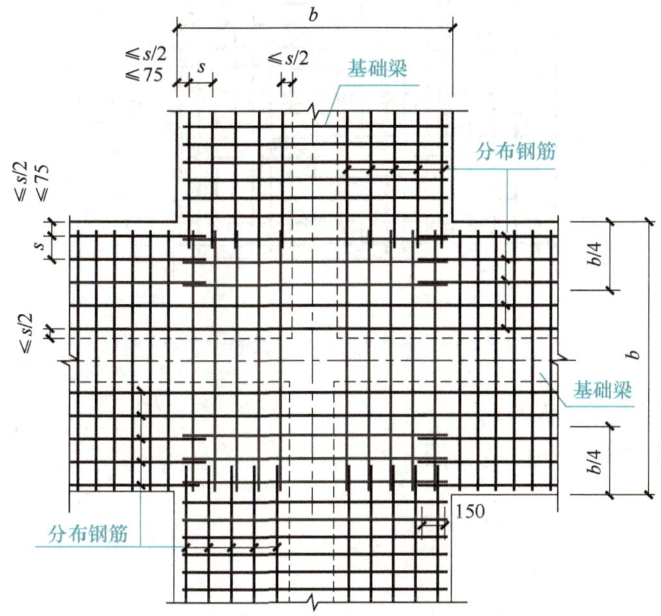

图 3-12　十字交接基础底板构造

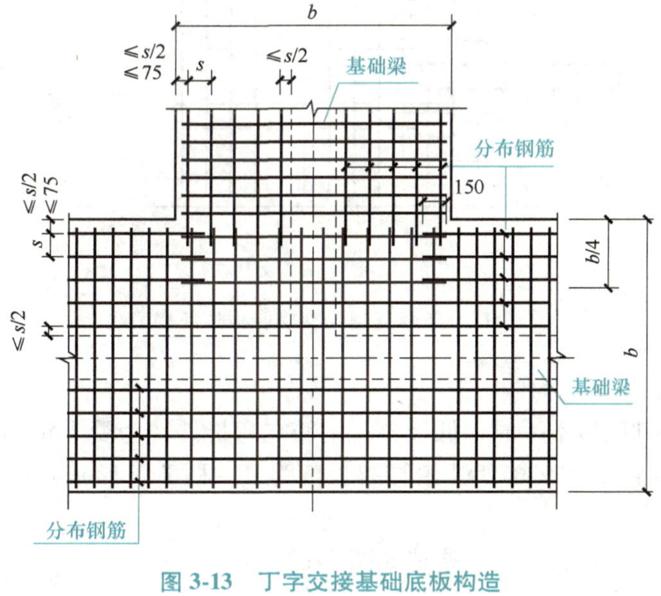

图 3-13　丁字交接基础底板构造

（3）转角梁板端部无纵向延伸

转角梁板端部无纵向延伸构造不受基础梁限制，满跨布置，如图 3-14 所示。

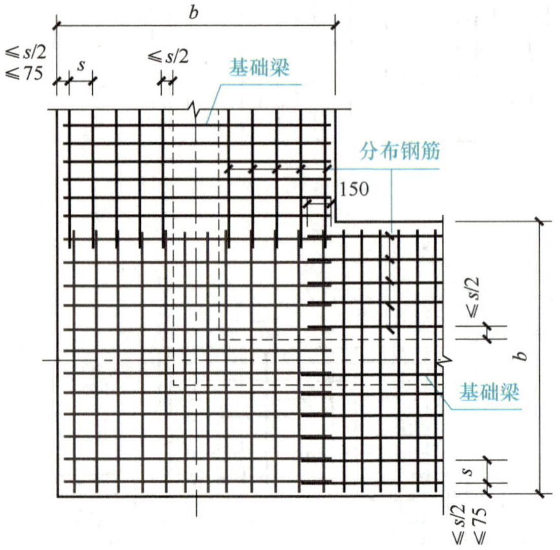

图 3-14　转角梁板端部无纵向延伸构造

（4）条形基础无交接底板端部

条形基础无交接底板端部构造如图 3-15 所示。

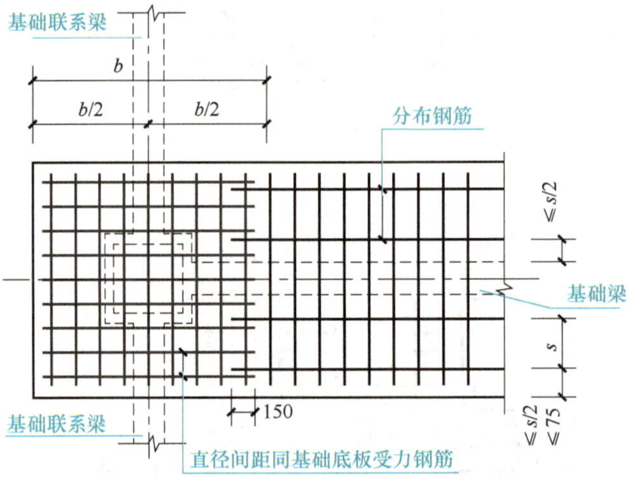

图 3-15　条形基础无交接底板端部构造

（5）条形基础底板不平构造

1）柱下条形基础底板不平时，低板分布钢筋在弯折处转为受力钢筋，与高板分布筋相交后分别锚固，锚固长度从交接处开始算起长度为 l_a。柱下条形基础底板板底不平构造如图 3-16 所示。

2）墙下条形基础底板板底不平构造如图 3-17 所示。

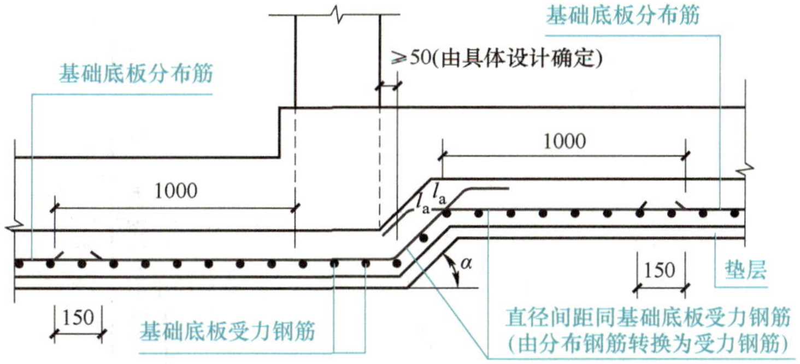

图 3-16　柱下条形基础底板板底不平构造

（板底高差坡度 α 取 45°或按设计）

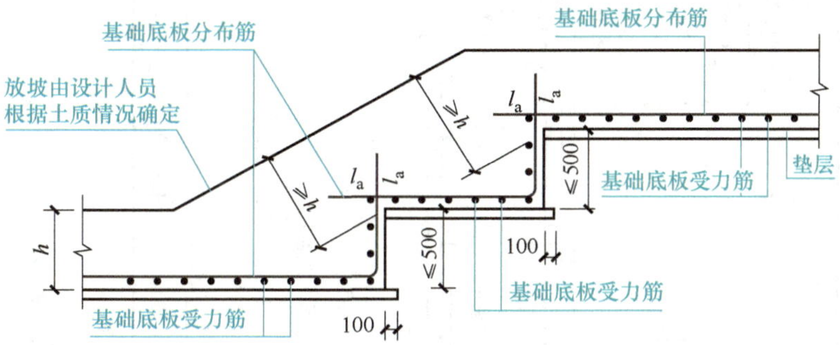

图 3-17　墙下条形基础底板板底不平构造

二、条形基础梁构造

条形基础梁构造

条形基础梁与上部结构框架梁的配筋形式一致，只是由于受力情况正好相反，因此钢筋配置位置也相反。

1. 基础梁纵向钢筋与箍筋构造（见图 3-18）

1）条形基础梁顶部和底部贯通纵筋在其连接区内采用搭接、机械连接或焊接，同一连接区段内接头面积百分率不宜大于 50%。当钢筋长度穿过一连接区到下一连接区并满足连接要求时，宜穿越设置。

2）当两毗邻跨的底部贯通纵筋配置不同时，应将配置较大一跨的底部贯通纵筋越过其标注的跨数终点或起点，甚至配置较小的比邻跨的跨中连接区进行连接。

3）条形基础梁贯通纵筋连接区：顶部贯通纵筋连接区范围为支座宽度及两侧 $l_n/4$，底部贯通纵筋连接区为跨中 $\leqslant l_n/3$。

4）条形基础梁第一、二排底部非贯通钢筋从支座处伸出长度为 $l_n/3$，l_n 取值为左右两跨的较大值。

5）节点区内箍筋按照梁端箍筋设置。梁相互交叉宽度内的箍筋按截面高度较大的基础梁设置。同跨箍筋有两种时，各自设置范围按具体设计注写。

2. 基础梁配置两种箍筋构造

基础梁配置两种箍筋构造如图 3-19 所示。当具体设计未注时，基础梁的外伸部位及基础梁端部节点按第一种箍筋设置。

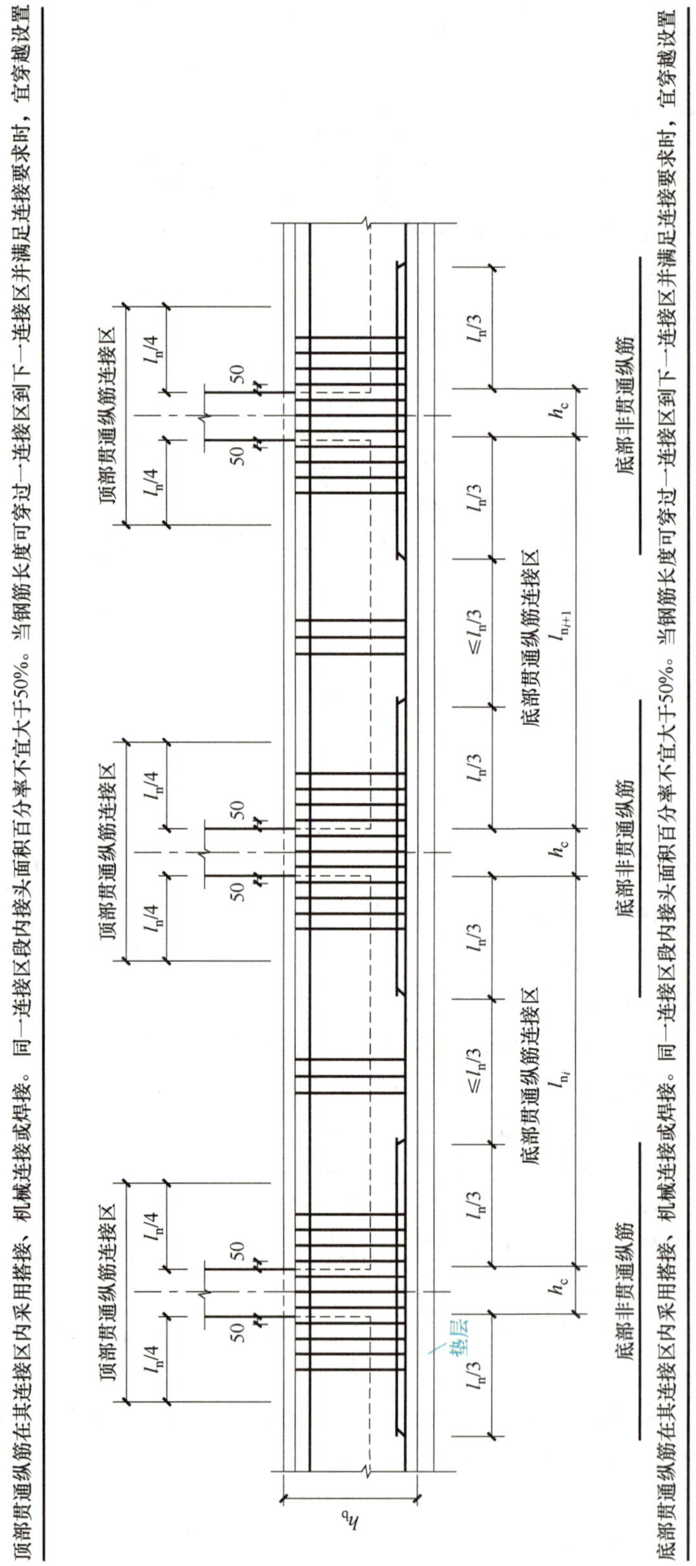

图 3-18　基础梁纵向钢筋与箍筋构造

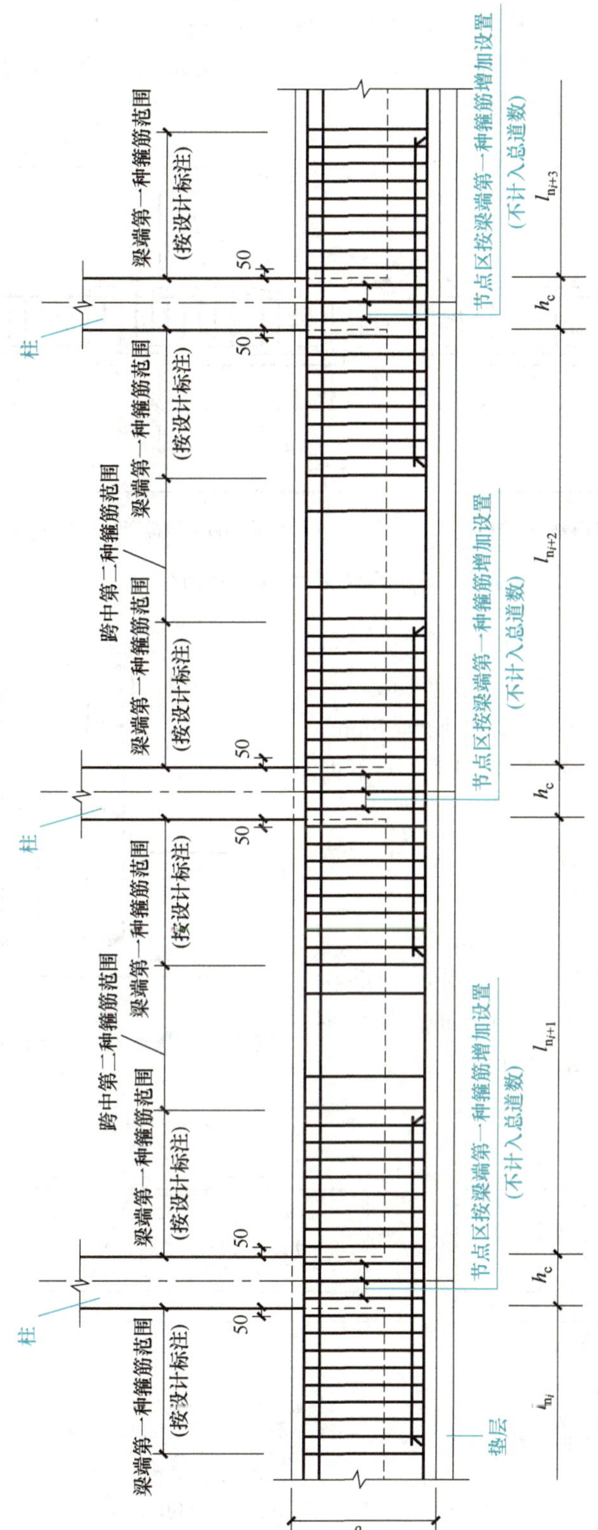

图 3-19 基础梁配置两种箍筋构造

3. 条形基础梁端部与外伸部位钢筋构造

条形基础梁端部与外伸部位钢筋构造，如图 3-20 所示。当从柱内边算起的梁端部外伸长度不满足直锚要求时，基础梁下部钢筋应伸至端部后弯折，且从柱内边算起水平段长度大于或等于 $0.6l_{ab}$，弯折段长度为 $15d$。

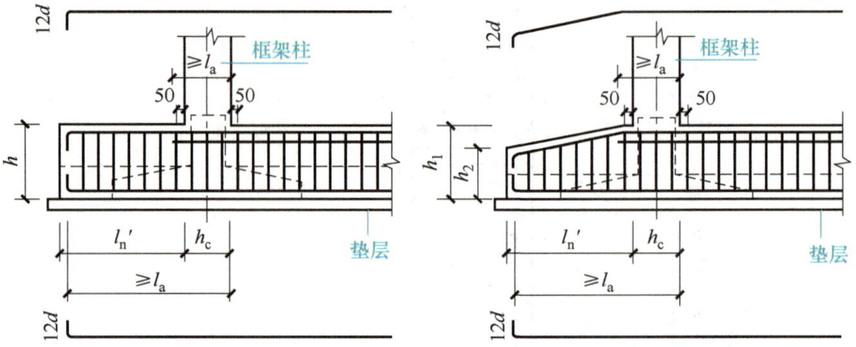

a) 条形基础梁端部等截面外伸构造　　b) 条形基础梁端部变截面外伸构造

图 3-20　条形基础梁端部与外伸部位钢筋构造

4. 基础梁侧面构造钢筋和拉筋（见图 3-21）

1）基础梁侧面纵向构造钢筋搭接长度为 $15d$。

2）梁侧钢筋的拉筋直径除注明者外均为 8mm，间距为箍筋间距的 2 倍。当设有多排拉筋时，上下两排拉筋竖向错开设置。

3）基础梁侧面受扭纵筋的搭接长度为 l_l，其锚固长度为 l_a，锚固方式同梁上部纵筋；$a \leqslant 200$mm。

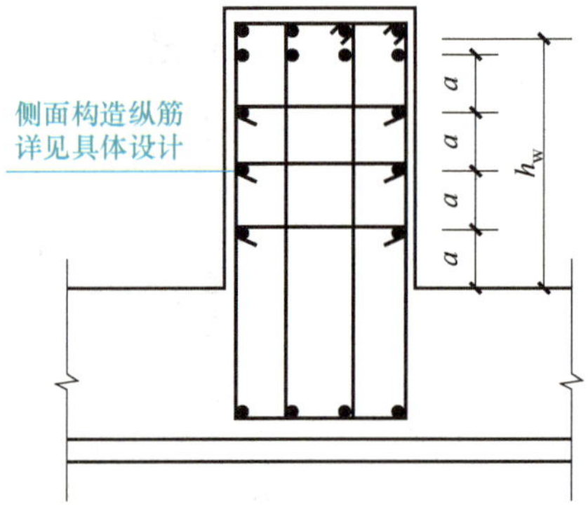

图 3-21　基础梁侧面构造钢筋和拉筋

5. 基础梁附加钢筋构造

基础梁附加钢筋构造类似于普通梁附加钢筋构造，同样有两种形式，附加箍筋和附加吊筋，附加钢筋都出现在基础主梁上，如图 3-22 所示。

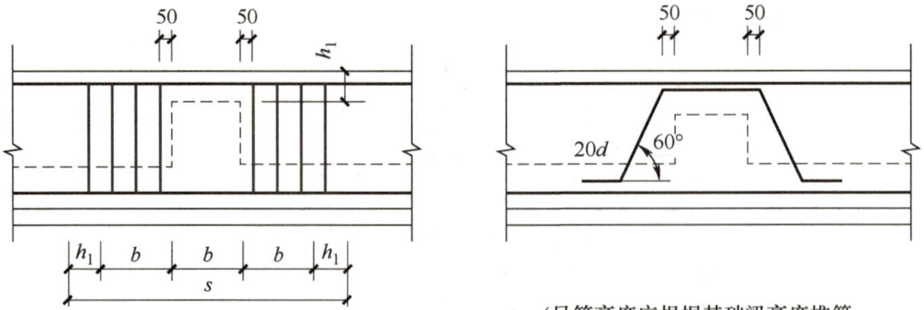

该区域内梁箍筋照设
(附加箍筋最大布置范围，但非必须布满)

(吊筋高度应根据基础梁高度推算，
吊筋顶部平直段与基础梁顶部
纵筋净距应满足规范要求，当净距
不足时应置于下一排)

a) 附加箍筋构造　　b) 附加(反扣)吊筋构造

图 3-22　基础梁附加钢筋构造

任务 4　柱平法施工图识读

学习内容

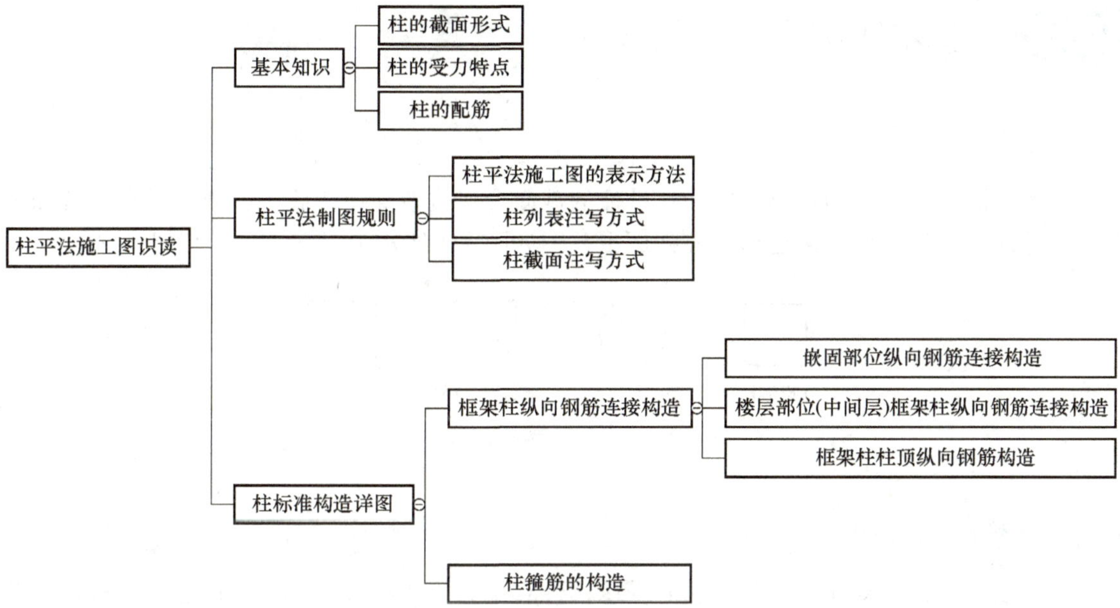

学习目标

学习任务	知识点	技能目标	素养目标
1. 基本知识	知识点 1：柱的截面形式 知识点 2：柱的受力特点 知识点 3：柱的配筋	1. 能根据柱三维图绘制柱平面图和立面图 2. 能了解柱的受力特点 3. 能认识柱内钢筋，正确判断箍筋的类型	通过对专业的了解，培养学生认真对待自己的职业，热爱自己的专业。通过介绍我国建筑结构发展成就，使学生热爱祖国，增强民族自信
2. 柱平法制图规则	知识点 1：柱平法施工图的表示方法 知识点 2：柱列表注写方式 知识点 3：柱截面注写方式	1. 能根据柱平法施工图的表示方法识读柱编号、配筋、定位、尺寸等内容 2. 能根据列表注写方式进行平法施工图分析	严格按照相关规范、图集进行结构施工图的绘制及识图。培养学生在工程建设全过程中，严格遵循有关标准、规范、管理规定的意识

（续）

学习任务	知识点	技能目标	素养目标
3. 柱标准构造详图	知识点 1：框架柱纵向钢筋连接构造 知识点 2：柱箍筋的构造	1. 能根据图样和图集，正确选用标准构造详图 2. 能正确绘制柱纵向钢筋构造的排列图 3. 能正确判断柱纵向钢筋连接位置及接头位置 4. 能正确计算柱箍筋加密区长度	在识图过程中要求学生保持认真、仔细、负责、严谨的态度。在绘图过程中要求学生诚实守信、实事求是。培养学生在建筑工程全过程、各环节一丝不苟、严格要求、脚踏实地、求真务实、兢兢业业的态度

4.1 基本知识

一、柱的截面形式

柱的截面一般多采用矩形，因为这种柱的截面形式构造简单、施工方便。只有在特殊情况下，才采用圆形或对称多边形。柱截面示意图如图 4-1 所示。

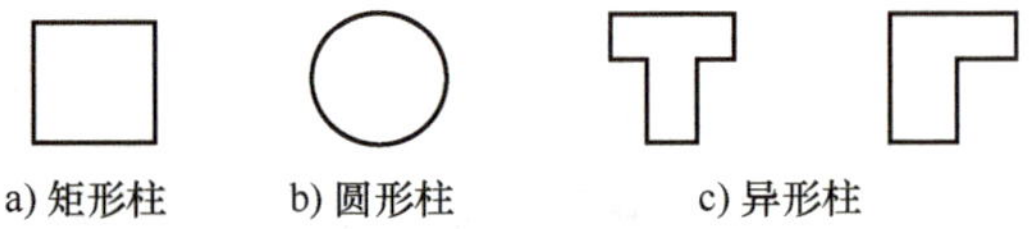

图 4-1　柱截面示意图

二、柱的受力特点

柱为受压构件，受压构件分为轴心受压构件和偏心受压构件。其中，偏心受压构件又分为单向偏心受压构件和双向偏心受压构件，如图 4-2 所示。当轴向力作用线与构件截面形心轴线重合时，为轴心受压构件；不重合时为偏心受压构件。

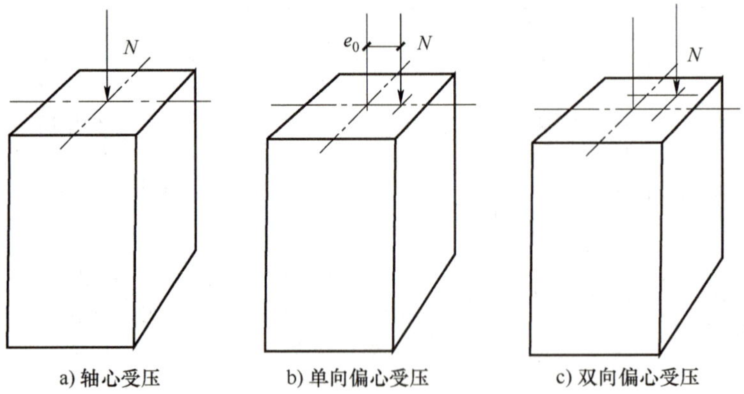

图 4-2　受压构件

三、柱的配筋

柱的配筋通常有纵向受力钢筋和箍筋，如图 4-3 所示。

1. 纵向受力钢筋

（1）作用

柱内纵向受力钢筋主要用来协助混凝土承受压力，以减小截面尺寸，同时承受可能的弯矩，以及混凝土收缩和温度变化引起的拉应力，防止构件突然发生脆性破坏。

柱配筋

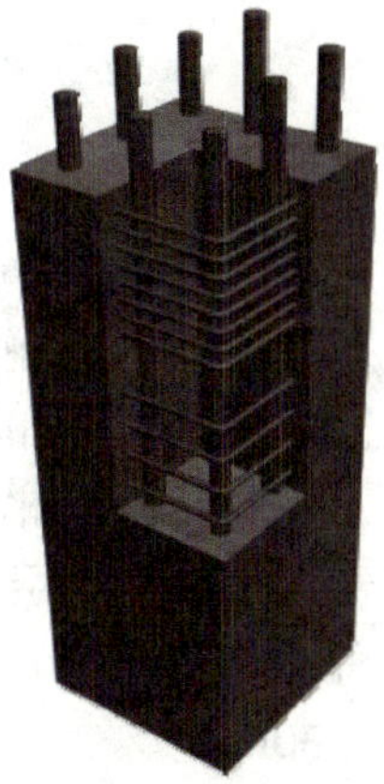

图 4-3 柱的配筋

（2）位置

轴心受压柱的纵向受力钢筋应沿截面四周均匀对称布置，偏心受压柱的纵向受力钢筋布置在弯矩作用方向的两对边。

（3）净距要求

柱中纵筋的净距不应小于 50mm。

2. 箍筋

（1）作用

受压构件中箍筋的作用首先是与纵筋形成骨架，保证纵筋的正确位置；其次可以减小受压钢筋的支承长度，以防止纵筋受压屈服。

（2）箍筋的形式

箍筋应做成封闭式。当柱截面短边尺寸大于 400mm 且各边纵筋多于 3 根，或当柱截面短边尺寸不大于 400mm 但各边纵筋多于 4 根时，应设置复合箍筋。箍筋形式如图 4-4 所示。

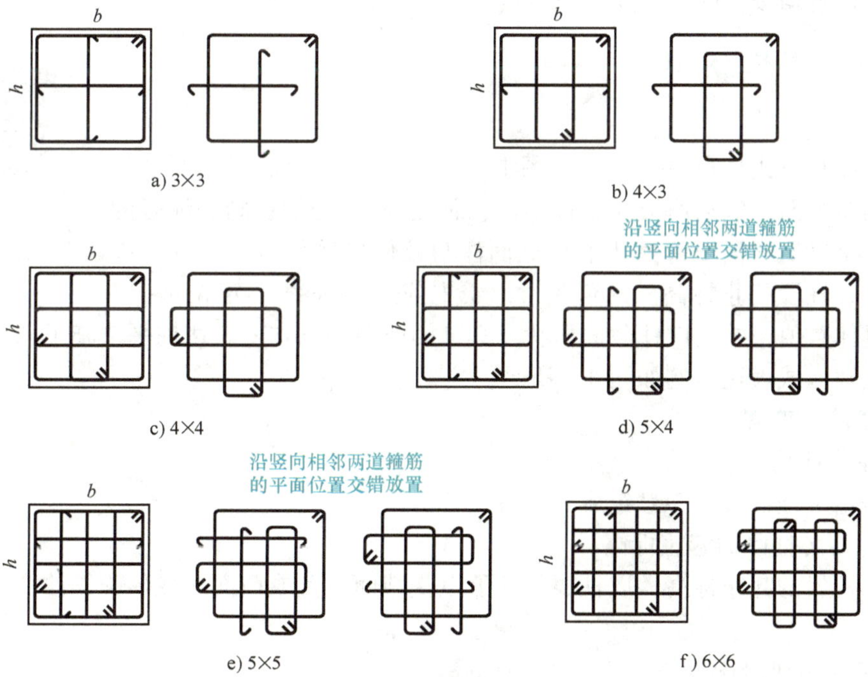

图 4-4 箍筋形式

4.2 柱平法制图规则

一、柱平法施工图的表示方法

1）柱平法施工图是在柱平面布置图上采用列表注写方式或截面注写方式表达的。

2）柱平面布置图可采用适当比例单独绘制，也可与剪力墙平面布置图合并绘制。

3）在柱平法施工图中，用表格或其他方式注写包括地下和地上各层的楼（地）面标高、结构层高及相应的结构层号，尚应注明上部结构嵌固部位的标高。

【例 4-1】 如图 4-5 中的结构层楼面标高、结构层高表中可知以下信息：建筑物地下有 2 层，地上有 16 层及 2 层塔层；地下 1 层、地下 2 层及地上 1 层的层高均为 4.5m，2 层的层高 4.2m，3~16 层的层高为 3.6m，2 层塔层的层高均为 3.3m；上部结构嵌固部位在标高 -4.530m 处。

上部结构嵌固部位的注写规则如下：

1）框架柱嵌固部位在基础顶面时，无须注明。

2）框架柱嵌固部位不在基础顶面时，在层高表嵌固部位标高下使用双细线注明，并在层高表下注明上部结构嵌固部位的标高。

【例 4-2】 如图 4-5 所示的上部结构嵌固部位在标高-4.530m 处，-4.530m 下使用双细线注明。

3）框架柱嵌固部位不在地下室顶板，但仍需考虑地下室顶板对上部结构实际存在嵌固作用时，可在层高表地下室顶板标高下使用双虚线注明，此时首层柱端箍筋加密区长度范围及纵筋连接位置均按嵌固部位要求设置。

二、柱列表注写方式

柱列表注写方式

1. 定义

柱列表注写方式是在柱平面布置图上（一般只需采用适当比例绘制一张柱平面布置图，包括框架柱、转换柱、芯柱等），分别在同一编号的柱中选择一个（有时需要选择几个）截面注写几何参数代号；在柱表中注写柱编号、柱段起止标高、几何尺寸（含柱截面对轴线的定位情况）与配筋的具体数值，并配以柱截面形状及其箍筋类型的方式来表达柱平法施工图。柱平法施工图列表注写方式表达示例如图 4-5 所示。

2. 柱表注写内容

（1）注写柱编号

柱编号由类型代号和序号组成，见表 4-1。

（2）注写各柱段的起止标高

注写各柱段的起止标高，以柱根部往上以变截面位置或截面未变但配筋改变处为界分段注写。

1）框架柱的根部标高是指基础顶面标高。

层号	标高/m	层高/m
屋面2	65.670	
塔层2	62.370	3.30
屋面1(塔层1)	59.070	3.30
16	55.470	3.60
15	51.870	3.60
14	48.270	3.60
13	44.670	3.60
12	41.070	3.60
11	37.470	3.60
10	33.870	3.60
9	30.270	3.60
8	26.670	3.60
7	23.070	3.60
6	19.470	3.60
5	15.870	3.60
4	12.270	3.60
3	8.670	3.60
2	4.470	4.20
1	-0.030	4.50
-1	-4.530	4.50
-2	-9.030	4.50

结构层楼面标高
结构层高

注：上部结构嵌固部位在-4.530m处。

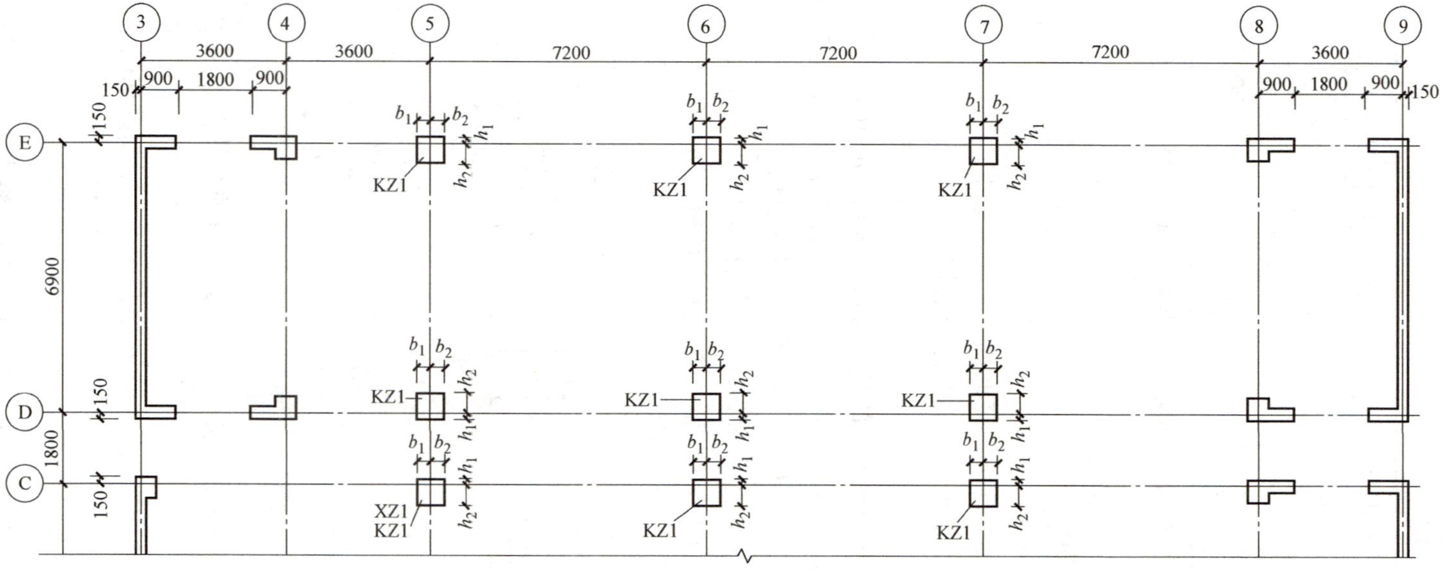

柱表

柱编号	标高/m	(b/mm)×(h/mm)(圆柱直径D/mm)	b_1/mm	b_2/mm	h_1/mm	h_2/mm	全部纵筋	角筋	b边一侧中部筋	h边一侧中部筋	箍筋类型号	箍筋	备注
KZ1	-4.530～-0.030	750×700	375	375	150	550	28Φ25				1(6×6)	Φ10@100/200	—
	-0.030～19.470	750×700	375	375	150	550	24Φ25				1(5×4)	Φ10@100/200	
	19.470～37.470	650×600	325	325	150	450		4Φ22	5Φ22	4Φ20	1(4×4)	Φ10@100/200	
	37.470～59.070	550×500	275	275	150	350		4Φ22	5Φ22	4Φ20	1(4×4)	Φ8@100/200	
XZ1	-4.530～8.670						8Φ25				按标准构造详图	Φ10@100	⑤×C轴KZ1中设置

-4.530~59.070m柱平法施工图(局部)

图 4-5　柱平法施工图列表注写方式表达示例

表 4-1　柱编号

柱类型	类型代号	序号
框架柱	KZ	××
转换柱	ZHZ	××
芯柱	XZ	××

注：编号时，当柱的总高、分段截面尺寸和配筋均对应相同，仅截面与轴线关系不同时，仍可将其编为同一柱号，但应在图中注明截面与轴线的关系。

2）梁上起框架柱的根部标高是指梁顶面标高。

3）剪力墙上起框架柱的根部标高为墙顶面标高。

4）当屋面框架梁上翻时，框架柱顶标高应为梁顶面标高。

5）芯柱的根部标高是指根据结构实际需要而定的起始位置标高。

（3）注写柱截面尺寸

1）矩形柱。注写柱截面尺寸 $b \times h$ 及与轴线关系的几何参数代号 b_1、b_2 和 h_1、h_2 的具体数值，需对应于各段柱分别注写。其中 $b=b_1+b_2$，$h=h_1+h_2$。当截面的某一边收缩变化至与轴线重合或偏到轴线的另一侧时，b_1、b_2、h_1、h_2 中的某项为零或为负值。

【例 4-3】　柱截面尺寸 550×500 表示 x 向边为 550mm，y 向边为 500mm。

柱与轴线定位示意如图 4-6 所示。图 4-6a 中的 b_1 在柱表中为负值，图 4-6c 为 b_2 在柱表中为零的例子（图 4-6c 中未显示 b_2）。

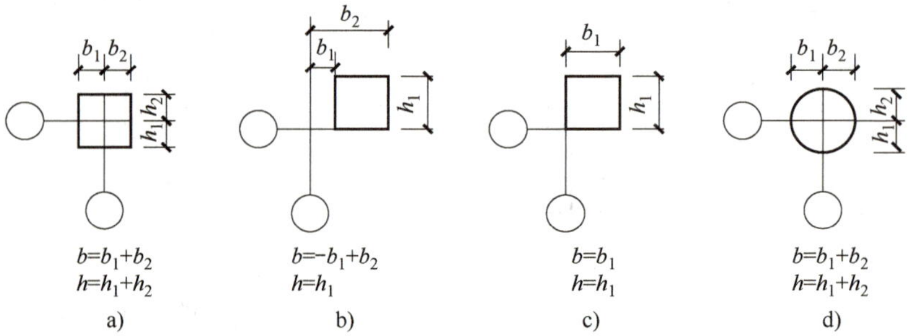

图 4-6　柱与轴线定位示意

2）圆柱。表中 $b \times h$ 改在圆柱直径数字前加 d 表示。圆柱截面与轴线的关系也用 b_1、b_2 和 h_1、h_2 表示并使 $d=b_1+b_2=h_1+h_2$。

3）芯柱。根据结构需要，可以在某些框架柱的一定高度范围内，在其内部的中心位置设置（分别引注其柱编号）。

（4）注写柱纵筋

1）当柱纵筋直径相同，各边根数也相同时（包括矩形柱、圆柱和芯柱），将纵筋注写在“全部纵筋”一栏中。

2）除此之外，柱纵筋分角筋、截面 b 边中部筋和 h 边中部筋三项分别注写（对于采用对称配筋的矩形截面柱，可仅注写一侧中部筋，对称边省略不注；对于采用非对称配筋的矩形截面柱，必须每侧均注写中部筋）。

【例 4-4】 图 4-5 的柱表中，KZ1 的第三个柱段（标高为 19.470～37.470m），采用的是角筋和中部筋的注写方式，表明该柱段为 4Φ22 的钢筋，b 边中部筋为 5Φ22 的钢筋，对边对称布置，h 边中部筋为 4Φ20 的钢筋，对边对称布置，则该柱段共配置 14 根Φ22 和 8 根Φ20 的钢筋，柱纵筋排布示意如图 4-7 所示。

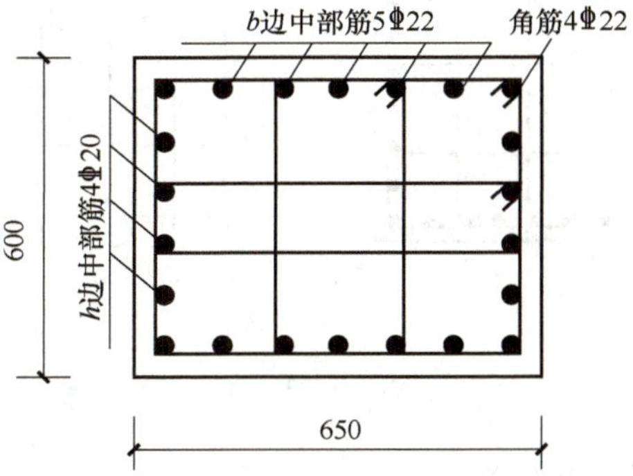

图 4-7 柱纵筋排布示意

（5）注写箍筋类型编号及箍筋肢数

在箍筋类型表内注写箍筋类型编号和箍筋肢数，见表 4-2。箍筋肢数可有多种组合，应在表中注明具体的数值：m、n 及 Y 等。

表 4-2 箍筋类型表

箍筋类型编号	箍筋肢数	复合方式
1	$m \times n$	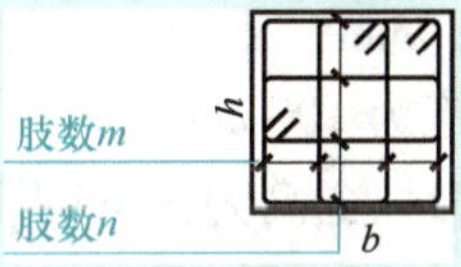
2	—	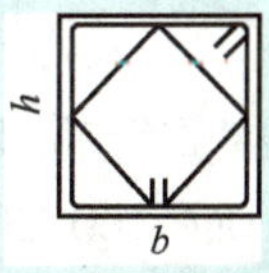
3	—	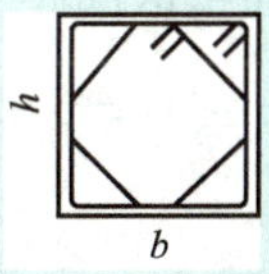
4	Y+$m \times n$ 圆形箍	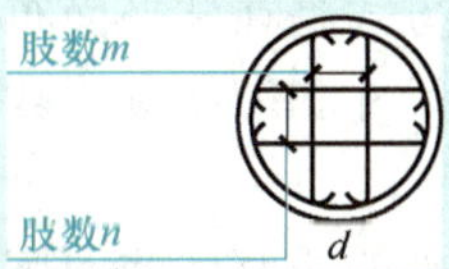

注：1. 确定箍筋肢数时应满足对柱纵筋“隔一拉一”及箍筋肢距的要求。

2. 具体工程设计时，若采用超出本表所列举的箍筋类型或标准构造详图中的箍筋复合方式（见图 4-4），应在施工图中另行绘制，并标注与施工图对应的 b 和 h。

【例 4-5】 如图 4-5 柱表中所示 KZ1（标高为-0.030~19.470m），箍筋类型号注写为“1（5×4）”，表示箍筋是类型 1，矩形复合箍筋的箍筋肢数为 5×4，箍筋肢数满足对纵筋“隔一拉一”的要求，如图 4-8 所示。

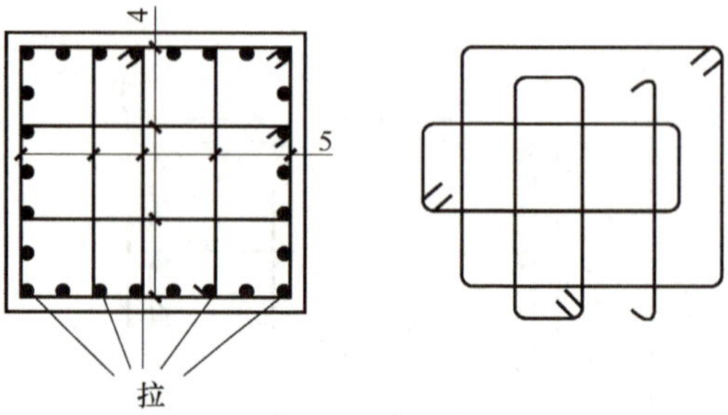

图 4-8 KZ1（标高为-0.030~19.470m）箍筋表示

（6）注写柱箍筋，包括钢筋种类、直径与间距

1）用斜线“/”区分柱端箍筋加密区与柱身非加密区长度范围内箍筋的不同间距。施工人员需根据标准构造详图的规定，在规定的几种长度值中取最大者作为加密区长度。

【例 4-6】 Φ10@100/200，表示箍筋为 HPB300 钢筋，直径为 10mm，加密区间距为 100mm，非加密区间距为 200mm。

2）当框架节点核心区内箍筋与柱端箍筋设置不同时，应在括号中注明核心区箍筋的直径及间距。

【例 4-7】 Φ10@100/200（Φ12@100），表示柱中箍筋为 HPB300 钢筋，直径为 10mm，加密区间距为 100mm，非加密区间距为 200mm。框架节点核心区箍筋为 HPB300 钢筋，直径为 12mm，间距为 100mm。

3）当箍筋沿柱全高为一种间距时，则不使用“/”线。

【例 4-8】 Φ10@100，表示沿柱全高范围内箍筋均为 HPB300，钢筋直径为 10mm，间距为 100mm。

4）当圆柱采用螺旋箍筋时，需在箍筋前加“L”。

【例 4-9】 LΦ10@100/200，表示采用螺旋箍筋，HPB300，钢筋直径为 10mm，加密区间距为 100mm，非加密区间距为 200mm。

三、柱截面注写方式

1. 定义

柱截面注写方式是在柱平面布置图的柱截面上，分别在同一编号的柱中选择一个截面，以直接注写截面尺寸和配筋具体数值的方式来表达柱平法施工图，如图 4-9 所示。

2. 注写方法

对除芯柱之外的所有柱截面按规定进行编号，从相同编号的柱中选择一个截面，按另一种比例原位放大绘制柱截面配筋图，并在各配筋图上标记编号后再注写截面尺寸 $b×h$、角筋或全部纵筋（当纵筋采用一种直径且能够图示清楚时）、箍筋的具体数值（箍筋的注写方式同列表注写），以及在柱截面配筋图上标注柱截面与轴线关系 b、h_i、h 的具体数值。

层号	标高/m	层高/m
屋面2	65.670	
塔层2	62.370	3.30
屋面1 (塔层1)	59.070	3.30
16	55.470	3.60
15	51.870	3.60
14	48.270	3.60
13	44.670	3.60
12	41.070	3.60
11	37.470	3.60
10	33.870	3.60
9	30.270	3.60
8	26.670	3.60
7	23.070	3.60
6	19.470	3.60
5	15.870	3.60
4	12.270	3.60
3	8.670	3.60
2	4.470	4.20
1	−0.030	4.50
−1	−4.530	4.50
−2	−9.030	4.50

结构层楼面标高
结 构 层 高

注：上部结构嵌固部位为−4.530m处。

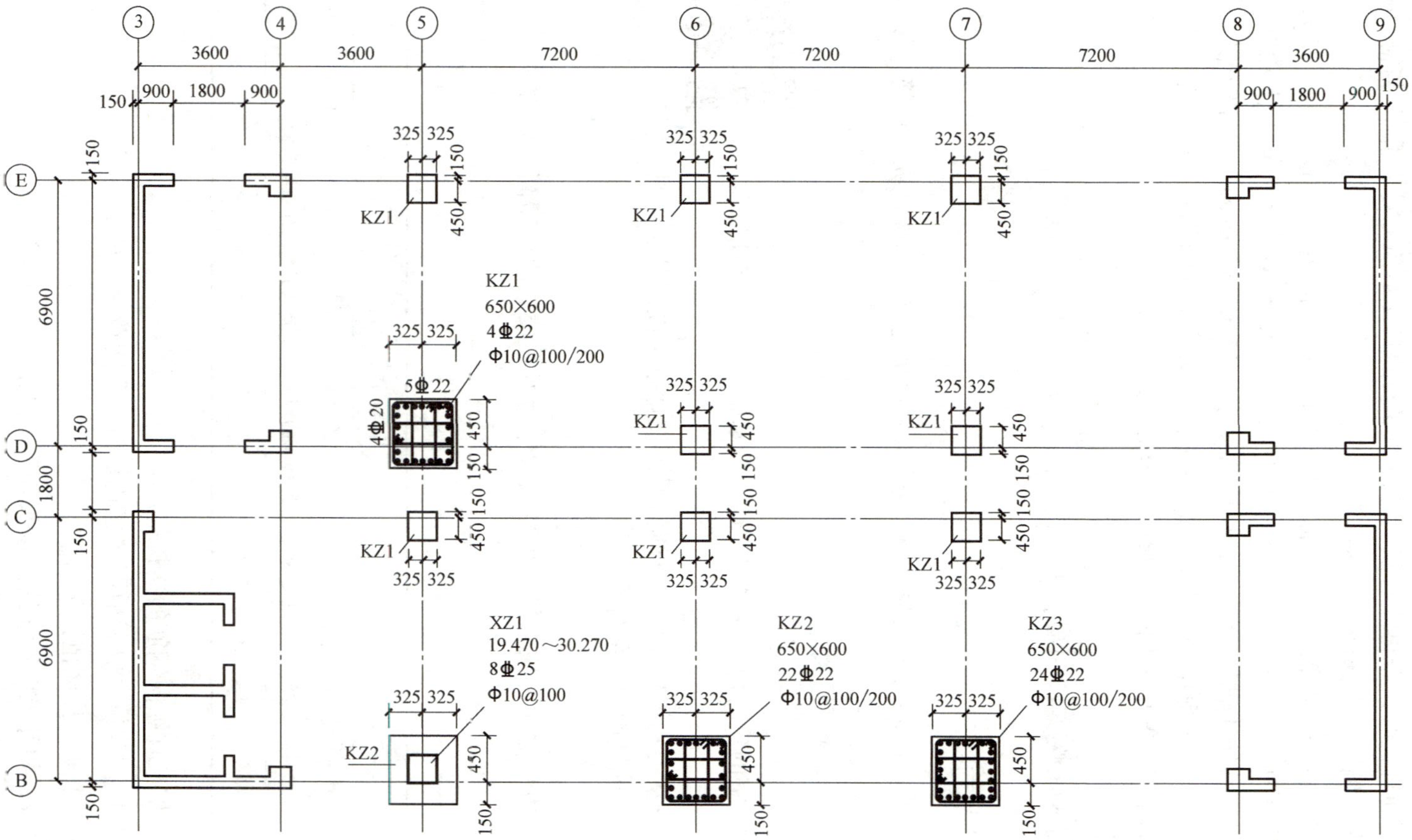

19.470~37.470m柱平法施工图（局部）

图 4-9 柱截面注写施工图示意

当纵筋采用两种直径时，需再注写截面各边中部筋的具体数值（对于采用对称配筋的矩形截面柱，可仅在一侧注写中部筋，对称边省略不注）。

【例 4-10】 图 4-9 中⑤轴线与Ⓓ轴线相交处 KZ1，代表 1 号框架柱，柱段起自 19.470m，止于 37.470m。该柱轴线不居中，左右轮廓线距⑤轴均为 325mm，上轮廓线距①轴线 450mm；下轮廓线距①轴线 150mm，柱截面尺寸为 650mm×600mm。该柱钢筋布置：角筋为 4Φ22 的钢筋，b 边一侧中部筋为 5Φ22 的钢筋，对边对称布置；h 边中部筋为 4Φ20 的钢筋，对边对称布置，箍筋采用Φ10@100/200 的钢筋。

4.3 柱标准构造详图

一、框架柱纵向钢筋连接构造

柱纵筋有三种连接方式：绑扎搭接、机械连接、焊接连接。框架柱纵向钢筋连接构造包括如下内容。

1. 嵌固部位纵向钢筋连接构造

（1）嵌固部位

1）对于无地下室的建筑物，嵌固部位通常为基础的顶面，在层高表中不需标注标高。

2）对于有地下室的建筑物，根据具体情况由设计指定嵌固部位，具体在层高表的下方注明嵌固部位的标高。

柱构造要求-嵌固部位、H_n 含义

（2）h_c、H_n 的含义

h_c 为柱截面长边尺寸（圆柱为截面直径）；H_n 为所在楼层的柱净高，H_n 的计算方法见表 4-3。

表 4-3 H_n 的计算方法

序号	楼层	H_n 的计算方法
1	底层	H_n = 底层柱高 - 梁高 其中：底层柱高为基础顶面至二层楼面的距离（以无地下室的建筑物为例）
2	其余楼层	净高 H_n = 本层的层高 - 梁高

（3）嵌固部位框架柱纵向钢筋的连接构造

识读图 4-10 的嵌固部位，以无地下室建筑物为例，构造要点如下：

1）基础顶面以上非连接区范围为 $H_n/3$。

2）绑扎搭接时，相邻纵向钢筋连接接头相互错开的距离 ≥0.3l_{lE}。

3）机械连接时，相邻纵向钢筋连接接头相互错开的距离 ≥35d。

4）焊接连接时，相邻纵向钢筋连接接头相互错开的距离 ≥500 且 ≥35d。

（4）地下室框架柱纵向钢筋连接构造

地下室框架柱纵向钢筋连接构造如图 4-11 所示。

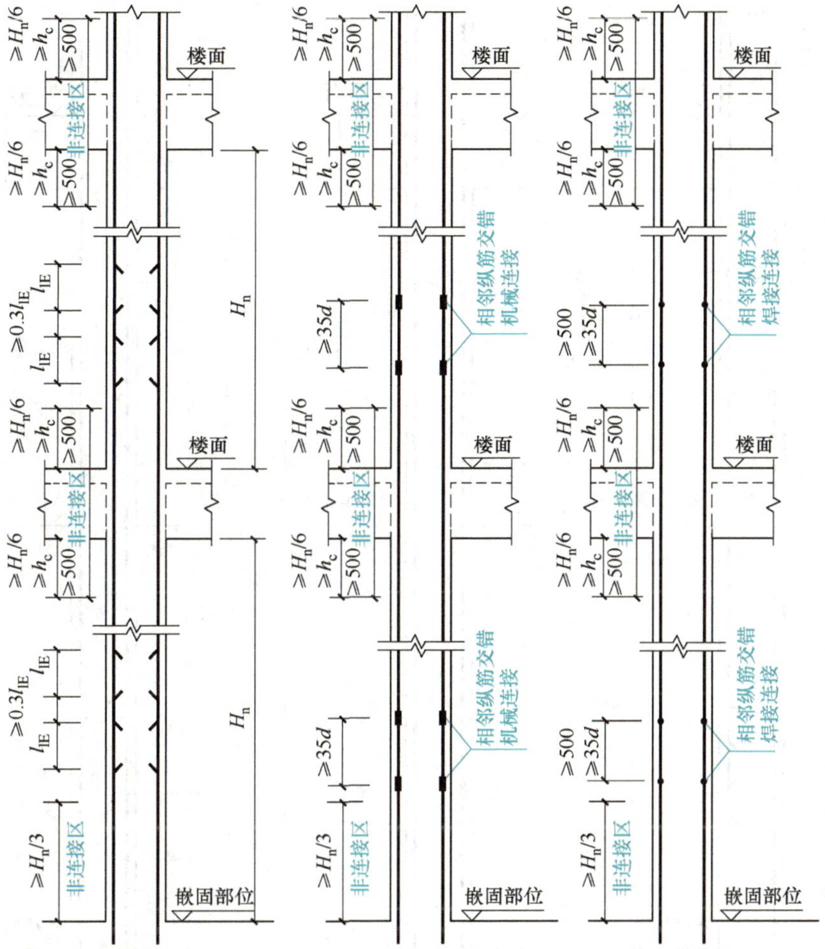

a) 绑扎搭接　b) 机械连接　c) 焊接连接

图 4-10　嵌固部位框架柱纵向钢筋连接构造

2. 楼层部位（中间层）框架柱纵向钢筋连接构造

（1）楼层部位纵向钢筋连接构造

识读图 4-10 的楼层部位（中间层），楼层部位非连接区范围如下：

1）楼层梁柱交接节点内，即梁高范围内。

2）梁底向下的“三控区”范围，即净高 $H_n/6$、柱截面长边尺寸 h_c、500mm 三者取最大值，用 max（$H_n/6$、h_c、500）表示。

3）梁顶向上“三控区”范围，即净高 $H_n/6$、柱截面长边尺寸 h_c、500mm 三者取最大值，用 max（$H_n/6$、h_c、500）表示。

（2）框架柱上下柱纵向钢筋不同的构造（见图 4-12）

1）当上下柱钢筋数量不同时：

① 当上柱段钢筋数量多于下柱段时，上柱段比下柱段多出的钢筋锚入节点，锚固长度为 1.2l_{aE}，如图 4-12a 所示。

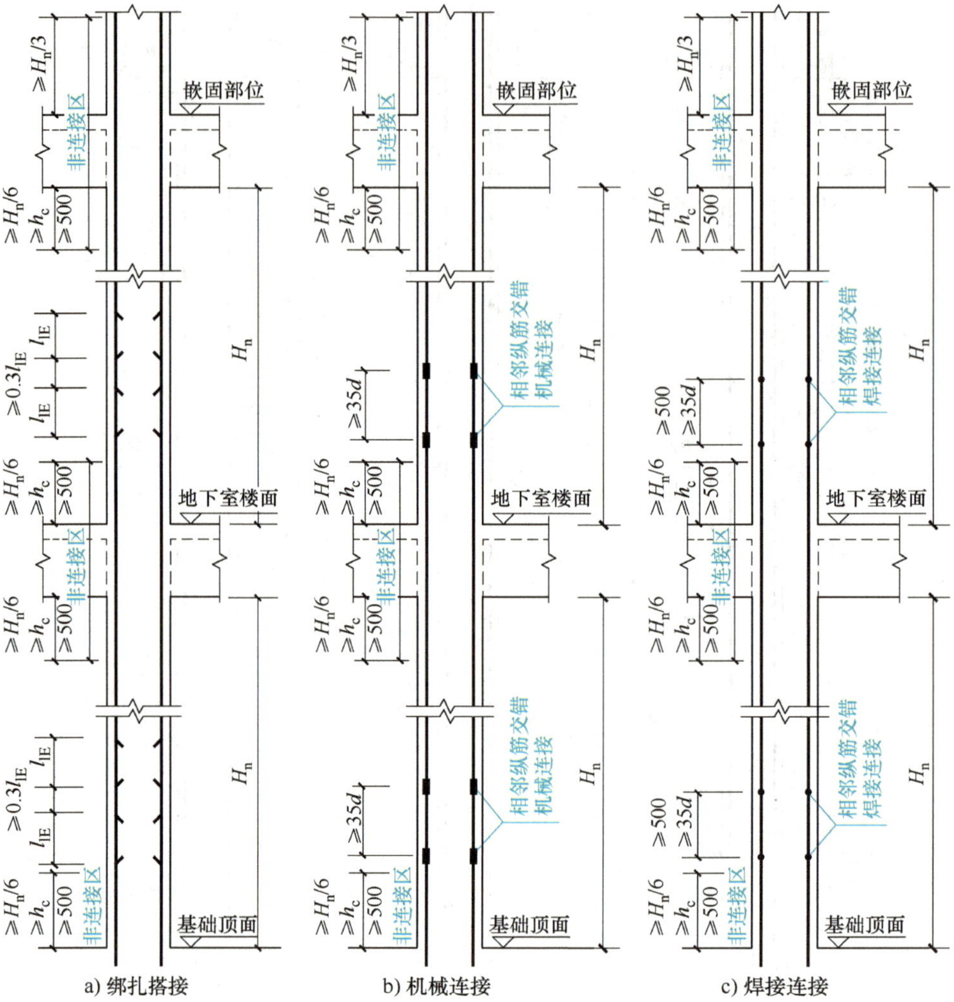

图 4-11　地下室框架柱纵向钢筋连接构造

② 当下柱段钢筋数量多于上柱段时，下柱段比上柱段多出的钢筋锚入节点，锚固长度为 $1.2l_{aE}$，如图 4-12b 所示。

2）当上下柱钢筋直径不同时：

① 当上柱段纵筋直径比下柱段纵筋直径大时，纵筋连接位置点在下柱的钢筋连接区，如图 4-12c 所示。

② 当下柱段纵筋直径比上柱段纵筋直径大时，纵筋连接位置点在上柱的钢筋连接区，如图 4-12d 所示。

（3）框架柱变截面位置纵向钢筋构造

1）$\Delta/h_b>1/6$ 时，下柱段柱纵筋弯锚节点内，上柱段柱纵筋进节点直锚，直锚长度为 $1.2l_{aE}$（见图 4-13）。

2）$\Delta/h_b\leqslant1/6$ 时，下柱钢筋不截断弯折进入上柱段纵向钢筋连接区连接（见图 4-14）。

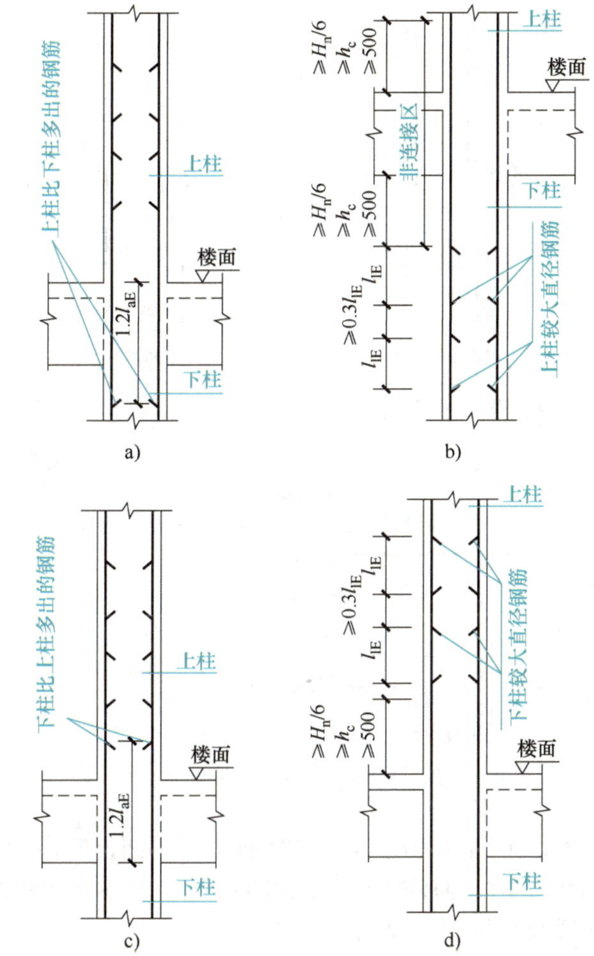

图 4-12　框架柱上下柱纵向钢筋不同的构造

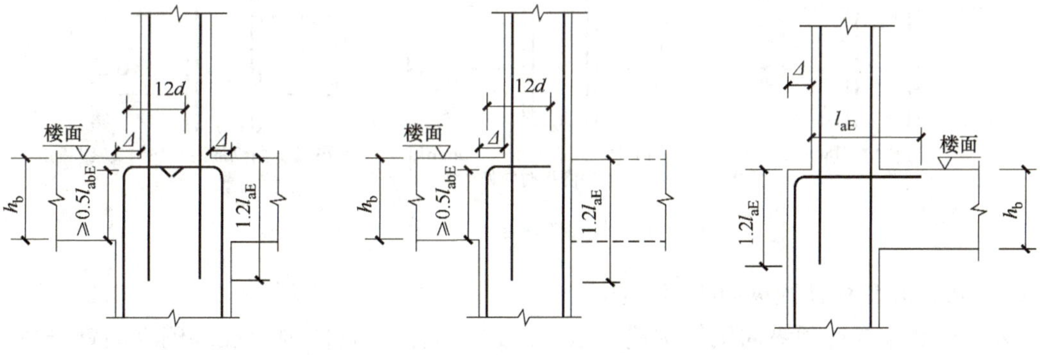

图 4-13　框架柱变截面位置纵向钢筋构造（$\Delta/h_b>1/6$）

3. 框架柱柱顶纵向钢筋构造

（1）框架柱 KZ 中柱柱顶纵向钢筋构造

1）当柱纵筋伸至柱顶，且满足≥l_{aE}时，采用直锚（见图 4-15）。

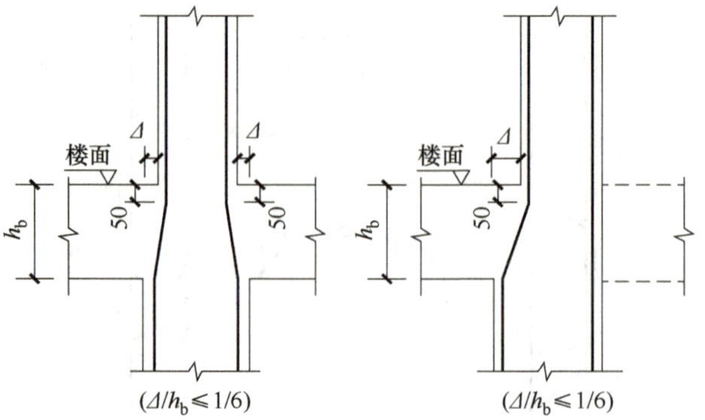

图 4-14　框架柱变截面位置纵向钢筋构造（$\Delta/h_b \leqslant 1/6$）

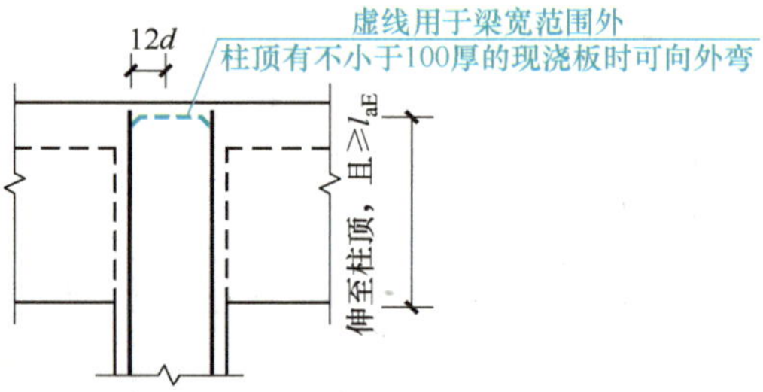

图 4-15　框架柱中柱纵向构造（一）

2）当柱纵筋伸至柱顶，不满足≥l_{aE}时，柱纵筋采用弯锚，向内弯折（见图 4-16a）；当柱顶现浇板厚度不小于 100mm 时，向外弯折（见图 4-16b），柱纵筋弯锚的弯折长度取 12d，或柱纵向钢筋端头加锚头（锚板）锚固（见图 4-16c）。

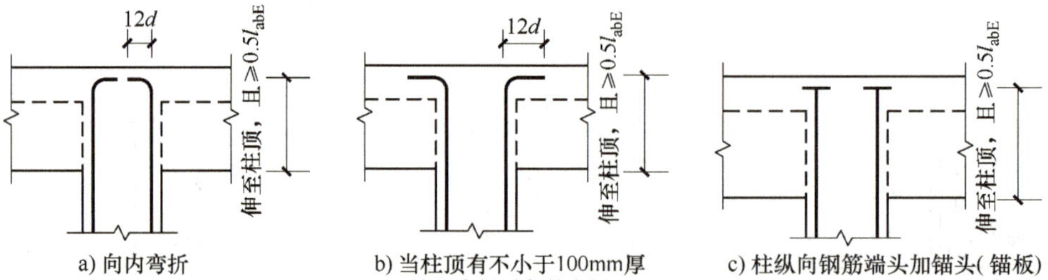

a) 向内弯折　　b) 当柱顶有不小于100mm厚的现浇板时向外弯折　　c) 柱纵向钢筋端头加锚头(锚板)

图 4-16　框架柱中柱纵向构造（二）

（2）边柱和角柱柱顶纵向钢筋构造

KZ 边柱和角柱柱顶纵向钢筋构造分以下三种情况：梁宽范围内柱外侧纵向钢筋弯入梁内作梁筋构造、柱外侧纵向钢筋和梁上部纵向钢筋（简称上部纵筋）在节点外侧弯折搭接构造、柱外侧纵向钢筋和梁上部钢筋在柱顶外侧直线搭接构造。

1）梁宽范围内柱外侧纵向钢筋弯入梁内作梁筋构造：柱外侧纵筋直径不小于梁上部钢筋直径时，梁宽范围内柱外侧纵向钢筋可弯入梁内作梁上部纵向钢筋（见图 4-17）。

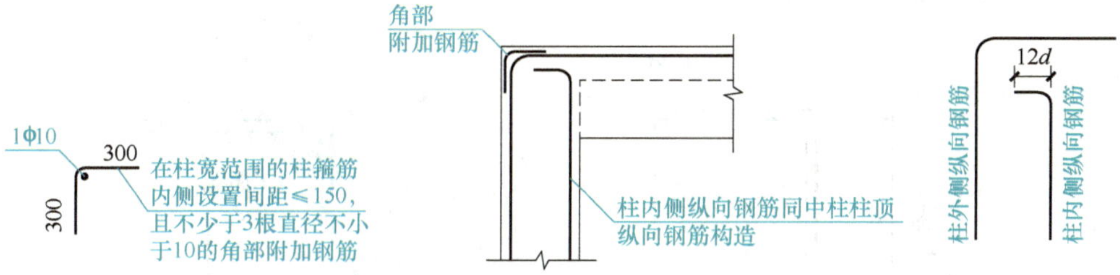

图 4-17 框架柱边柱和角柱纵向构造（一）

2）柱外侧纵向钢筋和梁上部纵向钢筋在节点外侧弯折搭接构造：梁宽范围内柱外侧纵向钢筋弯折进入梁上部，与梁上部纵筋搭接锚固（见图 4-18）。

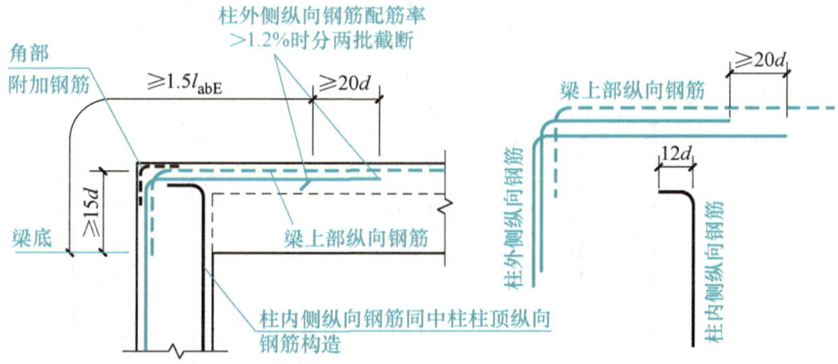

a) 梁宽范围内钢筋
[伸入梁内柱纵向钢筋做法(从梁底算起1.5l_{abE}超过柱内侧边缘)]

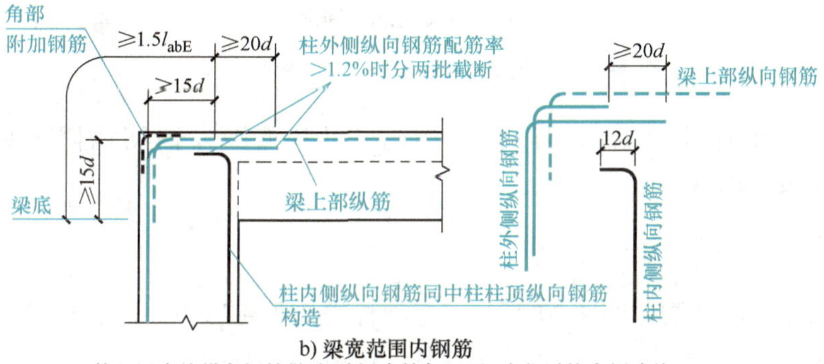

b) 梁宽范围内钢筋
[伸入梁内柱纵向钢筋做法(从梁底算起1.5l_{abE}未超过柱内侧边缘)]

图 4-18 框架柱边柱和角柱纵向构造（二）

① 梁上部纵筋伸至柱外侧纵筋之内向下弯折至梁底，弯折长度≥15d。

② 柱外侧纵筋伸入梁上部与梁上部钢筋搭接，搭接长度≥1.5l_{abE}，如满足搭接长度≥1.5l_{abE}后未超过柱内侧边缘，还需保证柱纵筋的弯折段长度≥15d。

3）柱外侧纵向钢筋和梁上部钢筋在柱顶外侧直线搭接构造：梁上部钢筋进入柱外侧，与柱外侧纵筋搭接锚固（见图 4-19）。

① 梁上部钢筋伸至柱外侧纵筋之内向下弯折，弯折长度≥1.7l_{aE}。

② 柱外侧纵筋至柱顶截断。

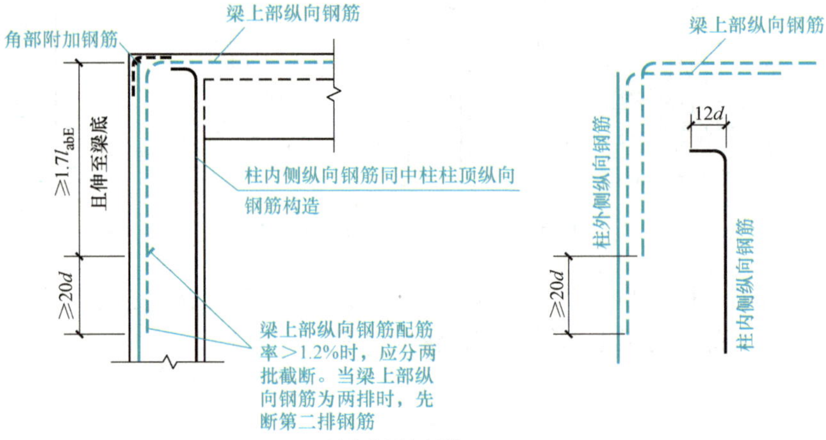

a) 梁宽范围内钢筋

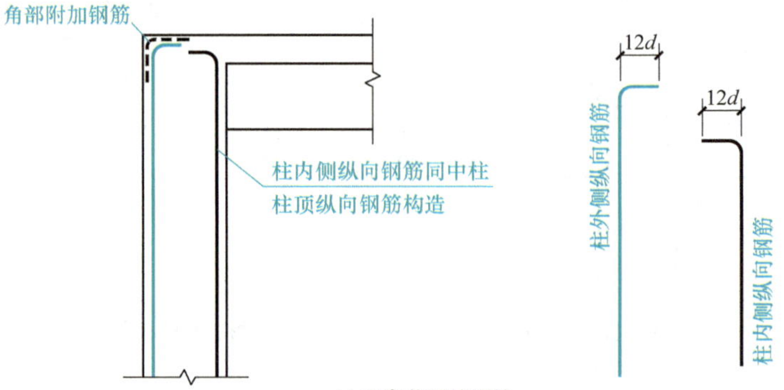

b) 梁宽范围外钢筋

图 4-19　框架柱边柱和角柱纵向构造（三）

柱内侧纵筋与中柱柱顶纵向钢筋构造相同，梁宽范围外钢筋锚固详见 22G101-1 图集第 2-14、2-15 页中的规定。

二、柱箍筋的构造

框架柱箍筋加密区范围如图 4-20 所示，框架柱箍筋加密区位置和长度见表 4-4。

表 4-4　框架柱箍筋加密区位置和长度

加密区位置	加密区范围
嵌固部位	$H_n/3$
柱端	柱长边尺寸（圆柱直径）、$H_n/6$、500mm 三者取大值
梁柱节点区	梁高
底层刚性底面	地面上下各 500mm

注：1. H_n 为柱净高：本层柱净高＝上层楼层标高－本层楼面标高－上层梁高。H_n 取所在楼层柱净高。

2. 刚性地面是指无框架梁的建筑地面，该平面内的刚度比较大，在水平荷载作用下，平面内变形很小。通常现浇混凝土地面、石材地面、沥青混凝土地面及有一定基层厚度的地砖地面均属于刚性地面。

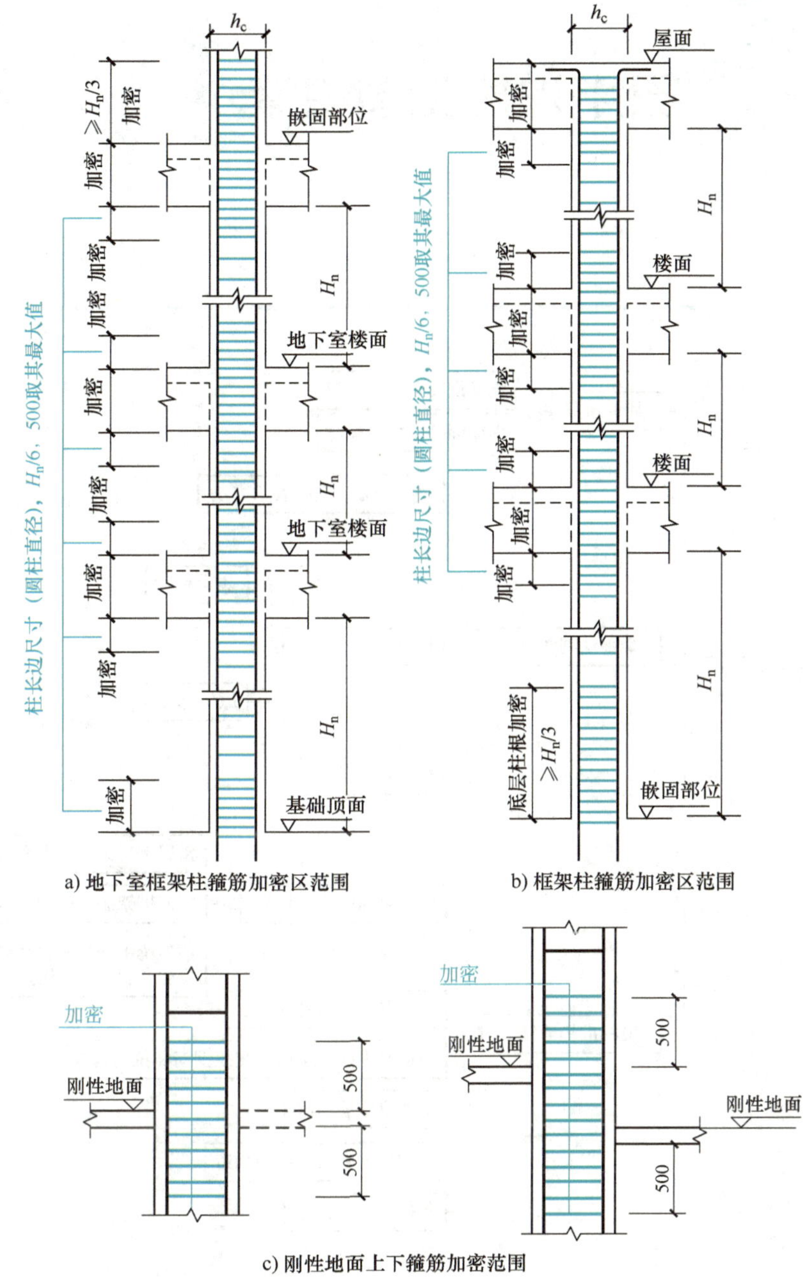

a) 地下室框架柱箍筋加密区范围

b) 框架柱箍筋加密区范围

c) 刚性地面上下箍筋加密范围

图 4-20 框架柱箍筋加密区范围

任务 5 梁平法施工图识读

学习内容

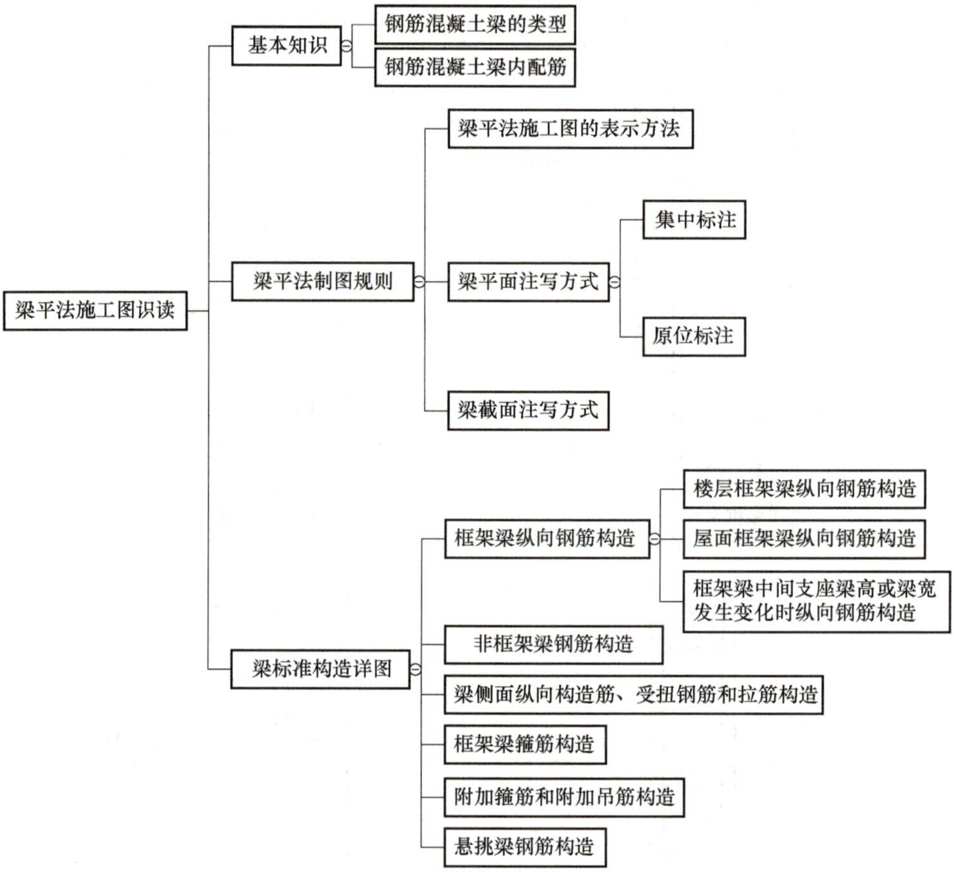

学习目标

学习任务	知识点	技能目标	素养目标
1. 基本知识	知识点 1：钢筋混凝土梁的类型 知识点 2：钢筋混凝土梁内配筋	1. 能够辨认梁构件及类型 2. 能够区分梁内不同类型的钢筋	教师带领学生参观实训室，对梁构件及梁内的钢筋建立感性认识，激发学生的学习动机，从而提高学生的观察能力，独立分析、解决问题的能力

（续）

学习任务	知识点	技能目标	素养目标
2. 梁平法制图规则	知识点 1：梁平法施工图的表示方法 知识点 2：梁平面注写方式 知识点 3：梁截面注写方式	1. 能根据梁平法施工图制图规则，识读集中标注中的梁编号、梁截面尺寸、梁箍筋、梁上部通长筋或架立筋配置、梁侧面纵向构造钢筋或受扭钢筋配置、梁顶面标高高差 2. 能根据梁平法施工图制图规则，识读原位标注的梁支座上部纵筋、梁下部纵筋、对集中标注的原位修正、附加箍筋或吊筋 3. 能根据截面注写内容识读梁的几何尺寸和配筋信息	1. 树立“规则意识”“质量意识”。22G101 系列图集是国家标准图集，在建筑设计、施工、验收等各个环节均必须遵照执行 2. 无规矩不成方圆，没有标准就很难保证工程质量。讲解我国的建筑工程质量终身责任制，作为建筑行业从业人员，必须严格按图施工，按规范施工
3. 梁标准构造详图	知识点 1：框架梁纵向钢筋构造 知识点 2：非框架梁钢筋构造 知识点 3：梁侧面纵向构造筋、受扭钢筋和拉筋构造 知识点 4：框架梁箍筋构造 知识点 5：附加箍筋和附加吊筋构造 知识点 6：悬挑梁钢筋构造	1. 能根据图样和图集，正确选用标准构造详图 2. 能根据图样和标准构造详图，确定框架梁纵向钢筋、非框架梁钢筋、侧面纵向构造筋、受扭钢筋的锚固方式、锚固长度、搭接位置、搭接长度 3. 能够根据图样和标准构造详图，确定拉筋构造、箍筋构造，确定箍筋加密区的范围 4. 能够根据图样和标准构造详图，确定附加箍筋的布置位置、范围 5. 能够根据图样和标准构造详图，确定悬挑梁钢筋构造做法	以“实战任务练习——框架梁纵向钢筋长度计算”为载体，在践行理论与实践相结合这一过程中，逐步固化学生严格遵守国家规范和图集的意识，引导学生养成严谨细致的识图习惯和精益求精的工匠精神

5.1 基本知识

一、钢筋混凝土梁的类型

梁是承受竖向荷载、以受弯为主的构件，一般水平放置，用来支撑板并承受板传来的各种竖向荷载和梁的自重，梁和板共同组成建筑的楼面和屋面结构；钢筋混凝土梁是用钢筋混凝土材料制成的梁。

1. 按截面形式分类

梁按截面形式分为矩形截面梁、T 形截面梁、工字形截面梁、花篮形截面梁和倒 L 形截面梁等，如图 5-1 所示。

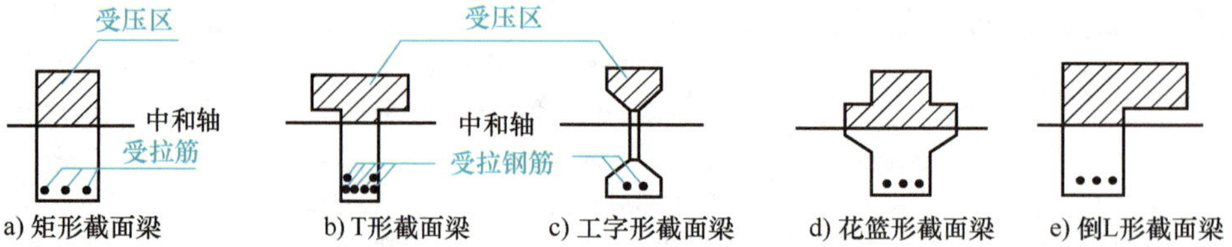

图 5-1　梁按截面形式分类

2. 按施工方法分类

梁按施工方法分为现浇梁、预制梁和预制现浇叠合梁。

3. 按受力状态（结构力学属性）分类

梁按受力状态（结构力学属性）分为简支梁、外伸梁、悬臂梁等，如图 5-2 所示。

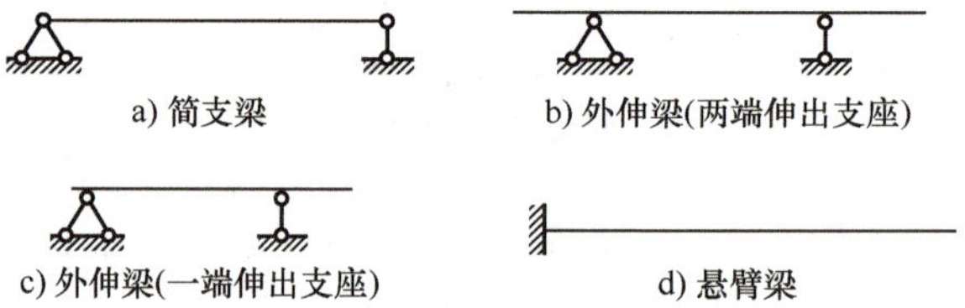

图 5-2　梁按受力状态（结构力学属性）分类

4. 按在建筑结构中的位置分类

梁按在建筑结构中的位置分为楼层框架梁、屋面框架梁、基础梁、非框架梁、悬挑梁等，如图 5-3 所示。

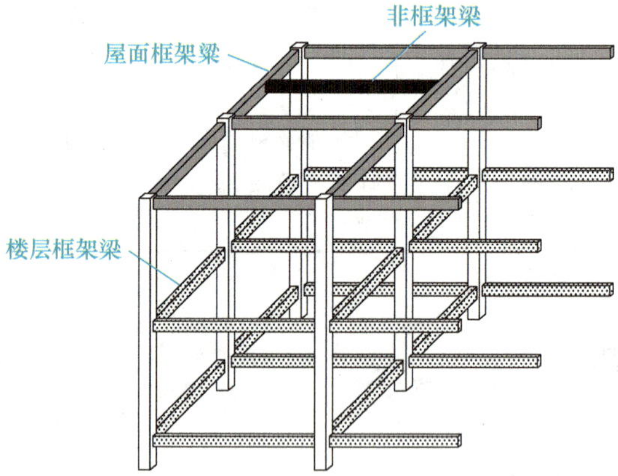

图 5-3　梁在建筑结构中的位置

二、钢筋混凝土梁内配筋

1. 钢筋混凝土梁内钢筋的种类

钢筋混凝土梁内钢筋有纵向受力钢筋、架立钢筋、箍筋、构造钢筋、拉筋等种类。

1）纵向受力钢筋：布置于梁的受拉区，承受弯矩产生的拉应力。

2）架立钢筋：固定箍筋位置，与梁底纵向受力钢筋形成钢筋骨架。

3）箍筋：固定纵向受力钢筋形成骨架，同时承受由剪力和弯矩在梁内产生的主拉应力。

4）构造钢筋：当梁腹板高度 $h_w \geqslant 450$mm 时，应在梁的两侧沿高度设置纵向构造钢筋，纵向构造钢筋间距 $a \leqslant 200$mm。构造钢筋用于防治梁侧面产生垂直于梁轴线的收缩裂缝，加强钢筋骨架的刚性（见图 5-4）。

5）拉筋：梁两侧的构造钢筋宜用拉筋联系，当梁宽 $b \leqslant 350$mm 时，拉筋直径为 6mm；梁宽 $b>350$mm 时，拉筋直径为 8mm。拉筋间距取非加密区箍筋间距的 2 倍。当设置多排拉筋时，上下排拉筋宜竖向错开设置（见图 5-4）。

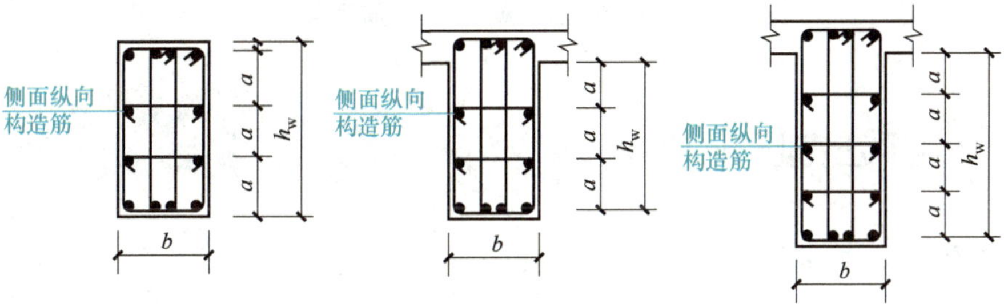

图 5-4　梁侧面纵向构造钢筋和拉筋

根据《混凝土结构施工图平面整体表示方法制图规则和构造详图（现浇混凝土框架、剪力墙、梁、板）》（22G101-1）中规定需要标注的梁钢筋信息有上部通长筋、上部非通长筋（支座负筋）、架立筋、下部通长筋、侧面纵向钢筋、箍筋、吊筋。

2. 钢筋混凝土梁内钢筋示意图

钢筋混凝土梁内钢筋的名称及位置见表 5-1，钢筋混凝土梁内钢筋示意如图 5-5 所示。

表 5-1　钢筋混凝土梁内钢筋的名称及位置

位置	钢筋名称	备注
梁的上部	上部通长筋	纵向受力筋
	上部非通长筋（支座负筋）	纵向受力筋
	架立筋	
梁的下部	下部通长筋	纵向受力筋
	不伸入支座的下部纵筋	纵向受力筋
梁的侧面	构造钢筋	
	受扭钢筋	纵向受力筋
其他钢筋	箍筋	
	拉筋	
	吊筋	

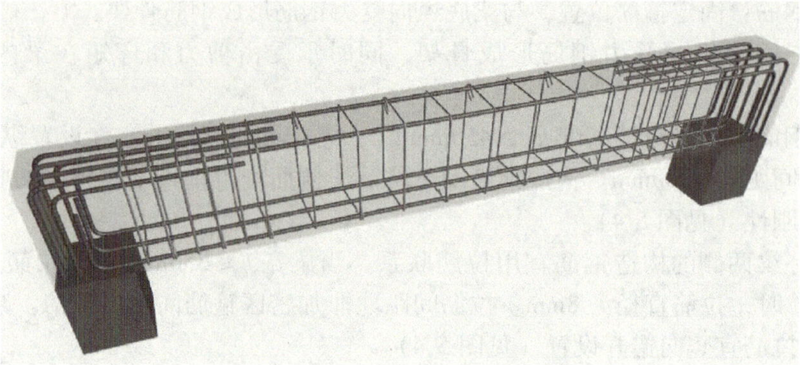

图 5-5　钢筋混凝土梁内钢筋示意

5.2 梁平法制图规则

一、梁平法施工图的表示方法

1）梁平法施工图的表示方法是在梁平面布置图上采用平面注写方式或截面注写方式表达。

2）梁的平面布置图应分别按梁的不同结构层（标准层）将全部梁和与其相关联的柱、墙、板一起采用适当比例绘制。

3）在梁平法施工图中，应根据图集的规定注明各结构层的顶面标高及相应的结构层号。

4）对于轴线未居中的梁，应标注其偏心定位尺寸（贴柱边的梁可不注写）。

二、梁平面注写方式

平面注写方式是在梁平面布置图上，分别在不同编号的梁中各选一根梁，在其上注写截面尺寸和配筋具体数值的方式表达梁平法施工图。

平面注写包括集中标注和原位标注，集中标注表达梁的通用数值，原位标注表达梁的特殊数值。当集中标注中的某项数值不适用于某部位时，则将该项数值进行原位标注。施工时，原位标注取值优先。

1. 集中标注

梁集中标注的内容有 5 项必注值（包括梁编号、梁截面尺寸、梁箍筋、梁上部通长筋或架立筋、梁侧面构造钢筋或受扭钢筋）及 1 项选注值（梁顶面标高高差）。梁平面注写示意如图 5-6 所示。

（1）梁编号（必注值）

梁编号由代号、序号、跨数及有无悬挑几项组成。梁编号应符合表 5-2 的规定。

梁平面注写——梁编号

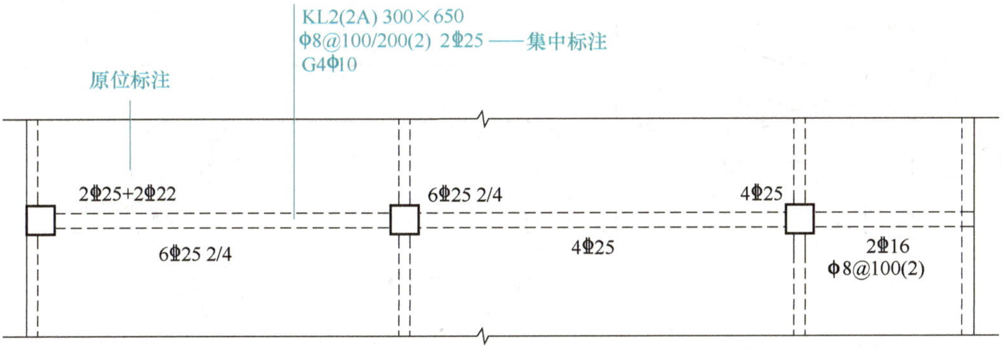

图 5-6　梁平面注写示意

表 5-2　梁编号

梁类型	代号	序号	跨数及有无悬挑
楼层框架梁	KL	××	(××)、(××A)、(××B)
楼层框架扁梁	KBL	××	(××)、(××A)、(××B)
屋面框架梁	WKL	××	(××)、(××A)、(××B)
框支梁	KZL	××	(××)、(××A)、(××B)
托柱转换梁	TZL	××	(××)、(××A)、(××B)
非框架梁	L	××	(××)、(××A)、(××B)
悬挑梁	XL	××	(××)、(××A)、(××B)
井字梁	JZL	××	(××)、(××A)、(××B)

注：(××A) 为一端有悬挑，(××B) 为两端有悬挑，悬挑不计入跨数。

【例 5-1】 WKL3（6）表示第 3 号屋面框架梁，6 跨，无悬挑。

KL1（5A）表示第 1 号框架梁，5 跨，一端有悬挑。

L2（4B）表示第 2 号非框架梁，4 跨，两端有悬挑。

（2）梁截面尺寸（必注值）

1）当为等截面梁时，用 $b \times h$ 表示，其中 b 为梁截面宽度，h 为梁截面高度。

梁平面注写——梁截面尺寸

【例 5-2】 图 5-6 所示，KL2（2A）300×650，表示梁截面宽度为 300mm，截面高度为 650mm。

2）当为竖向加腋梁时，用 $b \times h$ $\mathrm{Y}c_1 \times c_2$表示，其中 c_1为腋长，c_2为腋高。

【例 5-3】 图 5-7 所示，300×750 Y500×250，表示梁截面宽度为 300mm，截面高度为 750mm，竖向加腋尺寸：腋长为 500mm，腋高为 250mm。

3）当为水平加腋梁时，一侧加腋用 $b \times h$ $\mathrm{PY}c_1 \times c_2$表示，其中 c_1为腋长，c_2为腋宽，加腋部位应在平面图中绘制。

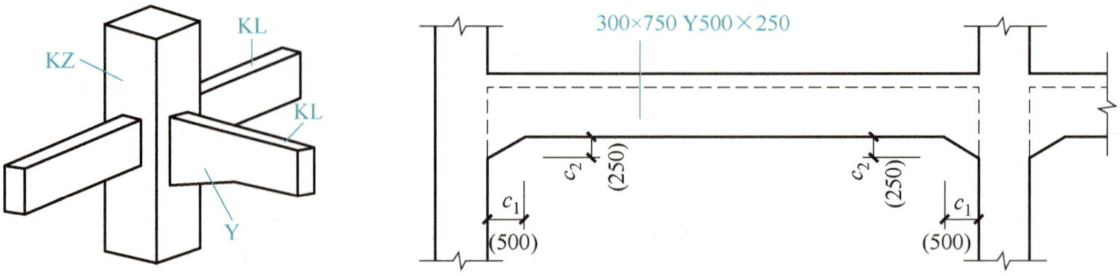

图 5-7　竖向加腋示意图

【例 5-4】　图 5-8 所示，300×700 PY500×250，表示梁截面宽度为 300mm，截面高度为 700mm，水平加腋尺寸：腋长为 500mm，腋宽为 250mm。

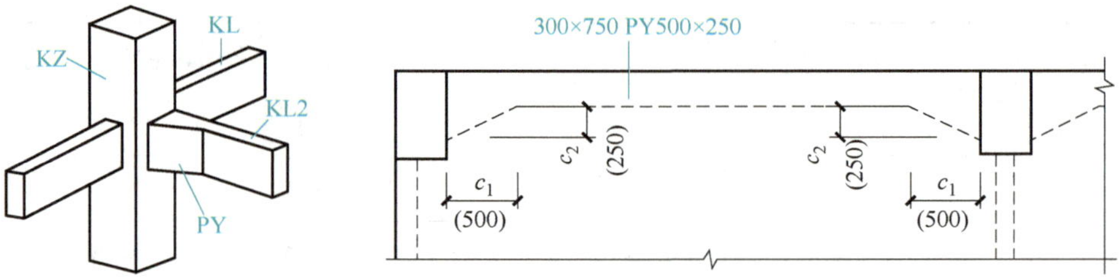

图 5-8　水平加腋示意图

4）当有悬挑梁且根部和端部的高度不同时，用斜线分割根部与端部的高度值。即为 $b\times h_1/h_2$，其中 h_1 为根部高度，h_2 为端部高度。

【例 5-5】　图 5-9 所示，300×700/500，表示梁截面宽度为 300mm，悬挑梁根部截面高度为 700mm，悬挑梁端部高度为 500mm。

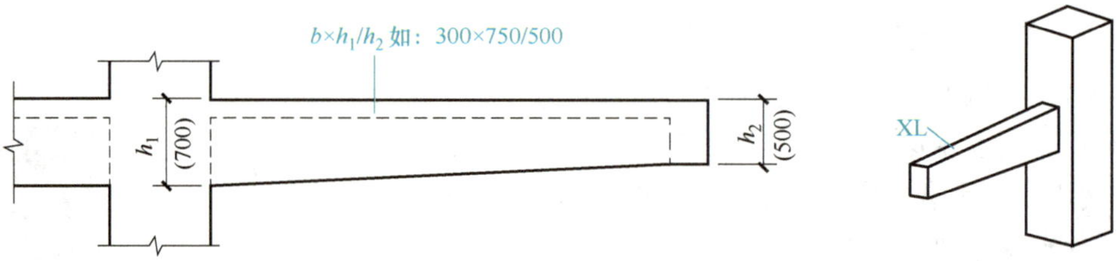

图 5-9　悬挑梁不等高示意图

（3）梁箍筋（必注值）

梁箍筋包括钢筋级别、直径、加密区与非加密区间距及箍筋肢数。梁箍筋肢数示意如图 5-10 所示。

1）当梁箍筋为一种间距和肢数时。

【例 5-6】　Φ8@200（4）表示箍筋为 HPB300 钢筋，直径为 8mm，箍筋间距为 200mm 的四肢箍。

2）当加密区与非加密区箍筋肢数相同时，则将肢数注写一次。

梁平面注写——梁箍筋

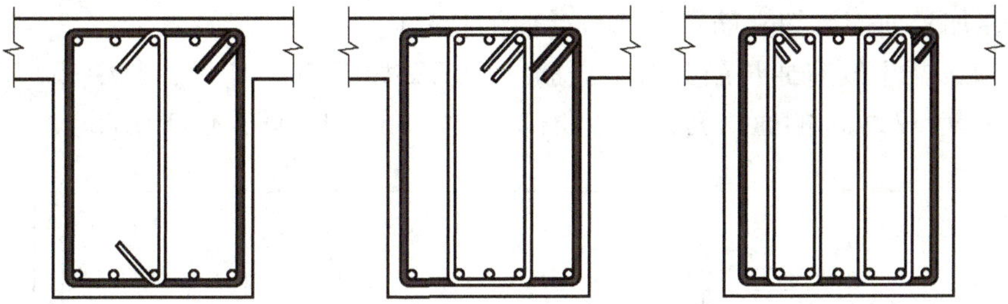
a) 三箍　　b) 四箍　　c) 六箍

图 5-10　梁箍筋肢数示意

【例 5-7】 Φ10@100/200（2）表示箍筋为 HPB300 钢筋，直径为 10mm，加密区间距为 100mm，非加密区箍筋间距为 200mm，均为双肢箍。

3）当箍筋加密区与非加密区间距和肢数不同时，用“/”分隔。

【例 5-8】 Φ10@100（4）/200（2）表示箍筋为 HPB300 钢筋，直径为 10mm，加密区间距为 100mm，四肢箍；非加密区箍筋间距为 200mm，双肢箍。

4）当抗震结构中非框架梁、悬挑梁、井字梁及非抗震结构中的各类梁采用不同箍筋间距和肢数时，也可用“/”将其分割，先注写梁支座端部箍筋（包括箍筋的箍数、钢筋的级别、直径、间距与肢数），在斜线后注写梁跨中部分的箍筋间距与肢数。

梁平面注写——梁上部通长筋或架立筋

【例 5-9】 13Φ10@150/200（4），表示箍筋为 HPB300 的钢筋，直径为 10mm，梁两端各有 13 个四肢箍，间距为 150mm；梁跨中部分箍筋间距为 200mm，四肢箍。

（4）梁上部通长筋或架立筋（必注值）

1）当仅有上部通长筋时，直接注写。

【例 5-10】 梁上部仅有通长筋标注示意如图 5-11 所示，其中 2Φ25 表示梁上部配置 2Φ25 的通长筋。

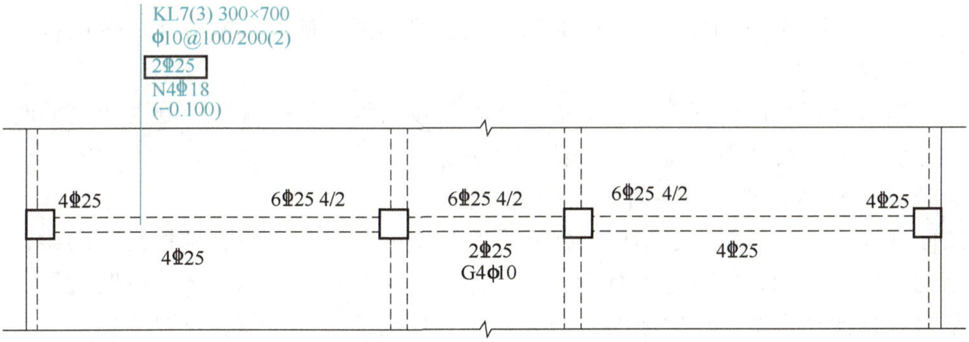

图 5-11　梁上部仅有通长筋标注示意

2）当全部采用架立筋时，将其写入括号内。

【例 5-11】 （2Φ14）表示梁上部配置 2Φ14 的架立筋。

3）当既有通长筋又有架立筋时，应用加号“+”将通长筋和架立筋相连。注写时需将角部纵筋写在加号前面，架立筋写在加号后面的括号内。

【例 5-12】 梁上既有通长筋又有架立筋标注示意如图 5-12 所示，其中 2 Φ22+(2 Φ12) 表示梁上部配置：2 Φ22 的通长筋，位于角部；2 Φ12 的架立筋，位于中部。

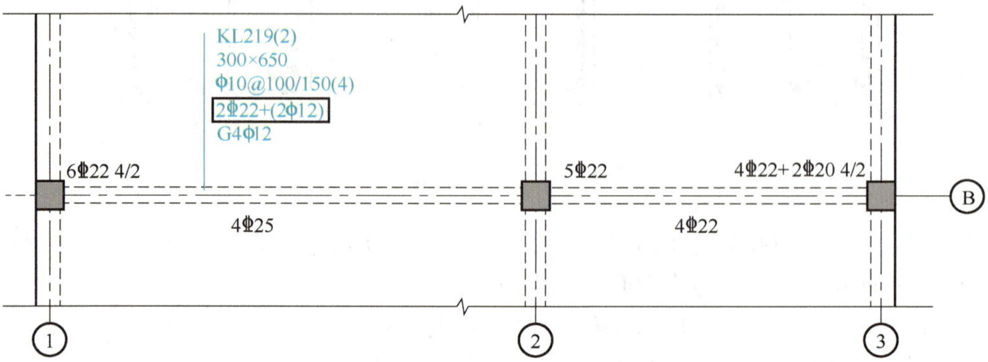

图 5-12 梁上既有通长筋又有架立筋标注示意

4）当梁上部纵筋和下部纵筋全跨相同，且多数跨配筋相同时，此处可加注下部纵筋的配筋值，用“;”将上部和下部的配筋值分隔开来，少数跨不同时，采用原位标注。

【例 5-13】 3 Φ22；3 Φ20 表示梁上部配置 3 Φ22 的通长筋；梁的下部配置 3 Φ20 的通长筋。

（5）梁侧面构造钢筋或受扭钢筋（必注值）

1）当梁腹板高度 $h_w \geqslant 450$mm 时，需配置纵向构造钢筋，所注规格与根数应符合规范规定。此项注写以大写字母 G 开头，接续注写设置在梁两个侧面的总配筋值，且对称配置。

【例 5-14】 图 5-12 集中标注中 G4 Φ12，表示梁的两个侧面共配置 4 Φ12 的纵向构造钢筋，每侧各配置 2 Φ12。

2）当梁侧面需要配置受扭纵向钢筋时，此项注写以大写字母 N 开头，接续注写配置在梁两侧的总配筋值，且对称配置。受扭纵向钢筋应满足梁侧面纵向构造钢筋的间距要求，且不再重复配置纵向构造钢筋。

梁平面注写——梁侧面钢筋及梁顶标高差

【例 5-15】 图 5-11 集中标注中 N4 Φ18，表示梁的两个侧面共配置 4 Φ18 的纵向受扭钢筋，每侧各配置 2 Φ18。

注意：当为梁侧面构造钢筋时，搭接与锚固长度可取 15d；当为梁侧受扭钢筋时，搭接长度为 l_l或 l_{lE}，锚固长度为 l_a或 l_{aE}，锚固方式同梁下部纵筋。

（6）梁顶面标高高差（选注值）

梁顶面标高高差是指相对于结构层楼面标高的高差值，对于位于结构夹层的梁，则是指相对于结构夹层楼面标高的高差。有高差时，需将其注写在括号内，无高差时不注写。

当某梁的顶面高于所在结构层的楼面标高时，标高高差为正值，反之为负值。

【例 5-16】 图 5-11 中（−0. 100），表示 KL7 梁顶面的结构标高比所在结构层楼面标高低 0. 100m。

2. 原位标注

梁原位标注的内容，有梁支座上部纵筋、梁下部纵筋、对集中标注内容的原位修正、附加箍筋或吊筋等。

（1）梁支座上部纵筋

梁支座上部纵筋是指该部位含通长筋在内的所有纵筋，标注在梁上部支座处。

1）当上部纵筋多于一排时，用斜线“/”将各排纵筋自上而下分开。

【例 5-17】 图 5-13 中，KL2（2A）第二跨左支座上部纵筋注写为 6Φ25 4/2，则表示梁该支座上部纵筋分两排布置，上排纵筋钢筋为 4Φ25，下排纵筋钢筋为 2Φ25。

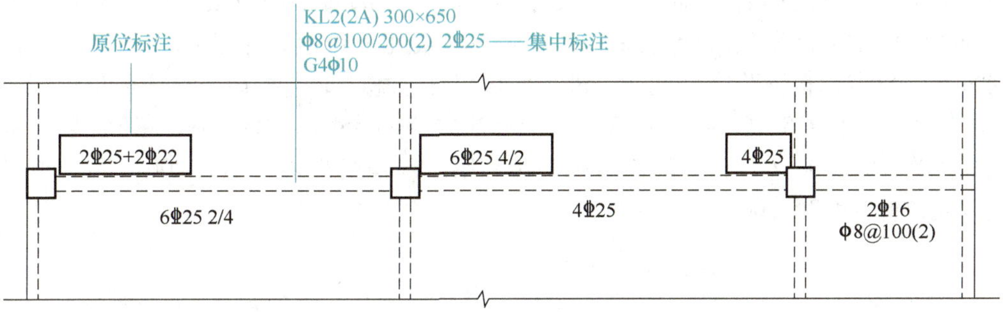

图 5-13 梁支座上部纵筋

2）当同排纵筋有两种直径时，用加号“+”将两种直径的纵筋相连，注写时将角筋写在前面。

【例 5-18】 图 5-13 中，KL2（2A）第一跨左支座上部纵筋注写 2Φ25+2Φ22，表示梁该支座上部有 4 根纵筋，2Φ25 放在角部，2Φ22 放在中部。

3）当梁中间支座两边的上部纵筋不同时，须在支座两边分别标注；当梁中间支座两边的上部纵筋相同时，可仅在支座一边标注配筋值，另一边省去不注。

【例 5-19】 图 5-13 中，KL2（2A）第一跨右支座上部纵筋与第二跨左支座上部纵筋相同，因此省略不注。

（2）梁下部纵筋

梁下部纵筋标注在梁下部跨中的位置，如图 5-14 所示。

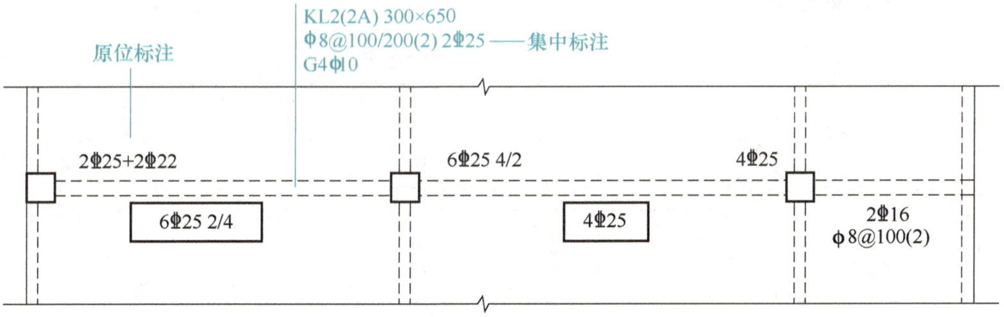

图 5-14 梁下部纵筋

1）当下部纵筋多于一排时，用“/”将各排纵筋自上而下分开。

【例 5-20】 图 5-14 中，KL2（2A）第一跨下部纵筋注写为 6Φ25 2/4，则表示梁该跨下部纵筋分两排布置，上排纵筋钢筋为 2Φ25，下排纵筋为 4Φ25，全部伸入支座。

2）当同排纵筋有两种直径时，用“+”将两种直径的纵筋相连，注写时角筋写在前面。

3）当梁下部纵筋不全部伸入支座时，将不伸入梁支座的下部纵筋数量写在括号内。

【例 5-21】 梁下部纵筋注写为 6 Φ25 2 (−2)/4，则表示上排纵筋为 2 Φ25，且不伸入支座；下排纵筋为 4 Φ25，全部伸入支座。

4）当梁的集中标注中已分别注写梁上部和下部均为通长纵筋时，则不需在梁下部重复做原位标注。

（3）对集中标注内容的原位修正

当梁上集中标注的内容（即梁截面尺寸、箍筋、上部通长筋或架立筋、梁侧面纵向构造筋或受扭纵向钢筋及梁顶面标高高差中的某一项或几项数值）不适用于某跨或悬挑部位时，则将不同数值，在该跨或悬挑部位进行原位标注，施工时应按原位标注数值取用。

【例 5-22】 图 5-15 中，KL2（2A）集中标注中箍筋为Φ8@100/200（2），悬挑部分箍筋原位标注为Φ8@100（2），在施工时第一跨和第二跨箍筋为Φ8@100/200（2）；悬挑部分箍筋应以原位标注Φ8@100（2）为准。

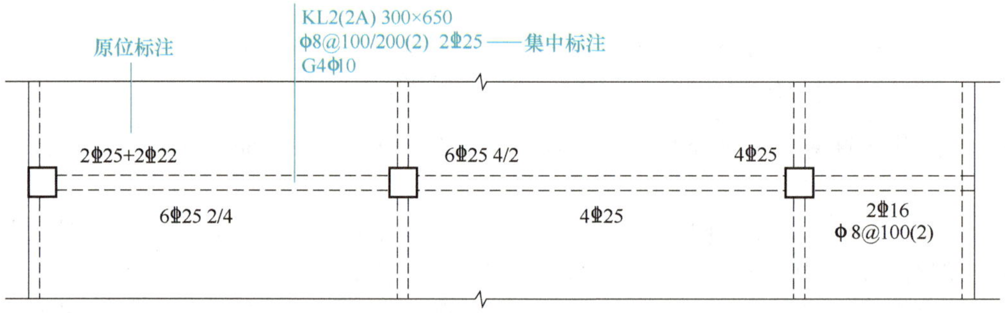

图 5-15 对集中标注内容的原位修正示意

（4）附加箍筋或吊筋

将附加箍筋或吊筋直接画在平面布置图中的主梁上，用线引注总配筋值。对于附加箍筋，设计尚应注明附加箍筋的肢数，箍筋肢数注写在括号内。当多数附加箍筋或吊筋相同时，可在梁平法施工图上统一注明，少数与统一注明值不同时，再进行原位引注。附加箍筋和吊筋的原位标注如图 5-16 所示。

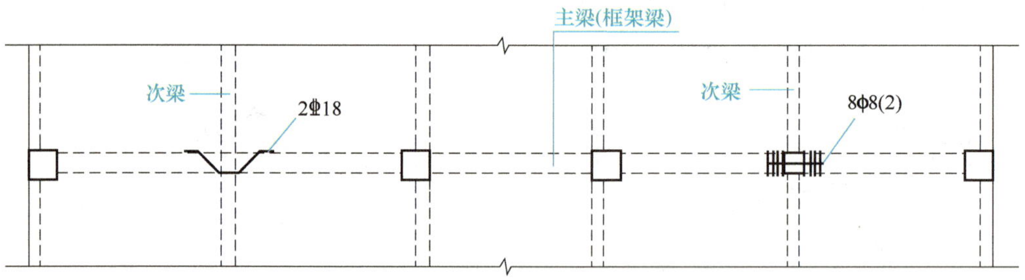

图 5-16 附加箍筋和吊筋的原位标注

三、梁截面注写方式

梁截面注写方式是在分标准层绘制的梁平面布置图上，分别在不同编号的梁中，各选择一根梁用剖面号引出配筋图，并在配筋图上注写截面尺寸和配筋具体数值的注写方式。梁平法施工图截面注写示例如图 5-17 所示。

层号	标高/m	层高/m
屋面2	65.670	
塔层2	62.370	3.30
屋面1(塔层1)	59.070	3.60
16	55.470	3.60
15	51.870	3.60
14	48.270	3.60
13	44.670	3.60
12	41.070	3.60
11	37.470	3.60
10	33.870	3.60
9	30.270	3.60
8	26.670	3.60
7	23.070	3.60
6	19.470	3.60
5	15.870	3.60
4	12.270	3.60
3	8.670	3.60
2	4.470	4.20
1	−0.030	4.50
−1	−4.530	4.50
−2	−9.030	4.50

结构层楼面标高
结 构 层 高

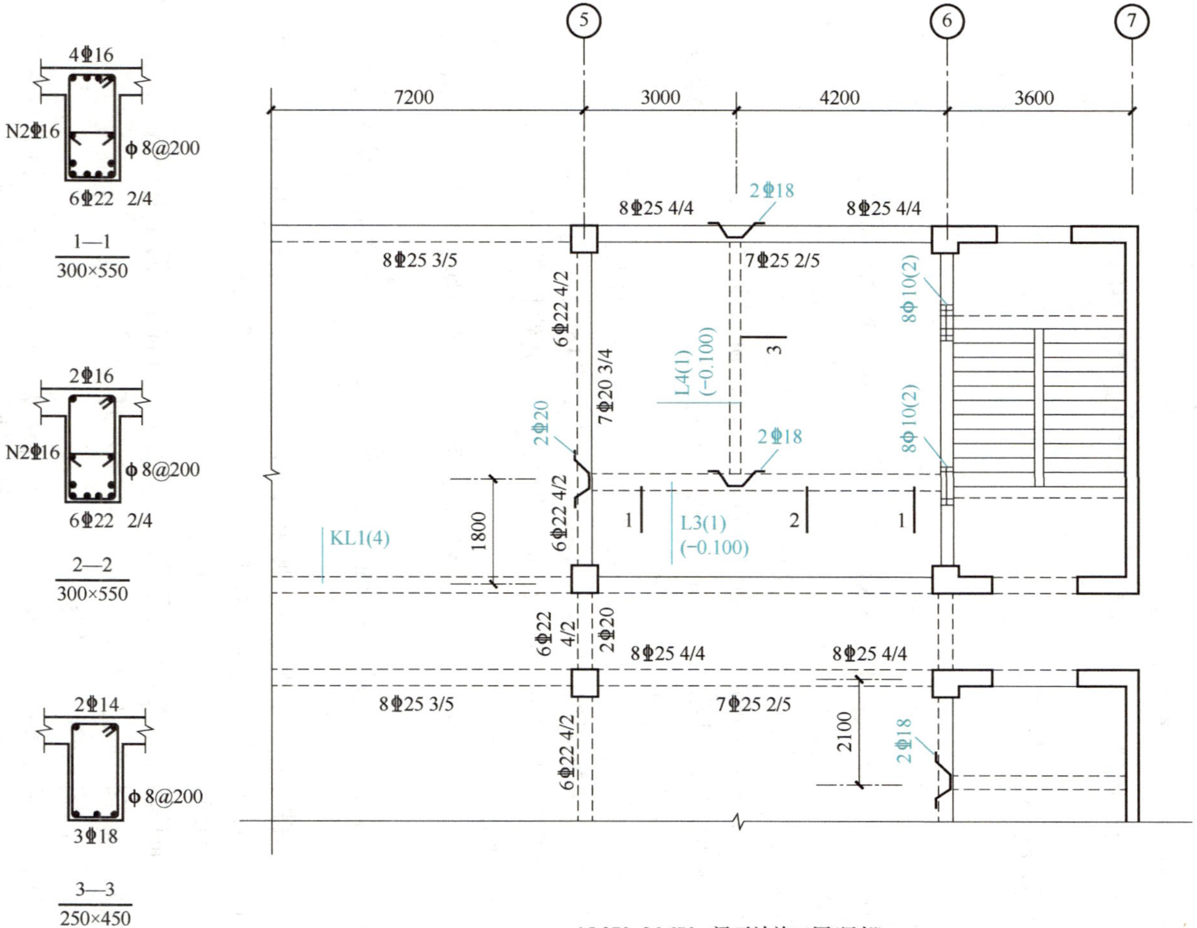

15.870~26.670m梁平法施工图(局部)

图 5-17 梁平法施工图截面注写示例

在截面配筋图上注写截面尺寸 $b \times h$、上部钢筋、下部钢筋、侧面构造筋或受扭钢筋及箍筋的具体数值，它们的表达形式与平面注写方式相同。当某梁的顶面标高与结构层的楼面标高不同时，尚应在梁编号后注写梁顶面标高高差。

截面注写方式既可以单独使用，也可以与平面注写方式结合使用。

5.3 梁标准构造详图

一、框架梁纵向钢筋构造

框架梁按所在位置分为楼层框架梁（KL）和屋面框架梁（WKL）两种。

1. 楼层框架梁纵向钢筋构造

（1）楼层框架梁上部纵向钢筋的构造要点

1）楼层框架梁上部纵向钢筋端支座锚固有直锚、弯锚和加锚头（锚板）三种。

① 当 h_c-保护层厚度$<l_{aE}$且$<0.5h_c+5d$ 时，钢筋弯锚，上部纵筋伸至柱外侧纵筋内侧且$\geq 0.4l_{abE}$，并向下弯折 $15d$，如图 5-18a 所示。

② 当 h_c-保护层厚度$<l_{aE}$且$<0.5h_c+5d$ 时，加锚头（锚板）锚固，上部纵筋伸至柱外侧纵筋内侧，且$\geq 0.4l_{abE}$，并在端头增加锚头（锚板），如图 5-18b 所示。

③ 当 h_c-保护层厚度$\geq l_{aE}$且$\geq 0.5h_c+5d$ 时，钢筋直锚，直锚长度为 l_{aE}和 $0.5h_c+5d$ 中的较大值，如图 5-18c 所示。

2）梁上部贯通筋（通长筋）由不同直径钢筋搭接时，其搭接长度为 l_{lE}，如图 5-18a 所示。

3）当框架梁上有架立筋时，架立筋与非贯通钢筋（支座负筋）的搭接长度为 150mm，如图 5-18a 所示。

4）框架梁上部非贯通筋（支座负筋）伸出长度的规定，第一排自支座边伸出 $l_n/3$；第二排自支座边伸出 $l_n/4$；l_n为梁净跨值，对于端支座，l_n为本跨的净跨值；对于中间支座 l_n为支座两边较大一跨的净跨值，如图 5-18a 所示。

5）框架梁上部通长筋与非贯通筋直径相同时，连接位置宜位于跨中 $l_{n_i}/3$ 范围内，在同一连接区段内接头面积百分率不宜大于 50%，如图 5-19 所示。

（2）楼层框架梁下部纵向钢筋的构造要点

1）梁下部纵向钢筋端支座锚固有直锚、弯锚和加锚头（锚板）三种，如图 5-18 所示。

① 当 h_c-保护层厚度$<l_{aE}$且$<0.5h_c+5d$ 时，钢筋弯锚，下部纵筋伸至梁上部纵筋弯钩段内侧或柱外侧纵筋内侧且$\geq 0.4l_{abE}$，并向上弯折 $15d$，如图 5-18a 所示。

② 当 h_c-保护层厚度$<l_{aE}$且$<0.5h_c+5d$ 时，加锚头（锚板）锚固，下部纵筋伸至柱外侧纵筋内侧且$\geq 0.4l_{abE}$，并在端头增加锚头（锚板），如图 5-18a 所示。

③ 当 h_c-保护层厚度$\geq l_{aE}$且$\geq 0.5h_c+5d$ 时，钢筋直锚，直锚长度为 l_{aE}和 $0.5h_c+5d$ 中的较大值，如图 5-18 所示。

2）梁下部纵向钢筋中间支座锚固，梁下部纵向钢筋应尽量避免在中柱内锚固，宜本着“能通则通”的原则来保证节点核心区混凝土的浇筑质量。当必须锚固时，伸至支座内的长度$\geq l_{aE}$且$\geq 0.5h_c+5d$，如图 5-18a 所示。

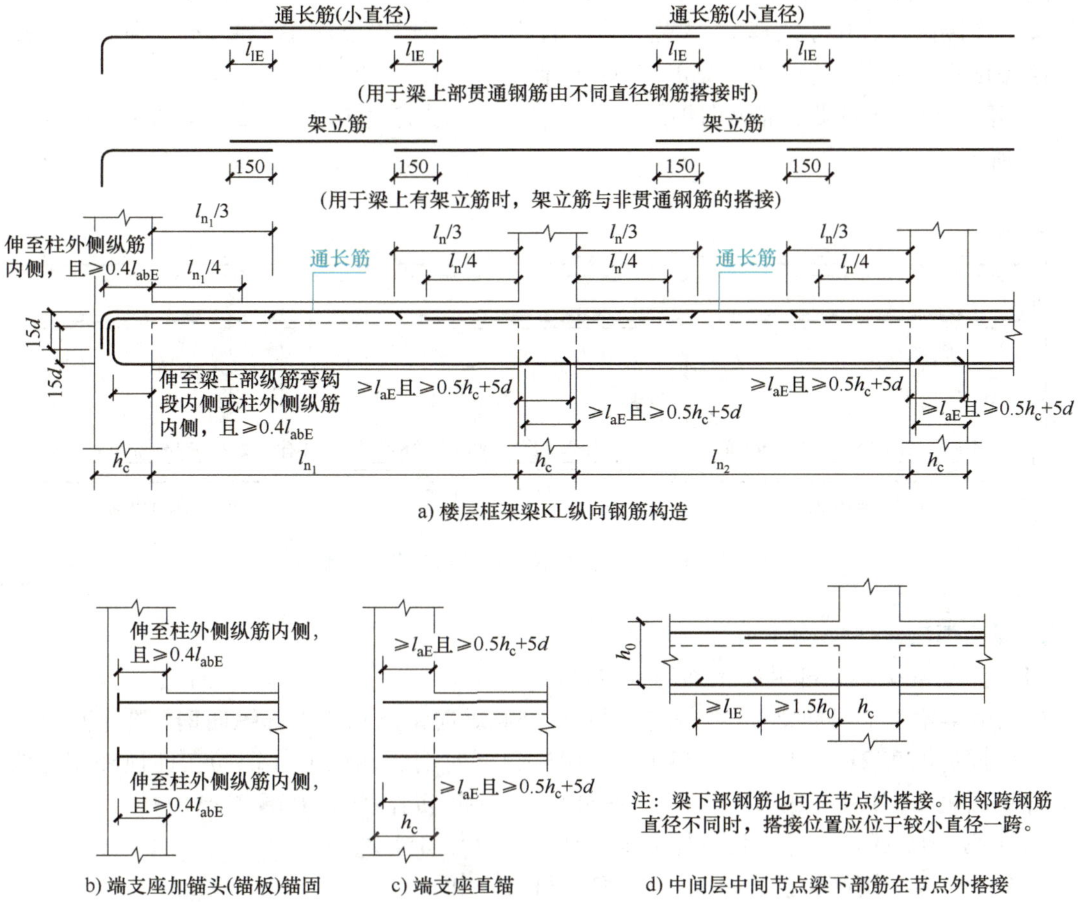

图 5-18　楼层框架梁纵向钢筋构造

注：1. 跨度值 l_{n_i} 为净跨长度，l_n 为支座处左跨 l_{n_i} 和右跨 $l_{n_{i+1}}$ 之较大值，其中 i=1，2，3，…。

2. h_c 为柱截面沿框架方向的高度。

3. h_0 为梁有效高度，即梁上边缘至梁下部受拉钢筋的合力中心的距离。

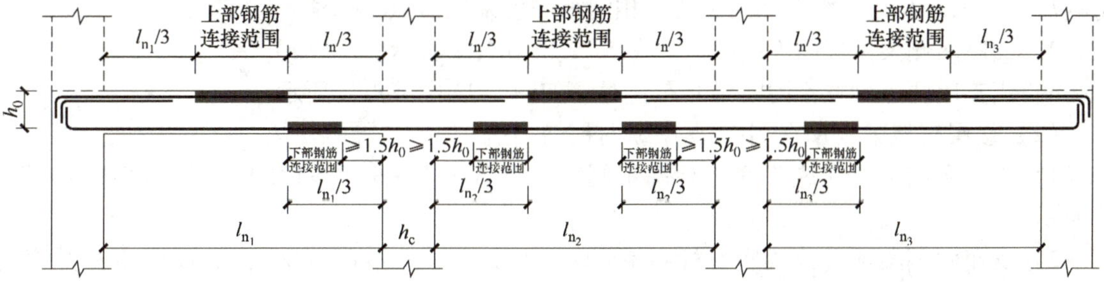

图 5-19　楼层框架梁纵向钢筋连接示意图

3）梁下部纵筋的连接位置宜穿越支座或节点，可延伸至相邻跨内的箍筋加密区以外搭接连接，连接位置宜位于支座 $l_{n_i}/3$ 范围内，且距离支座边缘不应小于 $1.5h_0$，在同一连接区段内接头百分率不宜大于 50%，如图 5-19 所示。

4）不伸入支座的梁下部纵向钢筋断点位置为距离支座边 $0.1l_{n_i}$，l_{n_i} 为本跨的净跨长。如图 5-20 所示。

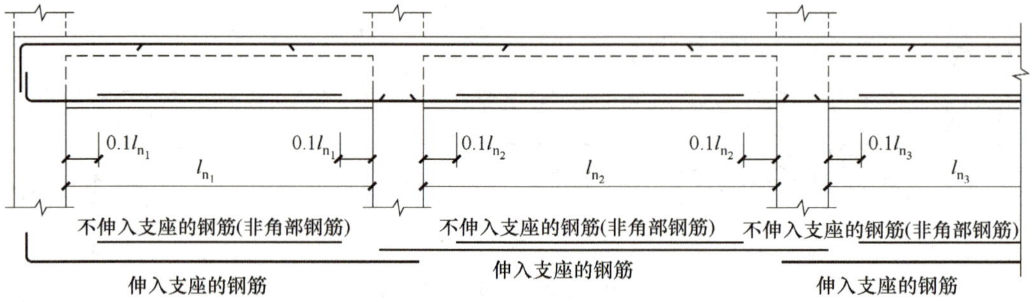

图 5-20　不伸入支座的梁下部纵向钢筋断点位置示意

2. 屋面框架梁纵向钢筋构造

（1）屋面框架梁上部纵向钢筋的构造要点

屋面框架梁上部纵向钢筋端支座锚固有柱外侧纵向钢筋和梁上部纵向钢筋在节点外侧弯折搭接（详见图集 22G101-1 第 2-14 页）、柱外侧纵向钢筋和梁上部钢筋在柱顶外侧直线搭接（详见图集 22G101-1 第 2-15 页）、柱外侧纵向钢筋作为梁上部钢筋使用（详见图集 22G101-1 第 2-15 页）三种。具体构造要点详见本书任务 4.3。

其余上部纵向钢筋构造要求与楼层框架梁构造相同。

（2）屋面框架梁下部纵向钢筋的构造要点

屋面框架梁下部纵向钢筋端支座锚固有直锚、弯锚和加锚头（锚板）三种。屋面框架梁纵向钢筋构造如图 5-21 所示，它与楼层框架梁下部纵向钢筋构造类似。

其余下部纵向钢筋构造要求与楼层框架梁构造相同。

3. 框架梁中间支座梁高或梁宽发生变化时纵向钢筋构造

（1）屋面框架梁（WKL）中间支座纵向钢筋构造

1）支座两侧梁底标高不同时，当 $\Delta_h/(h_c-50)>1/6$ 时，如图 5-22 中节点①所示；当 $\Delta_h/(h_c-50)\leqslant 1/6$ 时，梁下部同位置的相同纵筋可采用节点⑤做法。

2）支座两侧梁顶标高不同时，如图 5-22 中节点②所示。

3）当支座两边梁宽不同或错开布置时，如图 5-22 中节点③所示。

（2）楼层框架梁（KL）中间支座纵向钢筋构造

1）支座两侧梁顶（或梁底）标高不同时，且 $\Delta_h/(h_c-50)>1/6$ 时，如图 5-22 中节点④所示。

2）支座两侧梁顶（或梁底）标高不同时，且 $\Delta_h/(h_c-50)\leqslant 1/6$ 时，如图 5-22 中节点⑤所示。

3）当支座两边梁宽不同或错开布置时，如图 5-22 中节点③所示。

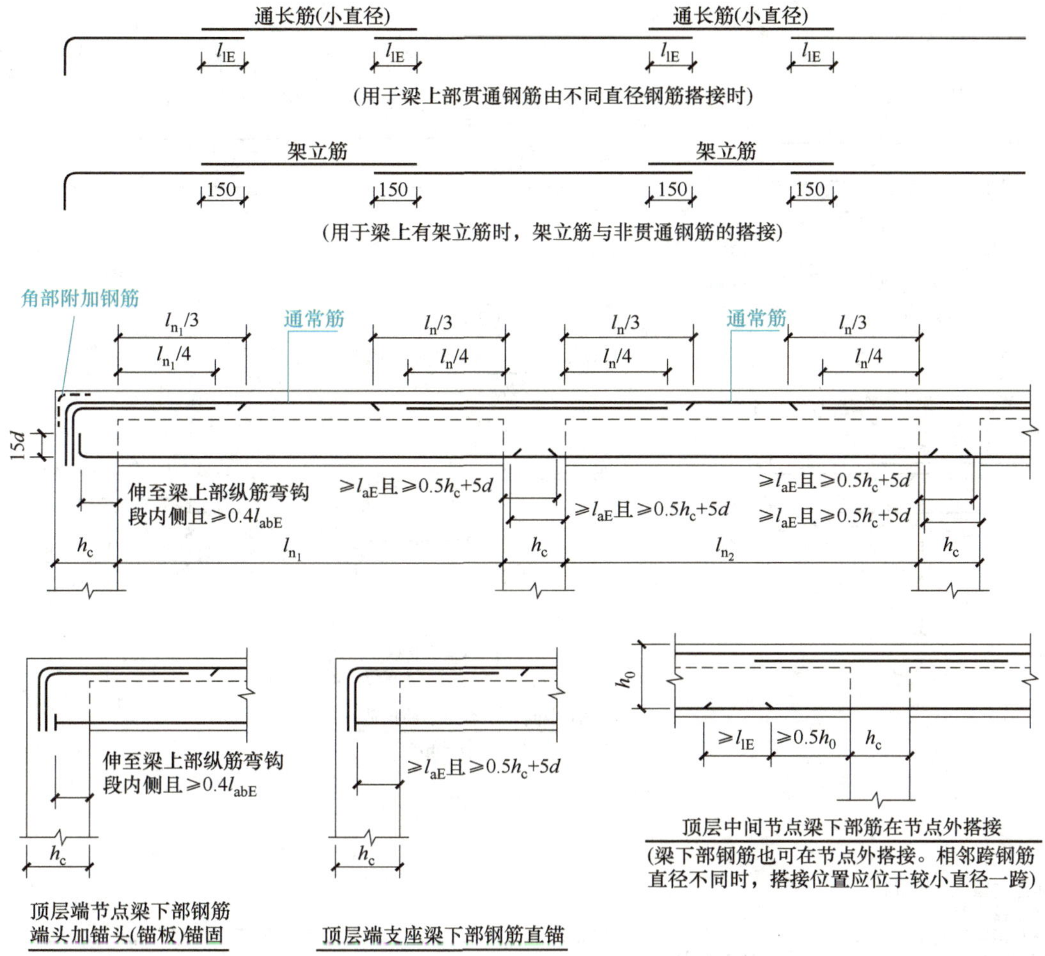

图 5-21 屋面框架梁纵向钢筋构造

二、非框架梁钢筋构造

1. 非框架梁上部纵向钢筋的构造要点

1）图 5-23 中“设计按铰接时”用于代号为 L 的非框架梁，“充分利用钢筋的抗拉强度时”用于代号为 Lg 的非框架梁或原位标注“g”的梁端。

2）梁上部纵向钢筋端支座锚固有弯锚和直锚两种。

① 设计按铰接时，伸至支座对边弯折且≥0. 35l_{ab}，弯折长度为 15d。

② 充分利用钢筋的抗拉强度时，伸至支座对边弯折且≥0. 6l_{ab}，弯折长度为 15d。

③ 伸入端支座直段长度满足 l_a时，可直锚。

注意：当端支座为中间层剪力墙时，图中 0. 35l_{ab}、0. 6l_{ab}调整为 0. 4l_{ab}。

3）当梁上有架立筋时，架立筋与非贯通筋（支座负筋）的搭接长度为 150mm。非框架梁配筋构造如图 5-23 所示。

4）梁上部非贯通筋（支座负筋）伸出长度的规定如下：

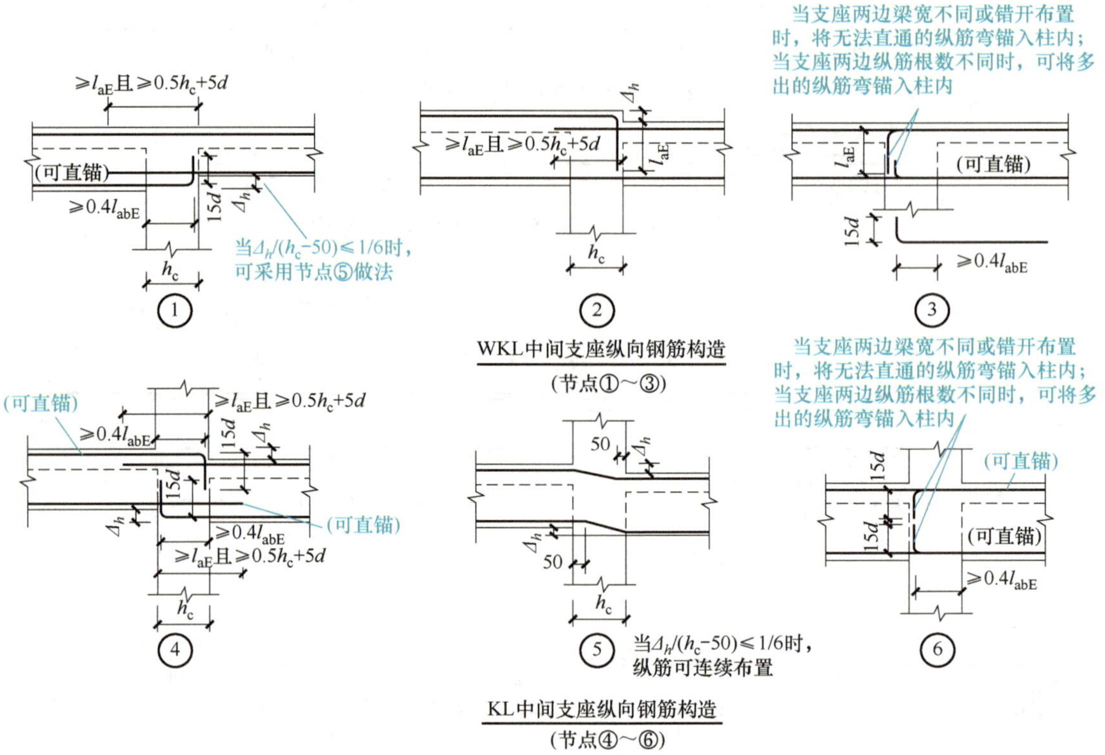

图 5-22　WKL、KL 中间支座纵向钢筋构造

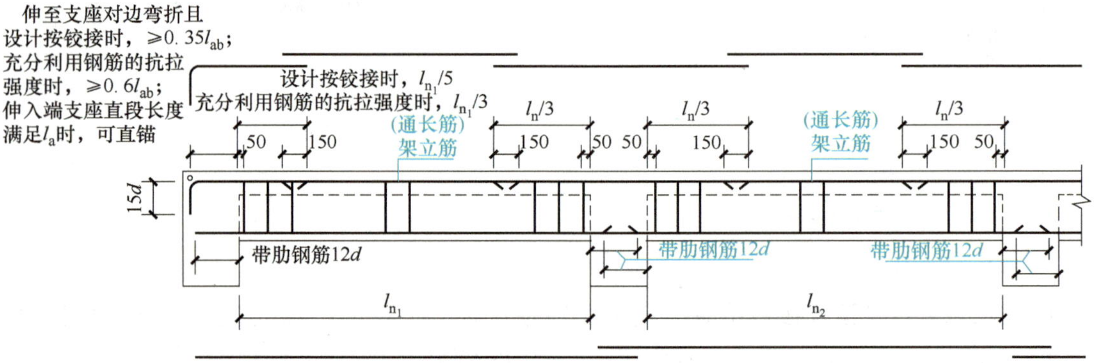

图 5-23　非框架梁配筋构造

① 对于端支座，设计按铰接时，自支座边伸出 $l_{n_1}/5$；充分利用钢筋的抗拉强度时，自支座边伸出 $l_{n_1}/3$。

② 对于中间支座，自支座边伸出 $l_n/3$，l_n为左跨 l_{n_i}和右跨 $l_{n_{i+1}}$之较大值。

5）当梁上部有通长筋时，连接位置宜位于跨中 $l_{n_i}/3$ 范围内，且在同一连接区段内钢筋接头面积百分率不宜大于 50%。非框架梁纵向钢筋连接示意如图 5-24 所示。

2. 非框架梁下部纵向钢筋的构造要点

1）梁下部纵向钢筋端支座锚固有直锚、弯锚两种，当下部纵筋伸入边支座长度满足

直锚 $12d$ 要求时，带肋钢筋直接伸入支座 $12d$，如图 5-23 所示；当下部纵筋伸入边支座长度不满足直锚 $12d$ 要求时，伸至支座对边弯折带肋钢筋 $\geqslant 7.5d$，当采用 135°弯钩时，弯折后平直段的长度为 $5d$；当采用 90°弯钩时，弯折后平直段的长度为 $12d$，如图 5-25 所示。

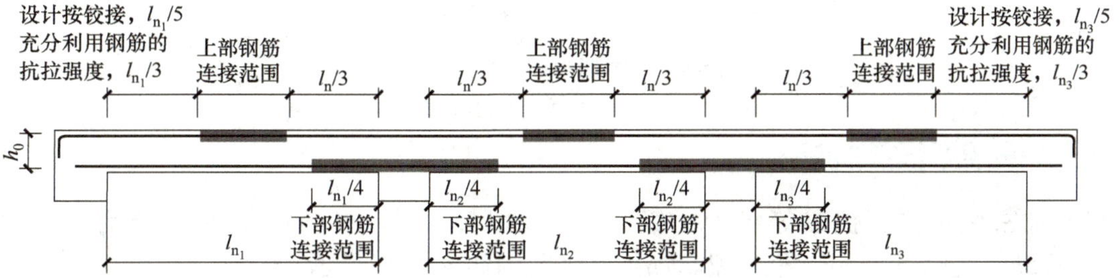

图 5-24 非框架梁纵向钢筋连接示意

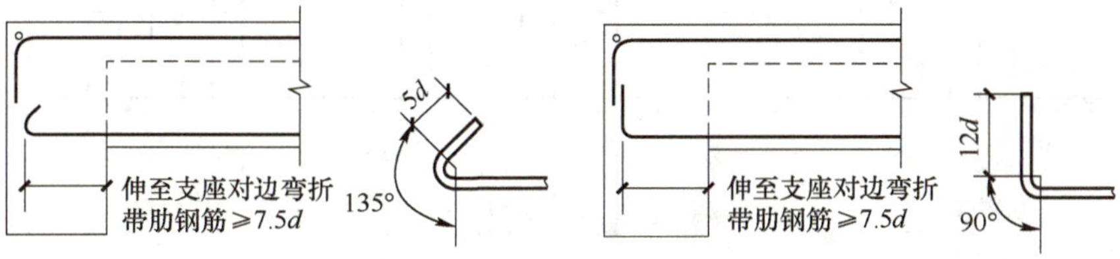

(用于下部纵筋伸入边支座长度不满足直锚12d要求时)

图 5-25 端支座非框架梁下部纵筋弯锚构造

2）非框架梁下部纵向钢筋在中间支座的锚固长度为带肋钢筋 $12d$，如图 5-23 所示。

3）非框架梁下部钢筋连接范围宜在支座 $l_{n_i}/4$ 范围内，且在同一连接区段内钢筋接头面积百分率不宜大于 50%，如图 5-24 所示。

三、梁侧面纵向构造筋、受扭钢筋和拉筋构造

1）当 $h_w \geqslant 450$mm 时，在梁的两个侧面应沿高度配置纵向构造筋；纵向构造筋间距 $a \leqslant 200$mm。

2）当侧面配有直径不小于纵向构造筋的受扭钢筋时，受扭钢筋可以代替纵向构造筋。

3）梁侧面纵向构造筋的搭接与锚固长度可取 $15d$。梁侧面纵向受扭钢筋的搭接长度：框架梁为 l_{lE}，非框架梁为 l_l，锚固方式同框架梁下部纵筋。

4）当梁宽≤350mm 时，拉筋直径为 6mm；当梁宽>350mm 时，拉筋直径为 8mm；拉筋间距为非加密区箍筋间距的 2 倍；当设有多排拉筋时，上下两排拉筋竖向错开布置。

5）对于非框架梁及不考虑地震作用的悬挑梁，拉筋弯钩平直段长度不应小于 $5d$，当其受扭时，应为 $10d$；对于有抗震设防要求的结构构件，弯折后平直段长度不应小于 $10d$ 和 75mm 中的较大值。

梁侧面纵向构造筋和拉筋如图 5-26 所示。

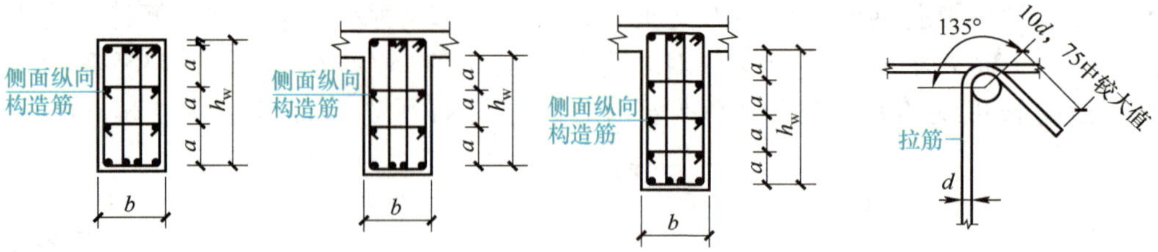

图 5-26　梁侧面纵向构造筋和拉筋

四、框架梁箍筋构造

1）加密区范围，抗震等级为一级时：≥2.0h_b，且≥500mm；抗震等级为二～四级时：≥1.5h_b，且≥500mm。框架梁箍筋加密区范围如图 5-27 所示。

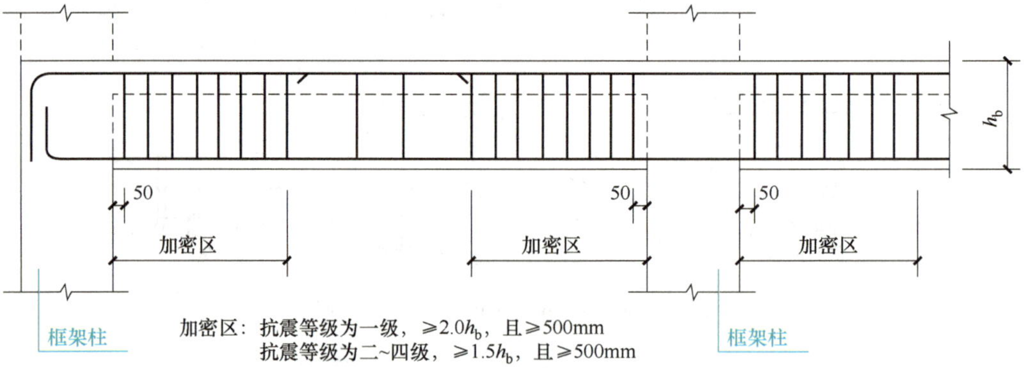

图 5-27　框架梁箍筋加密区范围

注：h_b为梁截面高度。

2）箍筋的起步距离为 50mm。

五、附加箍筋和附加吊筋构造

1）附加箍筋和附加吊筋设置在主次梁相交处的主梁上。

2）附加箍筋范围为 $3b+2h_1$。其中，b 为次梁截面宽度，h_1 为主梁高度减去次梁高度（见图 5-28a）。

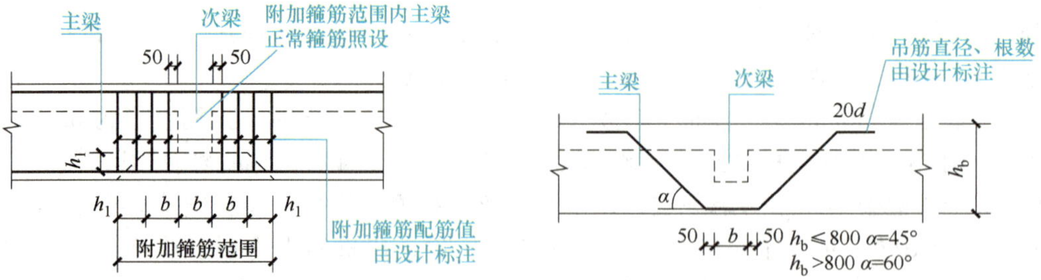

a) 附加箍筋　　b) 附加吊筋

图 5-28　附加箍筋和附加吊筋示意

3）附加箍筋的起步距离为 50mm。

4）附加吊筋，当主梁高度 $h_b \leqslant 800$mm 时，$\alpha = 45°$；$h_b > 800$mm 时，$\alpha = 60°$，吊筋上部水平长度为 $20d$（见图 5-28b）。

六、悬挑梁钢筋构造

悬挑梁钢筋构造如图 5-29 所示，其他类梁的悬挑端参见 22G101-1 第 2-43 页。

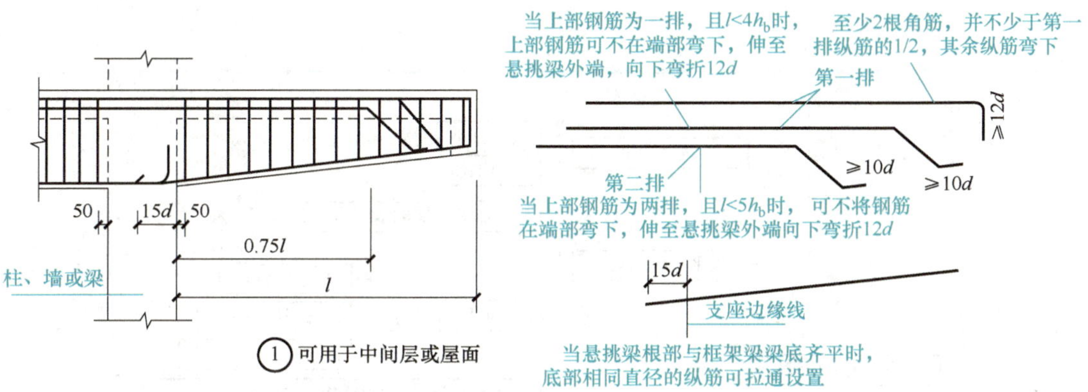

图 5-29 悬挑梁钢筋构造

1）图中 l 为悬挑端伸出支座的长度，h_b 为梁截面高度。

2）悬挑梁下部纵筋伸至支座内且距离支座边缘线的距离为 $15d$。

任务6 板平法施工图识读

学习内容

- 板平法施工图识读
  - 基本知识
    - 板的分类
    - 板的钢筋
  - 板平法制图规则
    - 板平法施工图的表示方法
    - 板平面注写实例
      - 板集中标注
      - 板支座原位标注
      - 板平法施工图示例
  - 板标准构造详图
    - 有梁楼盖楼面板(LB)和屋面板(WB)钢筋构造
    - 悬挑板(XB)钢筋构造
    - 板后浇带构造
    - 板开洞与洞边加强的钢筋构造
    - 板翻边构造
    - 角部加强筋(Crs)构造
    - 悬挑板阳角放射筋(Ces)构造
    - 纵向钢筋非接触搭接构造
    - 无支承板端部封边构造
    - 悬挑板阴角构造
    - 局部升降板(SJB)构造

学习目标

学习任务	知识点	技能目标	素养目标
1. 基本知识	知识点1：板的分类 知识点2：板的钢筋	1. 能根据板三维图绘制板的平面图和剖面图 2. 能根据板详图识别板的类型 3. 能绘制板钢筋排列图	1. 培养良好的学习习惯 2. 自主探索问题意识
2. 板平法制图规则	知识点1：板平法施工图的表示方法 知识点2：板平面注写实例	1. 能根据板平面布置图识读板块 2. 能根据平法施工图中集中标注识读板编号、板厚、板配筋、板面标高高差和必要的文字注解 3. 能根据平法施工图板的支座原位标注识读板支座上部钢筋	培养规则意识，遵守职业道德和职业规范

（续）

学习任务	知识点	技能目标	素养目标
3. 板标准构造详图	知识点1：有梁楼盖楼面板（LB）和屋面板（WB）钢筋构造 知识点2：悬挑板（XB）钢筋构造 知识点3：板后浇带构造 知识点4：板开洞与洞边加强的钢筋构造 知识点5：板翻边构造 知识点6：角部加强筋（Crs）构造 知识点7：悬挑板阳角放射筋（Ces）构造 知识点8：纵向钢筋非接触搭接构造 知识点9：无支承板端部封边构造 知识点10：悬挑板阴角构造 知识点11：局部升降板（SJB）构造	1. 能根据图和图集，正确选用标准构造详图 2. 能正确绘制板钢筋排列图 3. 能判断图样中板钢筋布置位置、连接位置 4. 能正确计算板钢筋长度	在做中学、学中做，养成严谨细致、精益求精的工匠精神

6.1 基本知识

一、板的分类

板根据板周边的支承情况及板的长度方向与宽度方向的比值分为双向板和单向板，具体界定如下：

1）两对边支承的板为单向板。

2）四边支承的板，当长边与短边的比值不大于2时，为双向板。

3）四边支承的板，当长边与短边的比值大于2且小于3时，宜按双向板的要求布置钢筋。

4）四边支承的板，当长边与短边的比值不小于3时，为单向板。

楼板平法识图基础知识

楼盖分为有梁楼盖和无梁楼盖（见图6-1）。其中，有梁楼盖是以梁为支座的楼面与屋面板。本书主要介绍有梁楼盖构造。

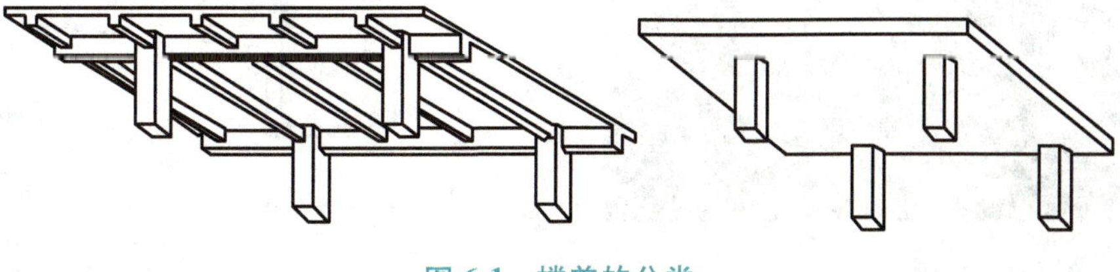

图6-1 楼盖的分类

二、板的钢筋

1. 板的一般组成

1）钢筋名称：板中通常配有受力钢筋（简称受力钢）和分布钢筋（简称分布筋）。

2）钢筋形状及位置：分布筋布置在受力筋的内侧，与受力钢筋垂直，如图 6-2 所示。

3）钢筋作用：受力筋沿板跨度方向在受拉区设置，承受由弯矩产生的拉力。分布钢筋与受力钢筋在交点处用细钢丝绑扎，以固定受力钢筋位置，并将力均匀传递给受力钢筋。

4）混凝土保护层：板外皮钢筋外边缘至构件表面范围用于保护钢筋的混凝土，简称保护层。地面以上结构板保护层厚度通常取 15mm。

板的配筋实例如图 6-3 所示。

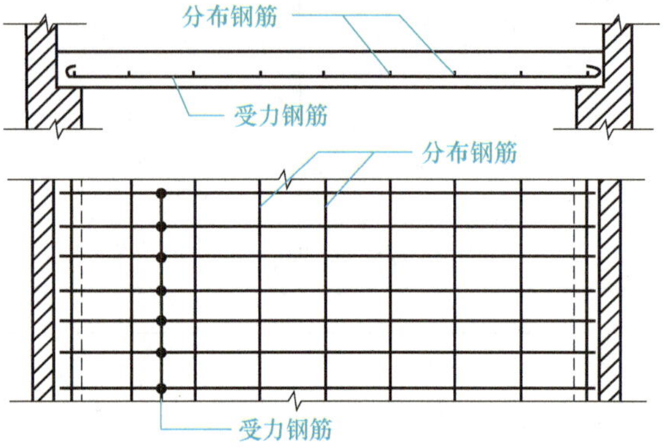

图 6-2　板的钢筋

图 6-3　板的配筋实例

2. 悬挑板的钢筋

常见的悬挑板有挑走廊、挑檐、雨篷、遮阳板、空调板和某些厂房的悬挑工作平台等。空调板外观如图 6-4 所示；雨篷板的钢筋如图 6-5 所示。

图 6-4　空调板外观

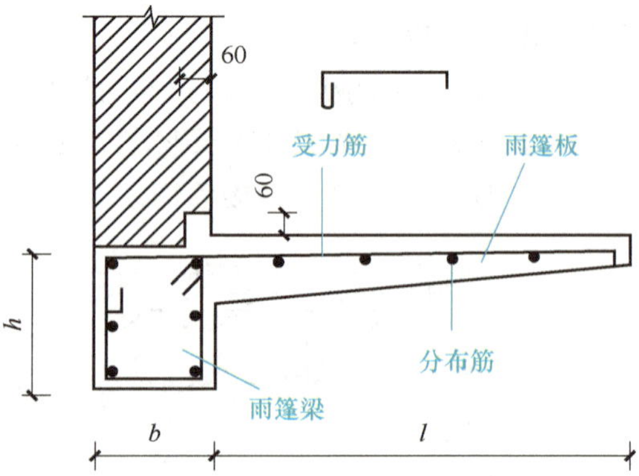

图 6-5　雨篷板的钢筋

6.2 板平法制图规则

一、板平法施工图的表示方法

板平法施工图中，在楼板（又称楼面板）和屋面板平面布置图上采用平面注写表达方式注写板的厚度及配筋。板平面布置图中，全部梁和与其相关联的柱、墙、板一起以适当比例绘制。在板平法施工图中，注明各结构层的顶面标高及相应的结构层号。平面注写包括板集中标注和板支座原位标注。

为方便表达，结构平面图的坐标方向规定如下：两向轴网正交布置时，图面从左向右为 *X* 方向，从下向上为 *Y* 方向；轴网向心布置时，切向为 *X* 方向，径向为 *Y* 方向。

二、板平面注写实例

板集中标注内容

1. 板集中标注

（1）编号

对于普通楼面板，双向均以一跨为一板块。所有板逐一编号，从编号相同的板块中选其中一块进行集中标注。板的编号见表 6-1。

表 6-1　板的编号

板类型	代号	序号
楼面板	LB	××
屋面板	WB	××
悬挑板	XB	××

注：LB1 表示序号为 1 的楼面板；WB2 表示序号为 2 的屋面板；XB1 表示序号为 1 的悬挑板。

（2）板厚

板厚为垂直于板面的厚度，注写为 h=×××；当悬挑板根部和端部厚度不同时，注写为 h=×××/×××，斜线前为板根部厚度，斜线后为板端部厚度。

（3）板贯通纵筋

板贯通纵筋分为上部和下部贯通纵筋，以 B 代表板块下部贯通纵筋，T 代表板块上部贯通纵筋。

【例 6-1】　LB1，h=120　B：XΦ10@120，YΦ10@150 表示序号为 1 的楼面板，板厚为 120mm，板下部贯通筋为直径为 10mm，三级钢筋，*X* 方向钢筋间距为 120mm，*Y* 方向钢筋间距为 150mm。板上部没有配置贯通纵筋。

【例 6-2】　XB1，h=120/80　B：XcΦ8@200，YcΦ8@200 表示序号为 1 的悬挑板，板根部厚度为 120mm，端部厚度为 80mm，板下部配置构造钢筋双向均为Φ8@200。

（4）板顶面标高差：当板顶面标高不同于结构层楼面标高时，标注标高差值。

【例 6-3】　LB1，h=120　B：XΦ10@120，YΦ10@150（−0.100）表示 LB1 板顶面比结构层顶面低 0.100m。

【例 6-4】　LB2，h=110　B：XΦ10@120，YΦ10@150（+0.070）表示 LB2 板顶面比结构层顶面高 0.070m。

【例 6-5】 LB2，$h=110$ B：XΦ10@120，YΦ10@150 表示 LB2 板顶面与结构层顶面无标高差。

原位标注

2. 板支座原位标注

板支座原位标注包括板支座上部非贯通筋和悬挑板上部受力筋。

1）板支座上部非贯通筋和悬挑板上部受力筋应在配置相同跨的第一跨表达。标注钢筋编号、配筋值、横向连续布置的跨数（注写在括号内，当为一跨时可不注），以及是否横向布置到梁的悬挑端。

【例 6-6】 某板支座标注①Φ10@120（2），表示板支座配置①号钢筋Φ10@120，横向连续布置两跨。

【例 6-7】 某板支座标注①Φ10@120（2A），表示板支座配置①号钢筋Φ10@120，横向连续布置两跨及一端的悬挑梁部位。

【例 6-8】 某板支座标注①Φ10@120（2B），表示板支座配置①号钢筋Φ10@120，横向连续布置两跨及两端的悬挑梁部位。

2）板支座上部非贯通纵筋自支座边线向跨内对称伸出的长度在线段的下方注写，如图 6-6 所示。当向支座两侧非对称伸出时，应分别在支座两侧线段下方注写伸出长度，如图 6-7 所示。

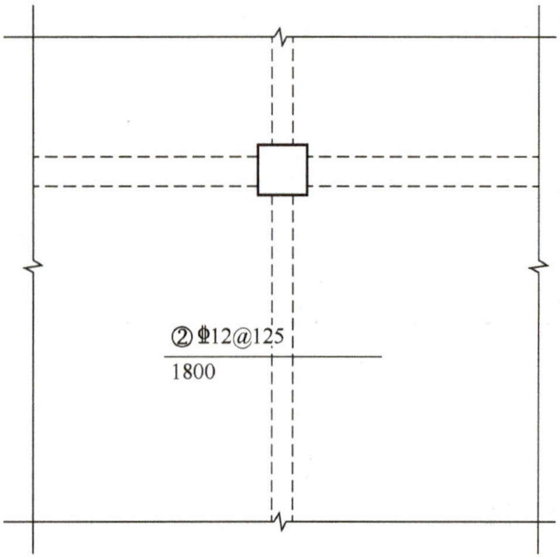

图 6-6 板支座上部非贯通纵筋自支座边线向跨内对称伸出的长度

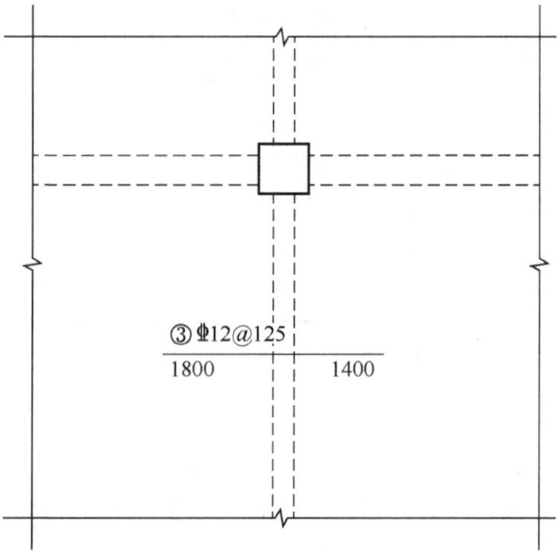

图 6-7 板支座上部非贯通纵筋向支座两侧非对称伸出的长度

3）对线段画至对边贯通全跨或贯通全悬挑长度的上部通长纵筋，板支座贯通全跨或伸出至全悬挑一侧的长度值不注写，只注写非贯通纵筋另一侧的伸出长度值，如图 6-8 所示。

4）当板支座为弧形，支座上部非贯通纵筋呈放射状分布时，设计者应注明配筋间距的度量位置并加注“放射分布”四字，必要时应补绘平面配筋图，如图 6-9 所示。

5）悬挑板支座非贯通纵筋标注如图 6-10 所示。

6）“隔一布一”方式：当板的上部已配置贯通纵筋，但需增配板支座上部非贯通纵筋时，应结合已配置的同向贯通纵筋的直径与间距采取“隔一布一”方式配置。“隔一布一”方式为非贯通纵筋的标注间距与贯通纵筋相同，两者组合后的实际间距为各自标注间距的 1/2。

【例 6-9】 板上部已配置贯通纵筋Φ12@250，该跨同向配置的上部支座非贯通纵筋为⑤Φ12@250，表示在该支座上部设置的实际纵筋为Φ12@125，其中 1/2 为贯通纵筋，1/2

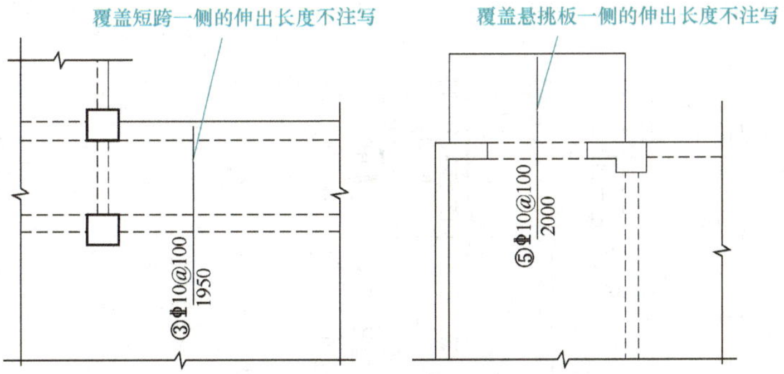

图 6-8 板支座非贯通纵筋贯通全跨或伸出至悬挑端

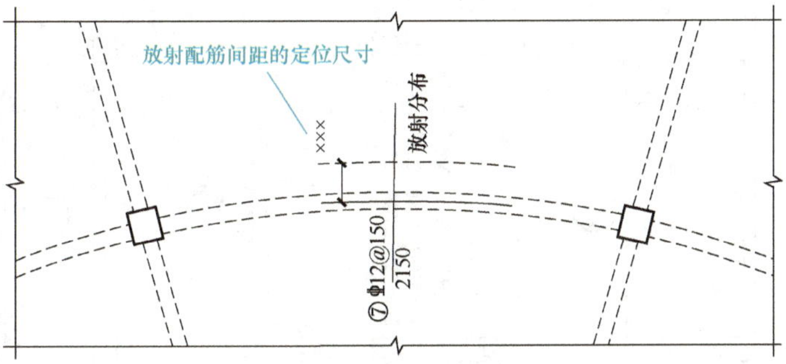

图 6-9 弧形支座处放射配筋

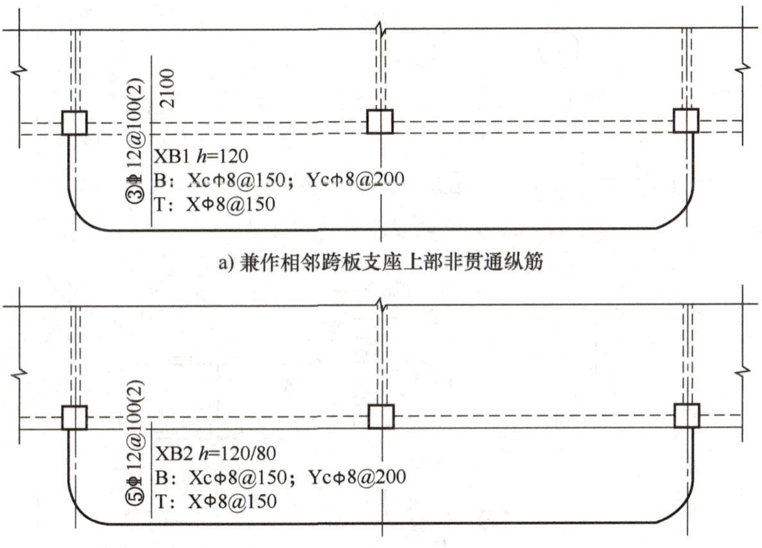

a) 兼作相邻跨板支座上部非贯通纵筋

b) 锚固在支座内

图 6-10 悬挑板支座非贯通纵筋标注

为⑤号非贯通纵筋（伸出长度值略）。

【例 6-10】 板上部已配置贯通纵筋Φ 10@ 250，该跨配置的上部同向支座非贯通纵筋为③Φ 12@ 250，表示该跨实际设置的上部纵筋为Φ 10 和Φ 12 间隔布置，二者之间间距为 125mm。

3. 板平法施工图示例

板平法施工图示例如图 6-11 所示。

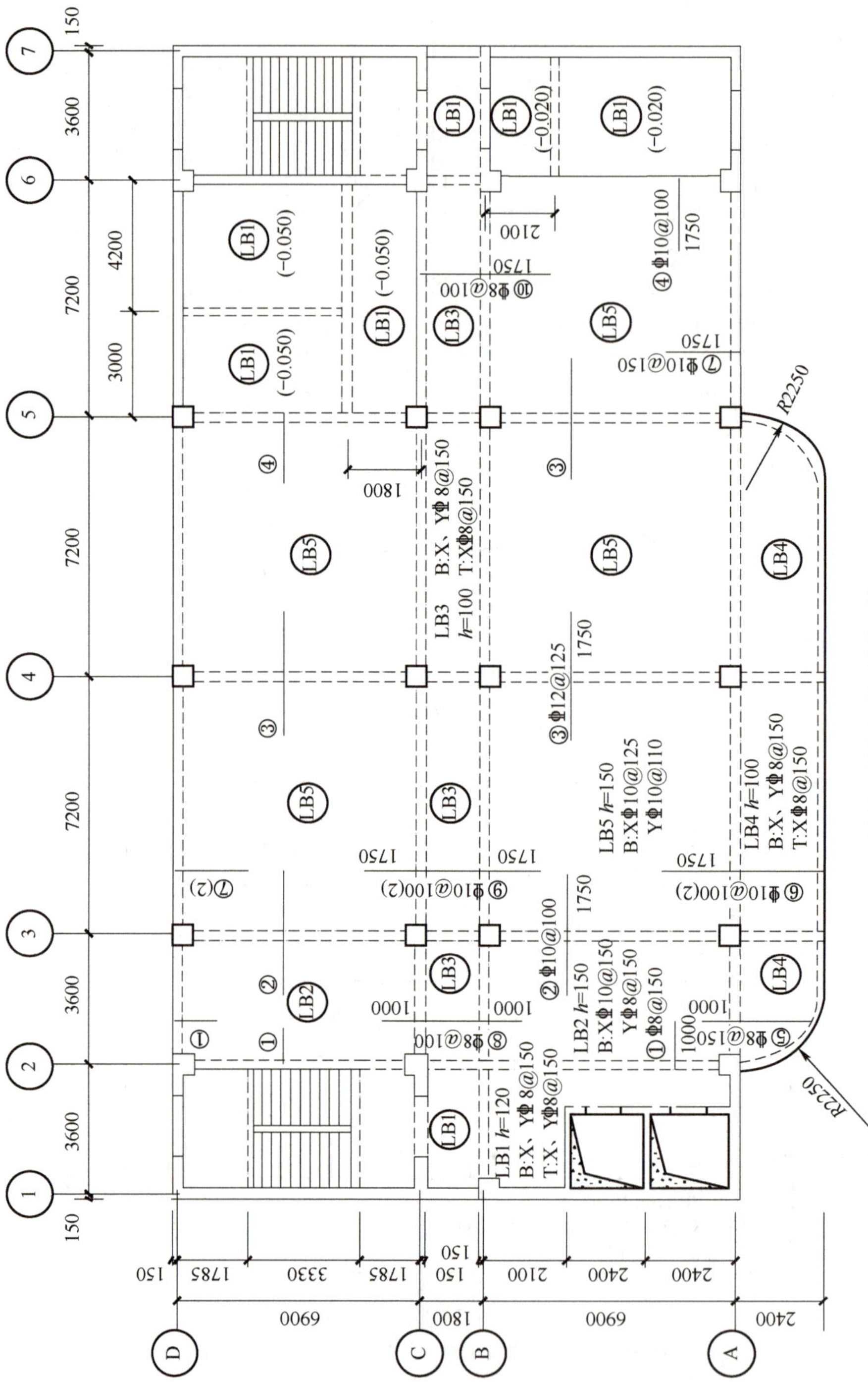

层号	标高/m	层高/m
屋面2	65.670	—
塔层2	62.370	3.30
屋面1 (塔层1)	59.070	3.30
16	55.470	3.60
15	51.870	3.60
14	48.270	3.60
13	44.670	3.60
12	41.070	3.60
11	37.470	3.60
10	33.870	3.60
9	30.270	3.60
8	26.670	3.60
7	23.070	3.60
6	19.470	3.60
5	15.870	3.60
4	12.270	3.60
3	8.670	3.60
2	4.470	4.20
1	−0.030	4.50
−1	−4.530	4.50
−2	−9.030	4.50

结构层楼面标高
结构层高

15.870~26.670m板平法施工图

图 6-11　板平法施工图示例

注：未注明分布筋为Φ@250。

6.3 板标准构造详图

一、有梁楼盖楼面板 LB 和屋面板 WB 钢筋构造

标准构造详图

1. 板钢筋的连接方式及位置

1）板钢筋连接方式：可采用机械连接或焊接。

2）板钢筋连接位置：板上部纵筋在跨中 1/2 净跨范围内接头，下部纵筋宜在距支座 1/4 净跨范围内接头。有梁楼盖楼面板 LB 和屋面板 WB 钢筋构造如图 6-12 所示。

2. 板纵筋锚固

板纵筋在中间支座构造如图 6-12 所示板纵筋在端支座的锚固构造如图 6-13 所示。

3. 有梁楼盖不等跨板上部贯通纵筋连接构造

有梁楼盖不等跨板上部贯通纵筋连接构造如图 6-14 所示。

1）当相邻等跨或不等跨的上部贯通纵筋配置不同时，应将配置较大者越过其标注的跨数终点或起点，伸出至相邻跨的跨中连接区域进行连接。

2）板贯通纵筋的连接要求为同一连接区段内钢筋接头面积百分率不宜大于 50%，不等跨板上部贯通纵筋连接构造中可在各跨内搭接（连接），也可越过小跨在较大跨处连接，当足够长时，尽量通长布置。

二、悬挑板 XB 钢筋构造

悬挑板钢筋构造图 6-15 所示。

1）悬挑构件的上部纵向钢筋是受力钢筋，因此要保证它在构件中的设计位置，不可以随意加大保护层的厚度，否则易造成板面开裂等质量事故。悬挑板要待混凝土达到 100%设计强度后，方可拆除下部支撑。

2）悬挑板下部配置构造钢筋时，该钢筋伸入支座内的长度不应小于 $12d$，且至少伸至支座的中心线。

3）纯悬挑板上部受力钢筋应伸至支座对边纵向钢筋内侧弯折，直锚时锚固长度要 $\geq l_a$（l_{aE}）（见图 6-15b 和图 6-15c）。

三、板后浇带构造

1. 后浇带的定义

后浇带是在建筑施工中为防止现浇钢筋混凝土结构由于温度变化导致收缩不均产生的有害裂缝，按照设计或施工规范要求，在基础底板、墙、梁相应位置留设临时施工缝，将结构暂时划分为若干部分，经过构件内部收缩，在若干时间后再浇捣该施工缝混凝土，将结构连成整体。后浇带如图 6-16 所示。

2. 后浇带的浇筑时间

宜选择气温较低时进行后浇带的浇筑，可用浇筑水泥或水泥中掺微量铝粉的混凝土，它的强度等级应比构件强度高一级，防止新老混凝土之间出现裂缝而产生薄弱部位。

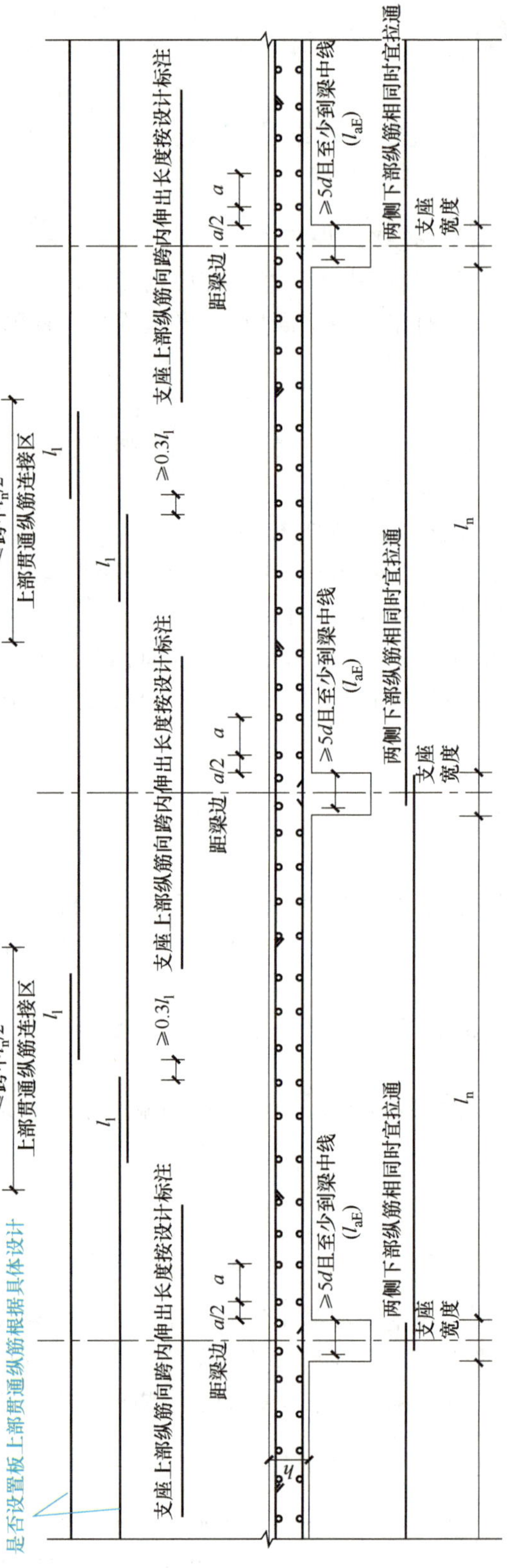

图 6-12　有梁楼盖楼面板 LB 和屋面板 WB 钢筋构造

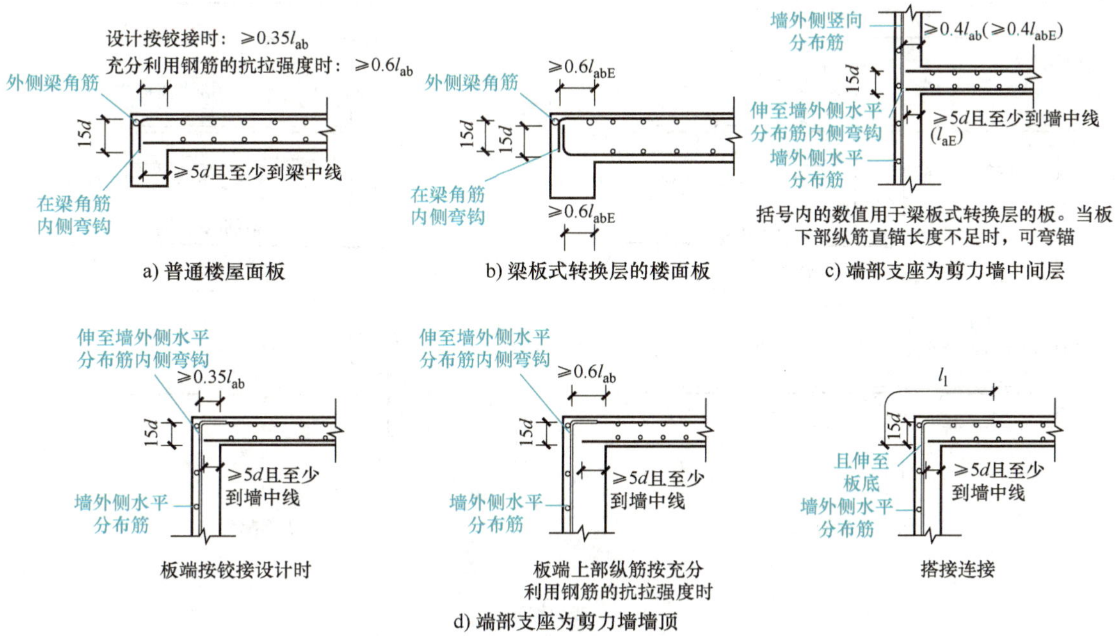

图 6-13　板纵筋在端支座的锚固构造

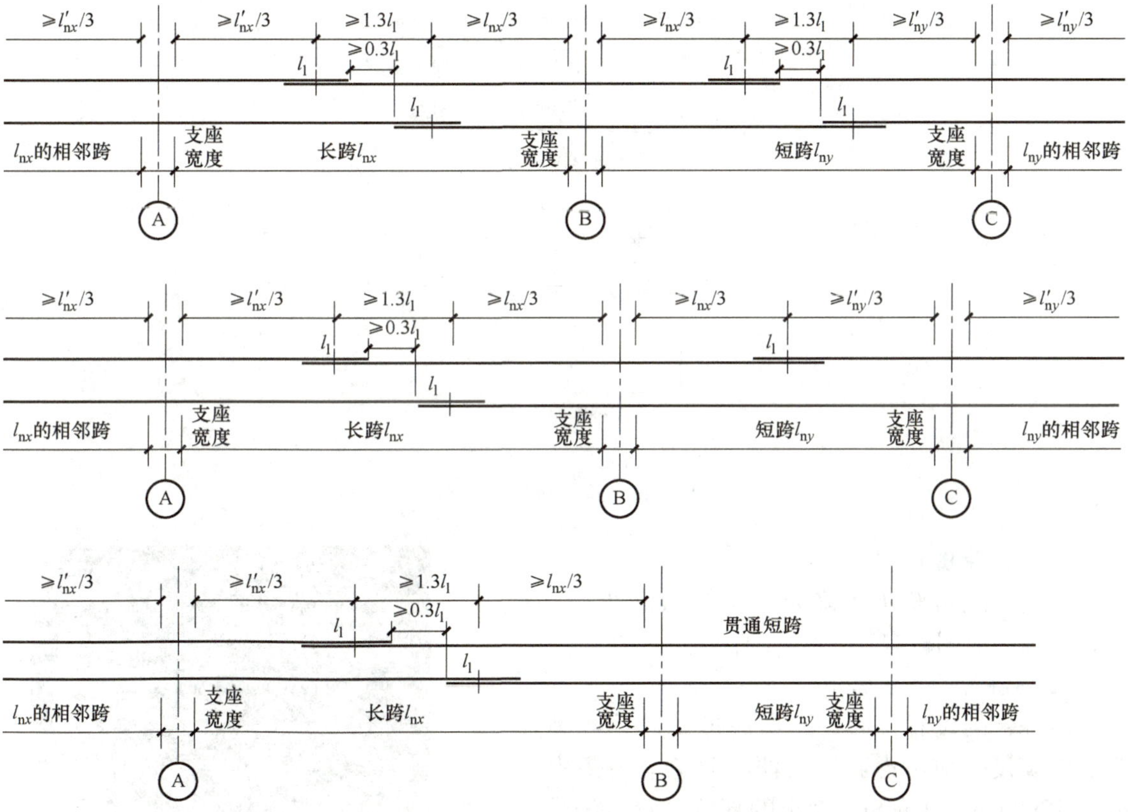

图 6-14　有梁楼盖不等跨板上部贯通纵筋连接构造

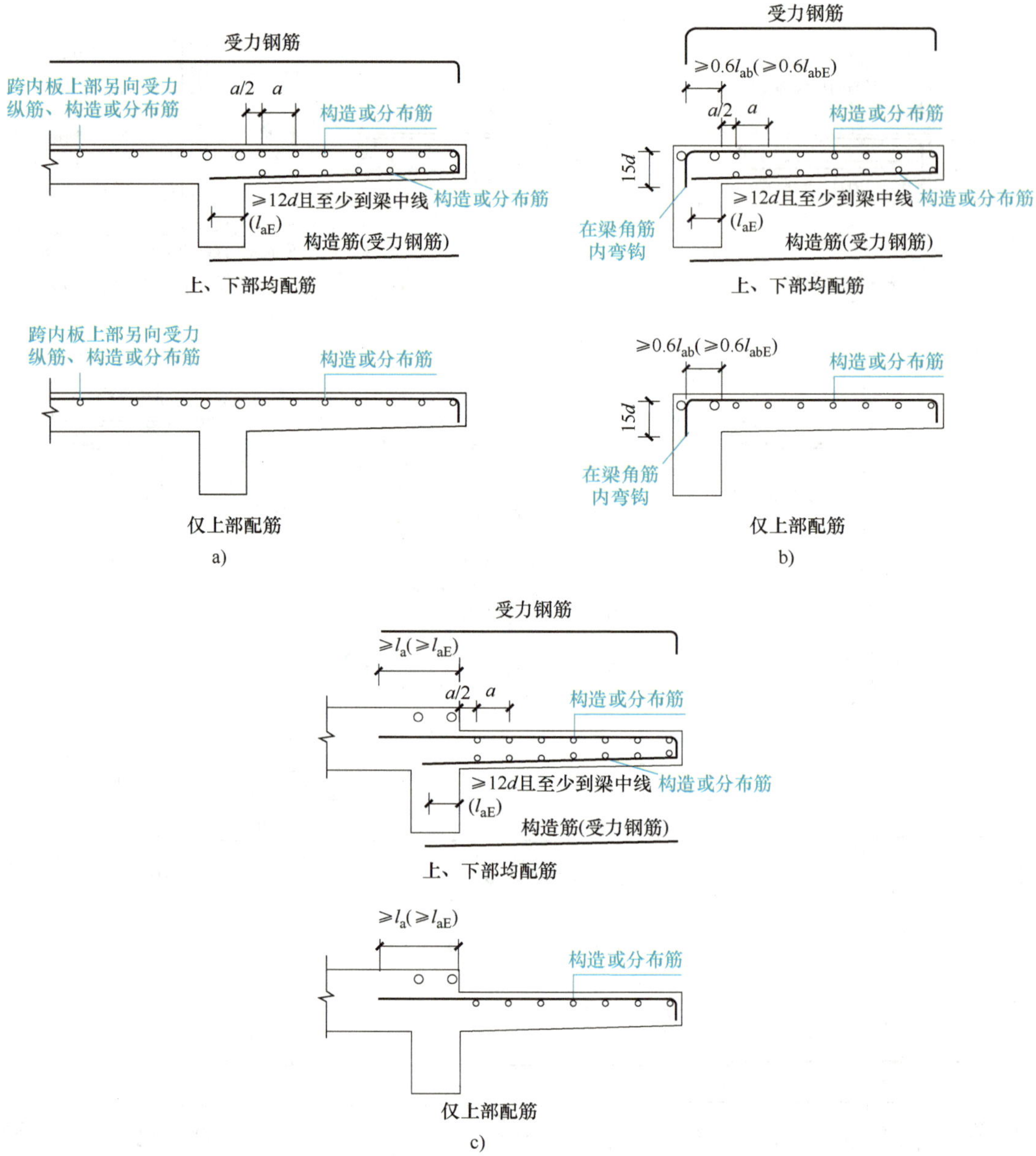

图 6-15　悬挑板钢筋构造

3. 后浇带的作用

后浇带既可解决沉降差又可有效减少收缩应力，故在工程中应用较多。

4. 后浇带设置位置

后浇带的设置位置、距离通过设计计算确定。对于它的宽度，应考虑施工简便、避免应力集中，常为800~1200mm；在有防水要求的部位设置后浇带，应考虑止水带构造。后浇带两种留筋方式：贯通留筋（见

图 6-16　后浇带

图6-17a）和100%搭接留筋（见图6-17b）。

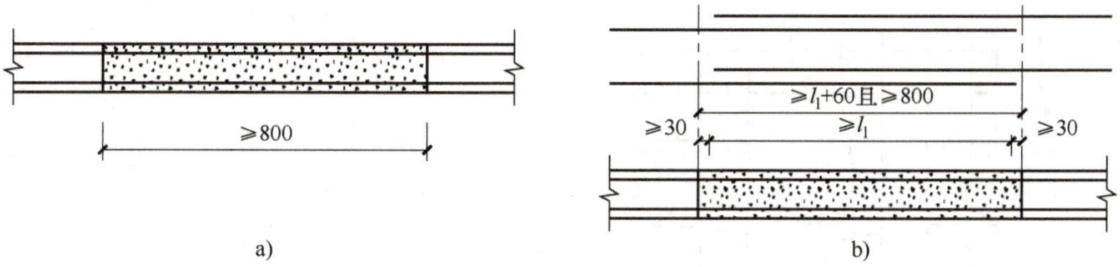

图6-17 板后浇带钢筋构造

四、板开洞与洞边加强的钢筋构造

1. 板开洞BD引注图示

板开洞BD引注图示如图6-18所示。

当矩形洞口边长尺寸或圆形洞口直径≤1000mm，且洞边无集中荷载作用时，洞口补强钢筋可以按照标准构造规定设定。当洞口周边加强钢筋不伸至支座时，应在图中画出所有的加强钢筋，并标注不伸至支座的钢筋长度；与构造图不同时，应注明。当矩形洞口边长尺寸或圆形洞口直径大于1000mm，或虽小于1000mm，但洞边有集中荷载时，应采取相应的措施。

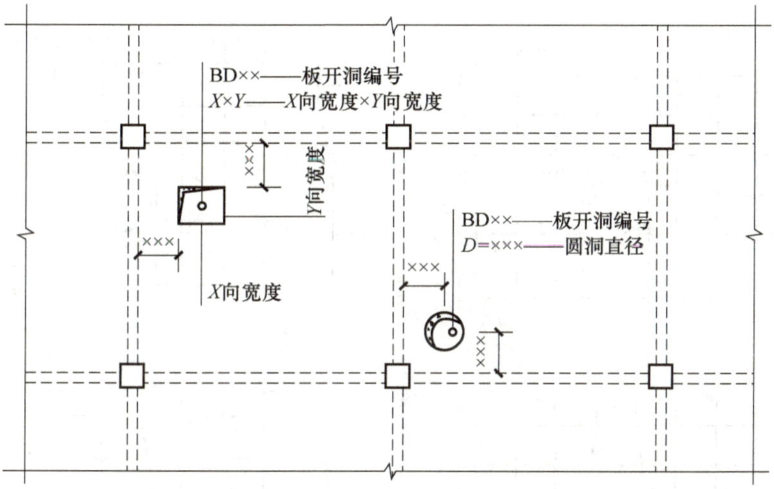

图6-18 板开洞BD引注图示

注：洞边补强钢筋按标准构造。

2. 板开洞的钢筋构造

1）当板矩形洞边长或圆形直径不大于300mm时，受力钢筋绕过孔洞，不另设补强钢筋，洞边加强钢筋构造如图6-19所示。

2）当板矩形洞边长或圆形洞直径大于300mm且不大于1000mm时，补强钢筋构造如图6-20所示。

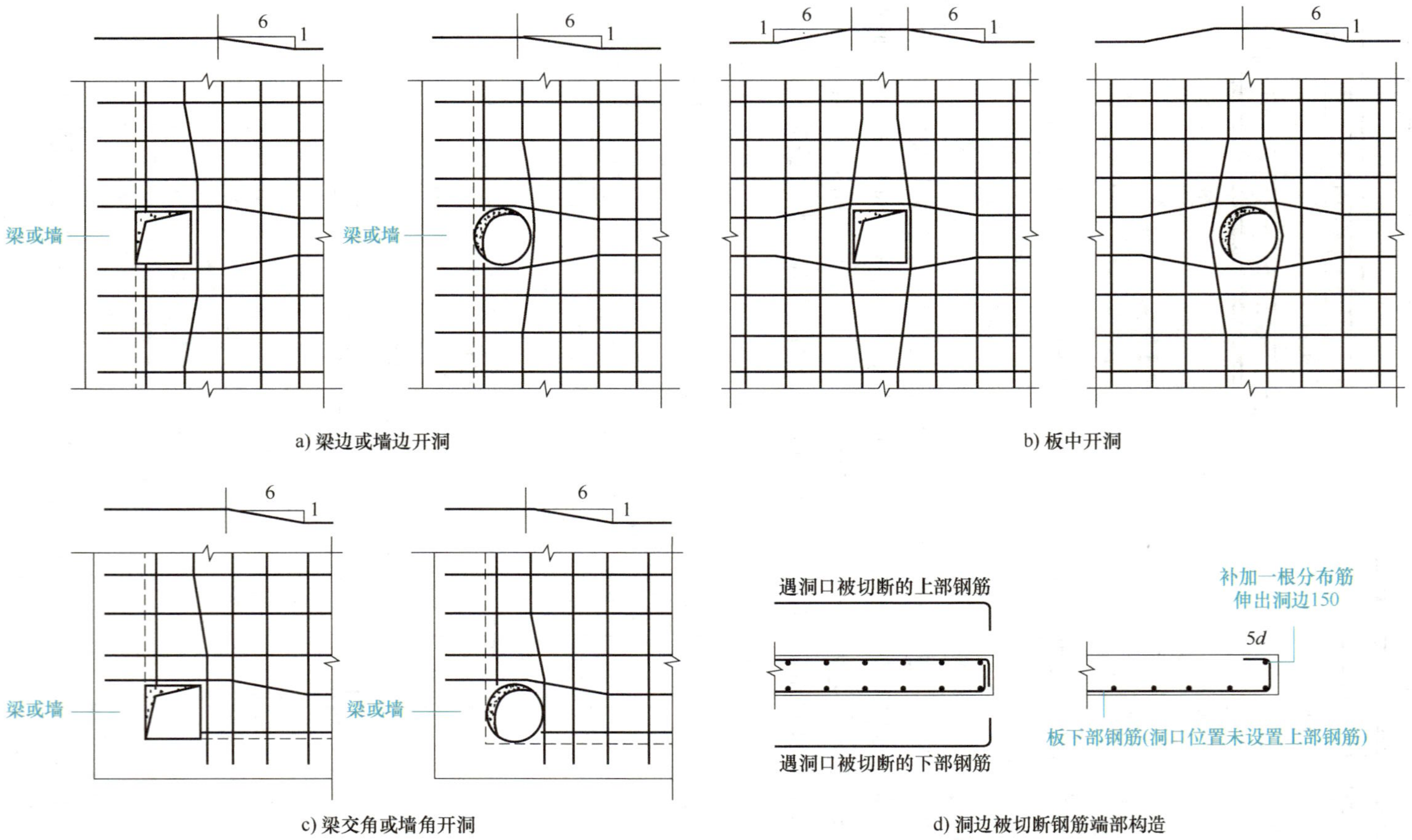

图 6-19　板矩形洞边长或圆形洞直径不大于 300mm 时洞边加强钢筋构造

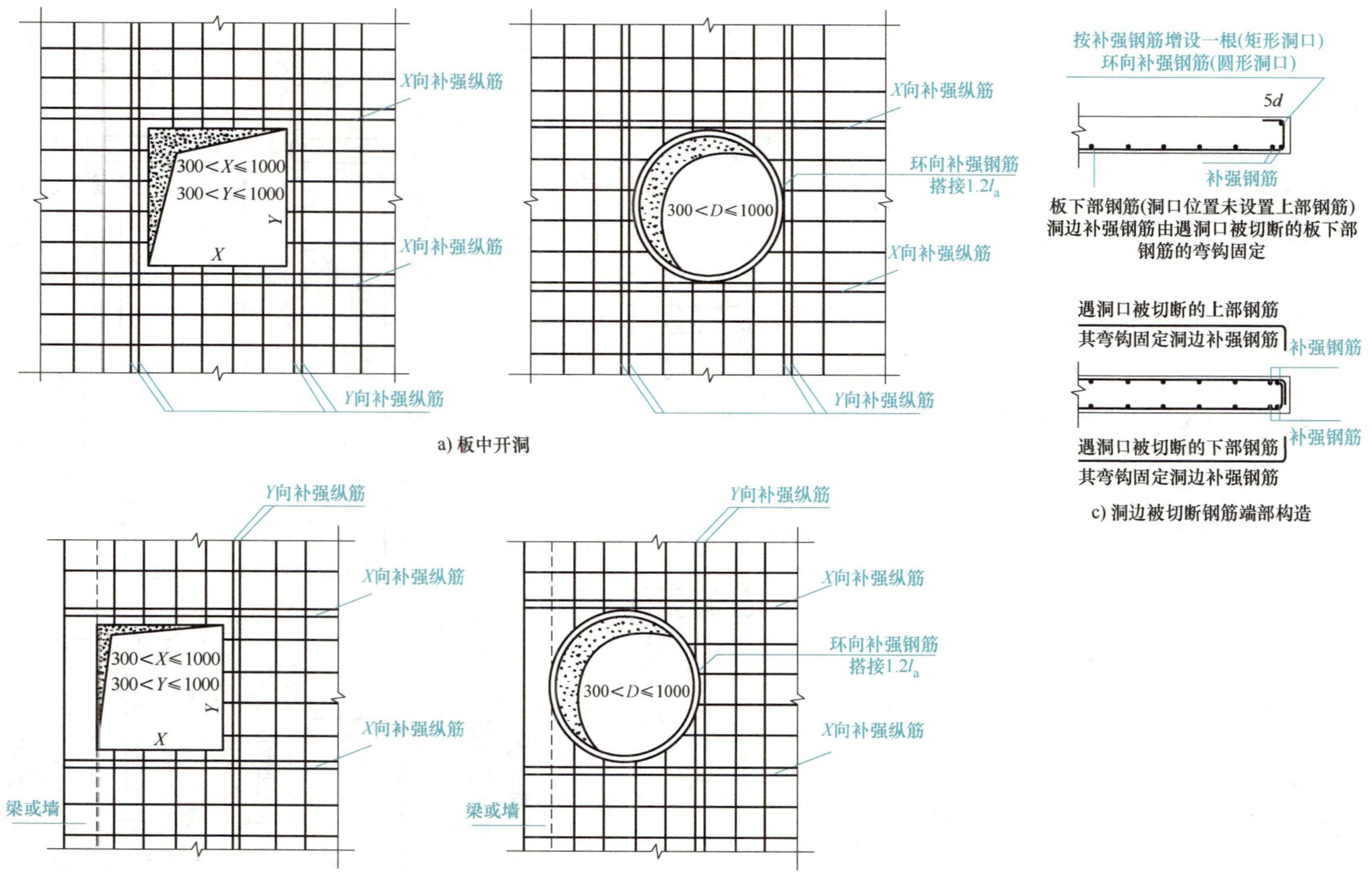

a) 板中开洞

b) 梁边或墙边开洞

c) 洞边被切断钢筋端部构造

图 6-20　板矩形洞边长或圆形洞直径大于 300mm 且不大于 1000mm 时补强钢筋构造

五、板翻边构造

1. 板翻边的引注

板翻边 FB 有上翻和下翻两种形式，尺寸在引注中标注，翻边高度标准详图上为不大于 300mm。板翻边引注如图 6-21 所示。翻边高度大于 300mm，见具体设计。

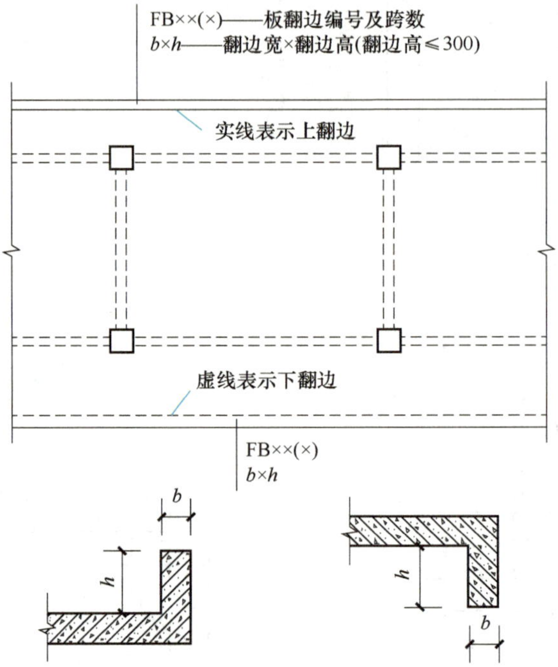

图 6-21　板翻边引注

2. 板翻边的钢筋构造

板翻边的钢筋构造如图 6-22 所示。

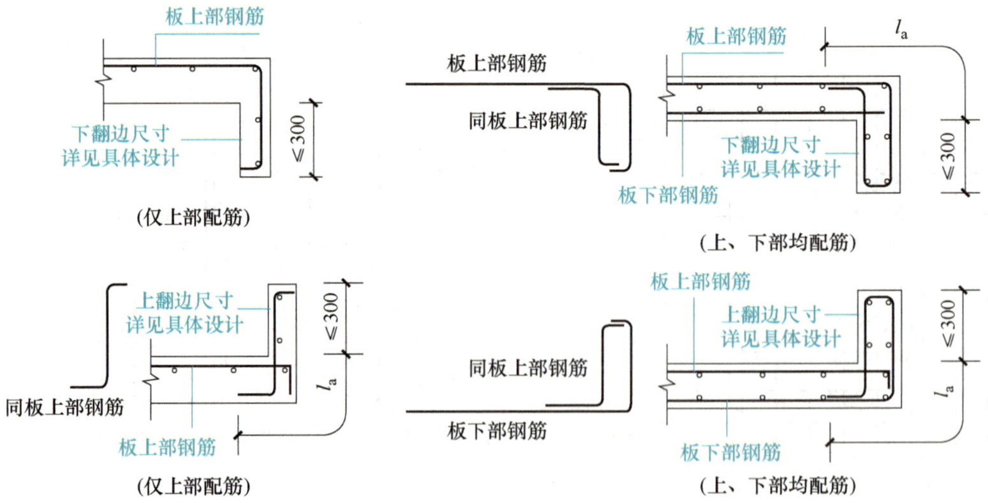

图 6-22　板翻边的钢筋构造

六、角部加强筋 Crs 构造

角部加强筋通常用于板块角区的上部，根据国家现行标准的有关规定选择配置。角部加强筋将在其分布范围内取代原配置的板支座上部非贯通纵筋，当其分布范围内配有板上部贯通纵筋时，则间隔布置。角部加强筋引注如图 6-23 所示。

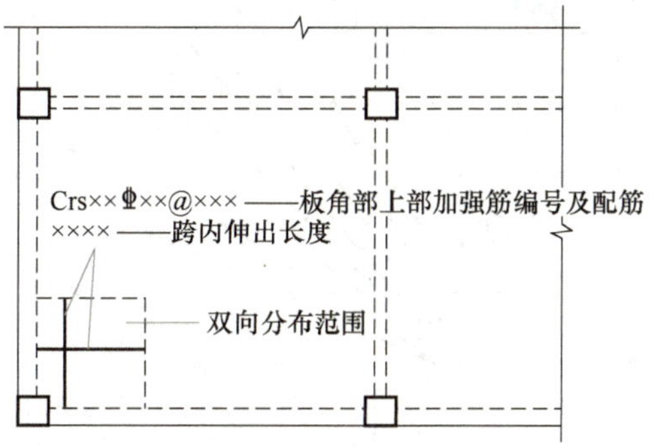

图 6-23 角部加强筋引注

七、悬挑板阳角放射筋 Ces 构造

悬挑板阳角放射筋引注如图 6-24 所示。

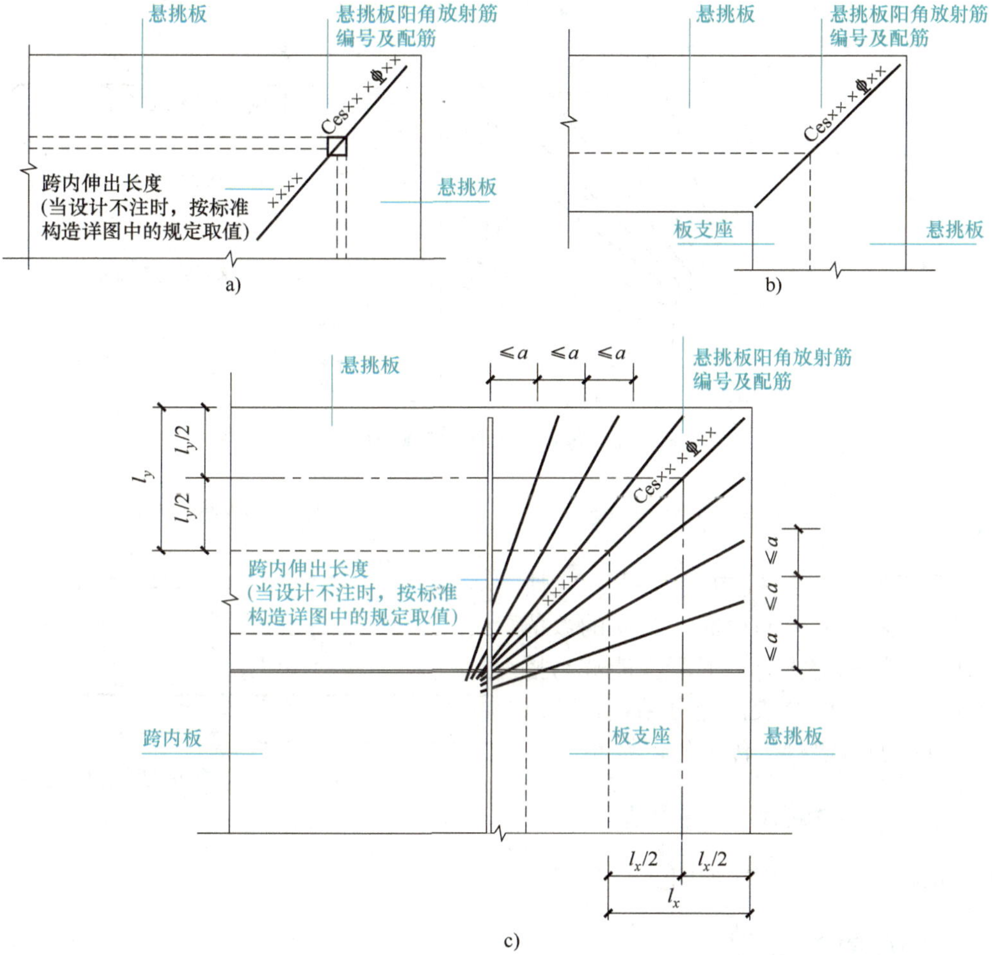

图 6-24 悬挑板阳角放射筋引注

悬挑板阳角放射筋的构造如图 6-25 所示。

图 6-25 中，悬挑板内①～③筋应位于同一层面。①号筋在支座和跨内，向内斜弯到③号与②号筋下侧，并向跨内平伸。

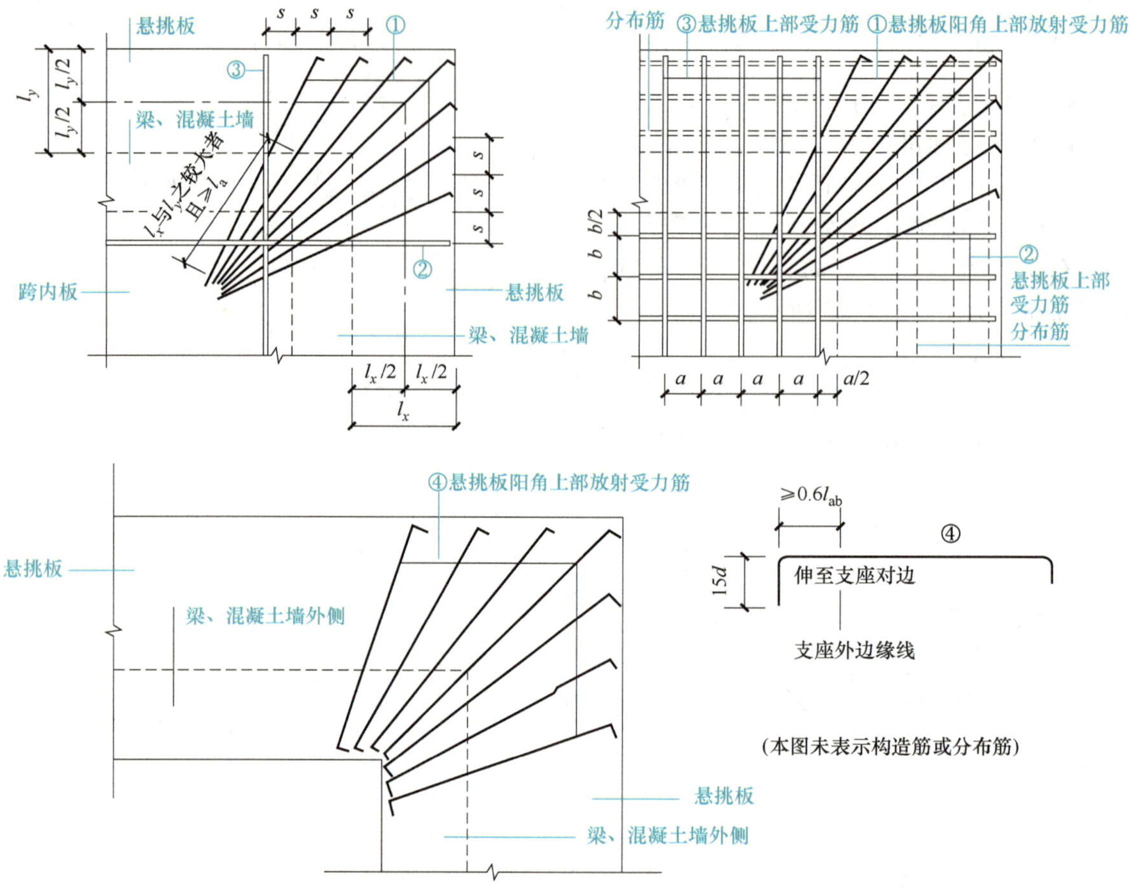

图 6-25 悬挑板阳角放射筋的构造

八、纵向钢筋非接触搭接构造

纵向钢筋非接触搭接构造如图 6-26 所示。连接时，搭接部位的钢筋间距 a 的数值见图 6-26。非接触搭接时，混凝土能够与搭接范围内所有钢筋的全表面充分粘接，可以提高搭接钢筋通过混凝土传力的可靠度。

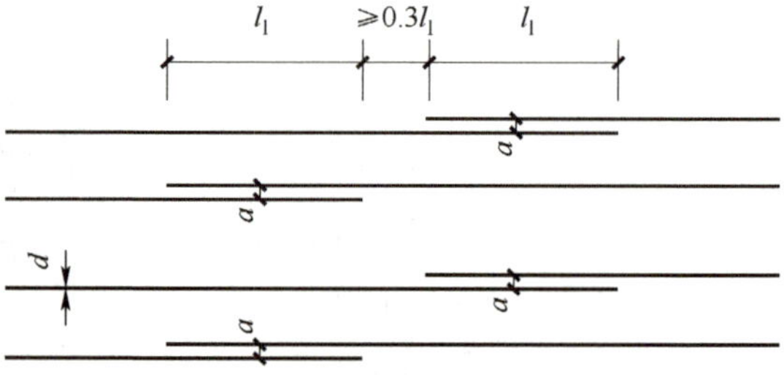

图 6-26 纵向钢筋非接触搭接构造

九、无支承板端部封边构造

无支承板端部封边构造如图 6-27 所示。

十、悬挑板阴角构造

悬挑板阴角构造如图 6-28 所示。

十一、局部升降板 SJB 构造

局部升降板升高或降低的高度限定为≤300mm，当升高或降低的高度>300mm 时，设计应补充配筋构造图。局部升降板 SJB 的下部与上部配筋宜为双向贯通筋。局部升降板构造如图 6-29 所示。

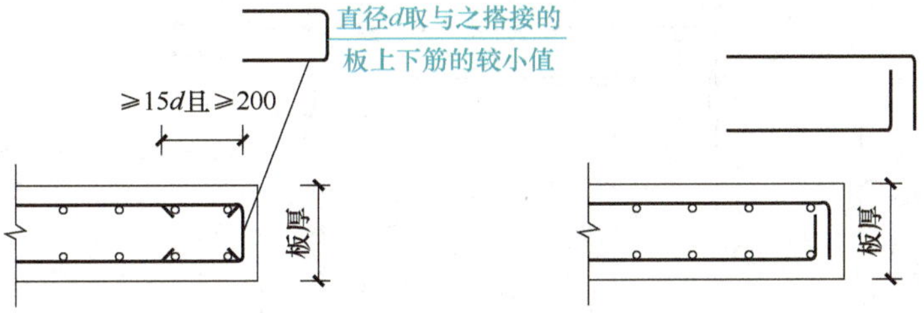

a) b)

适用于板上下钢筋间距相同

图 6-27 无支承板端部封边构造

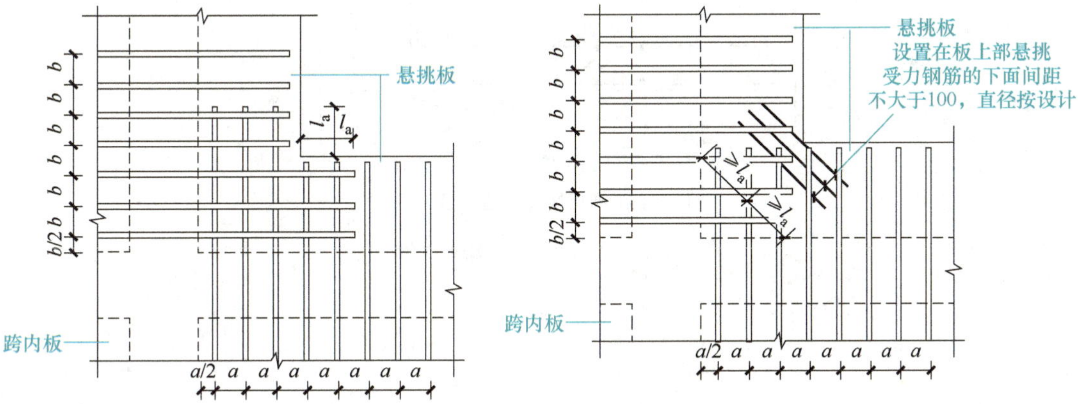

图 6-28 悬挑板阴角构造

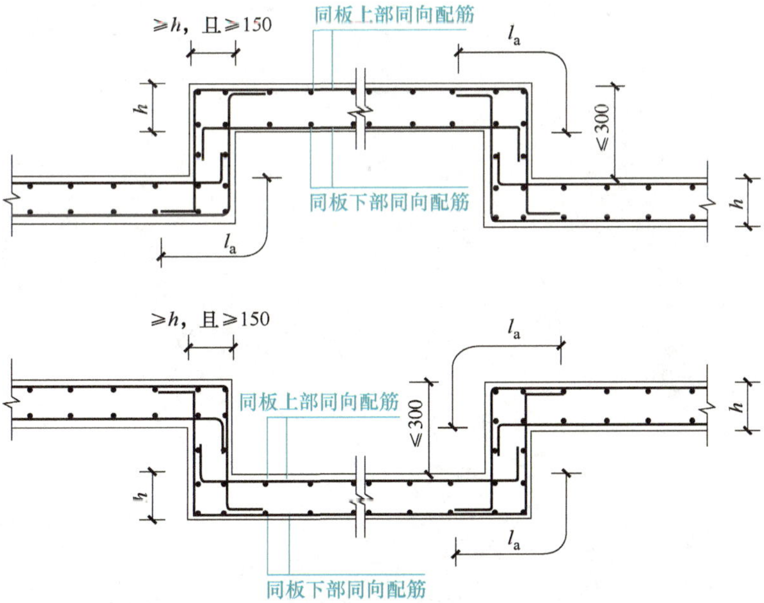

a) 局部升降板构造(板中升降)

图 6-29 局部升降板构造

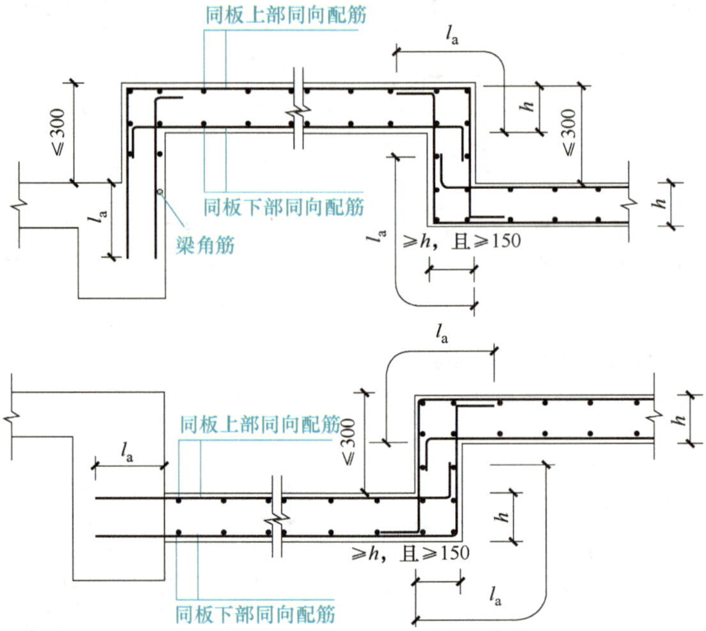

b) 局部升降板构造(侧边为梁)

图 6-29　局部升降板构造（续）

任务 7 楼梯平法施工图识读

学习内容

- 楼梯平法施工图识读
  - 基本知识
    - 板式楼梯的定义
    - 板式楼梯的类型
  - 楼梯平法制图规则
    - 板式楼梯平面注写方式
    - 板式楼梯剖面注写方式
    - 板式楼梯列表注写方式
  - 楼梯标准构造详图
    - AT型梯板配筋构造及适用条件
    - BT型梯板配筋构造及适用条件
    - CT型梯板配筋构造及适用条件

学习目标

学习任务	知识点	技能目标	目标素养
1. 基本知识	知识点 1：板式楼梯的定义 知识点 2：板式楼梯的类型	1. 能根据三维视图了解楼梯的功能和组成结构 2. 能区分不同类型的梯板和各类型梯板的构成方式 3. 能依据楼梯平面图判断梯板的类型，区分抗震梯板和非抗震梯板	楼梯的出现使人类对于空间的概念有了进一步的认识，只有产生了楼梯，才使建筑有了如此丰富多彩的空间组合和外观造型。如果没有楼梯，也许人们至今还在单层空间内活动，我们也只能生活在“二维”的世界中。通过了解楼梯的历史培养学生的创造性思维
2. 楼梯平法制图规则	知识点 1：板式楼梯平面注写方式 知识点 2：板式楼梯剖面注写方式 知识点 3：板式楼梯列表注写方式	1. 能根据楼梯平面布置图识读所包含构件内容、楼梯类型及编号 2. 能根据平法施工图中集中标注识读梯板编号、梯板板厚、踏步段总高度和踏步级数、梯板配筋	“悬浮的螺旋梯”位于巴黎卢浮宫，它是一个关键性元素。它给人的第一印象是薄。这座旋转楼梯看起来只有上部和下部有支点，中间和圆筒形电梯是脱开的，怎么可以做到这么薄？其实是一个感官错觉，楼梯内弧梁采用箱形截面，截面做得很大，

（续）

学习任务	知识点	技能目标	目标素养
2. 楼梯平法制图规则		3. 能根据平法施工图原位标注识读楼梯平面尺寸 4. 能根据列表注写和截面注写内容识读楼梯几何尺寸和钢筋配置	在空间上像是一个“弹簧”。外弧梁由内弧箱梁悬挑而出，因此截面很小。同时，设计师将踏步板置于梯梁上部，并采用玻璃栏杆，显得楼梯的外侧更加薄。最终通过吊顶，让楼梯底部形成一个完整的弧面，整个楼梯就犹如悬浮起来了。通过了解悬浮的楼梯培养学生的设计思维，激活学生的创意细胞
3. 楼梯标准构造详图	知识点 1：AT 型梯板配筋构造及适用条件 知识点 2：BT 型梯板配筋构造及适用条件 知识点 3：CT 型梯板配筋构造及适用条件	1. 能根据图样和图集，正确选用标准配筋构造详图 2. 能正确认识图纸中梯板钢筋布置图 3. 能判断梯板钢筋布置方式和正确计算锚固长度	早期人类受到爬树登高和天然斜坡登高的启发，创造了楼梯。按照各国学者的看法，认为楼梯的产生是受到上述两方面的启发，形成了树干法和斜坡法。前者产生楼梯，后者产生台阶。随着人类文明的发展，楼梯和台阶在有楼层的建筑中成了必备的功能条件 中国是最早拥有楼梯雏形——云梯的国家，这一点毋庸置疑 《墨子·公输》记载：“公输盘为楚造云梯之械，成，将以攻宋。”楼梯（云梯）是我国土木建筑鼻祖公输盘（即鲁班）最先发明的 通过了解楼梯的发源，培养学生的民族自豪感

7.1 基本知识

楼梯是建筑物中楼层间垂直交通用的构件，用于楼层之间和高差较大时的交通联系。中国战国时期铜器上的重屋形象中已镌刻有楼梯。15~16 世纪的意大利将室内楼梯从传统的封闭空间中解放出来，使之成为形体富于变化，带有装饰性的建筑组成部分。在设有电梯、自动梯作为主要垂直交通手段的多层和高层建筑中也要设置楼梯。高层建筑尽管采用电梯作为主要垂直交通工具，但仍然要保留楼梯供火灾时逃生之用。楼梯由连续梯级的梯段（又称梯跑）、平台（休息平台）和围护构件等组成。楼梯的最低和最高一级踏步间的水平投影距离为梯长，梯级的总高为梯高。

板式楼梯类型

一、板式楼梯的定义

楼梯是多层建筑和高层建筑的竖向通道，要求满足交通运行、疏散、防火等要求。按结构形式不同，楼梯分为板式楼梯和梁式楼梯（本书只以板式楼梯为例进行介绍）。

板式楼梯是指由梯段板承受该梯段的全部荷载，并将荷载传递至两端的平台梁上的现浇式钢筋混凝土楼梯。板式楼梯由踏步段（梯段斜板）、楼层平板和层间平板（休息平台，分为高端平板、中位平板和低端平板）、楼层梯梁和层间梯梁（平台梁）组成。板式楼梯外观和构造如图 7-1 和图 7-2 所示。

板式楼梯是将楼梯作为板来进行考虑的。它是将板的两端置放在休息平台的边梁上，而休息平台支撑在墙体之上的一种楼梯结构。这种楼梯结构是建筑工程领域中最常见的一种，主要有三跑楼梯、单跑楼梯、双跑楼梯等。它在应用中具有受力简单、施工方便的优势。

图 7-1　板式楼梯外观

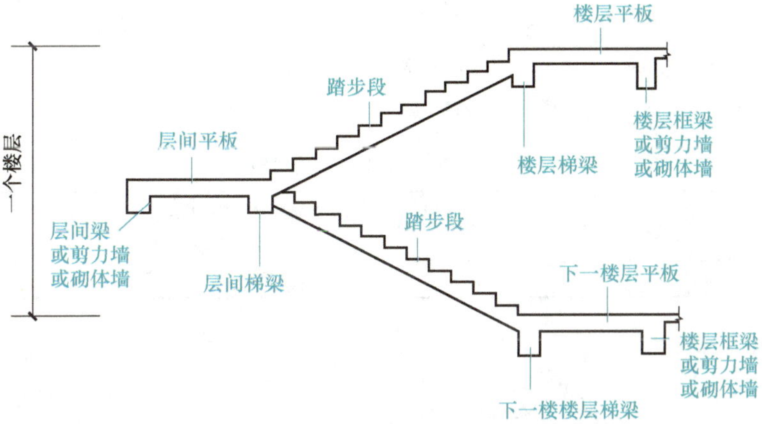

图 7-2　板式楼梯构造

二、板式楼梯的类型

板式楼梯按不同梯板共分为 14 种类型。其中，普通梯段 7 种（梯板代号为 AT、BT、CT、DT、ET、FT 和 GT），AT~ET 型梯板特征见表 7-1，三维视图如图 7-3 所示；FT、GT 型梯板为两跑踏步段，梯板特征见表 7-2，三维视图如图 7-4 所示；抗震梯段有 7 种（梯板代号为 ATa、ATb、ATc、BTb、CTa、CTb、DTb），这 7 种楼梯皆为一跑楼梯，抗震型梯板特征见表 7-3。

表 7-1 AT～ET 型梯板特征

梯板编号	梯板构成方式
AT	踏步段
BT	低端平板、踏步段
CT	踏步段、高端平板
DT	低端平板、踏步段、高端平板
ET	低端踏步段、中位平板和高端踏步段

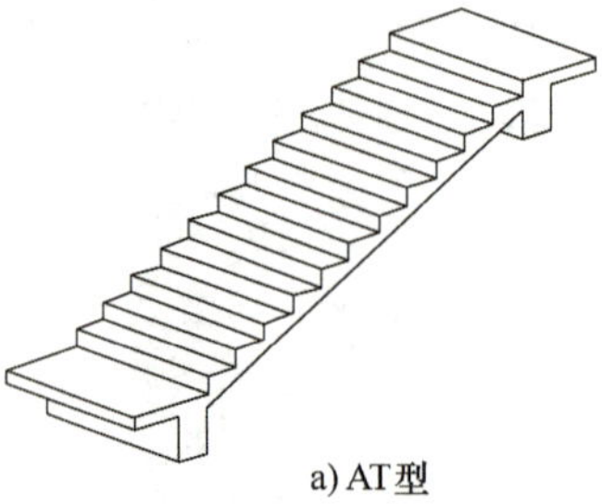

a) AT型

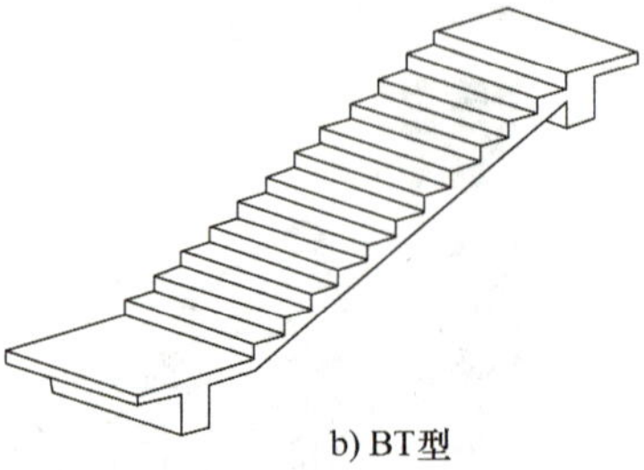

b) BT型

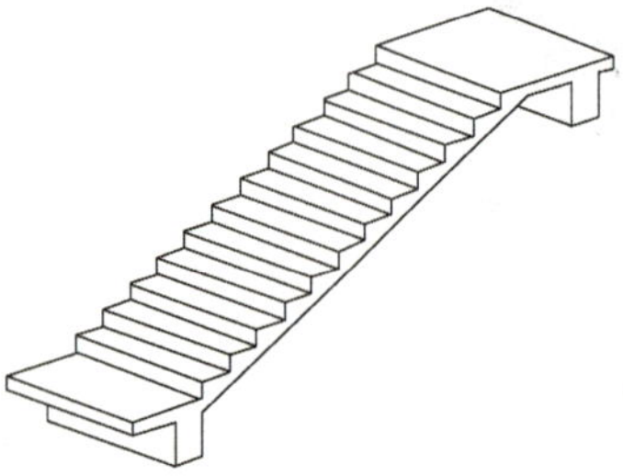

c) CT型

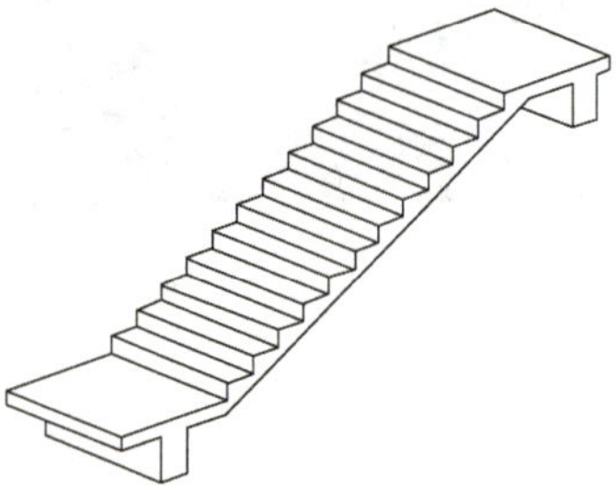

d) DT型

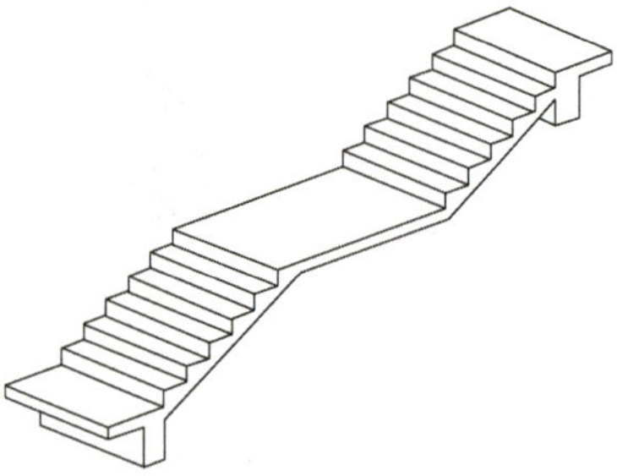

e) ET型

图 7-3 AT～ET 型梯板三维视图

表 7-2 FT、GT 型梯板特征

梯板编号	梯板构成方式
FT	层间平板、踏步段、楼层平板
GT	层间平板、踏步段

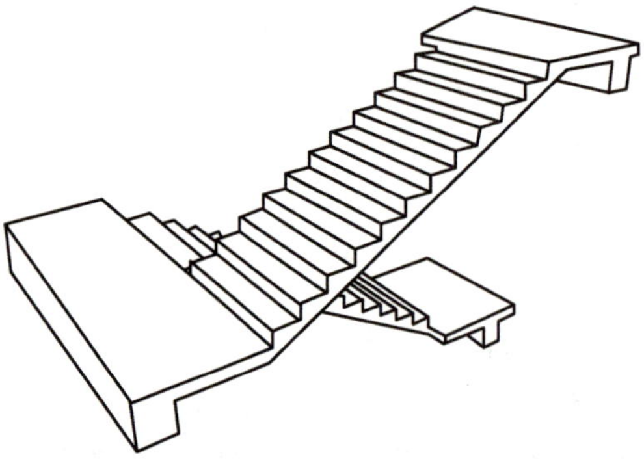

a) FT型

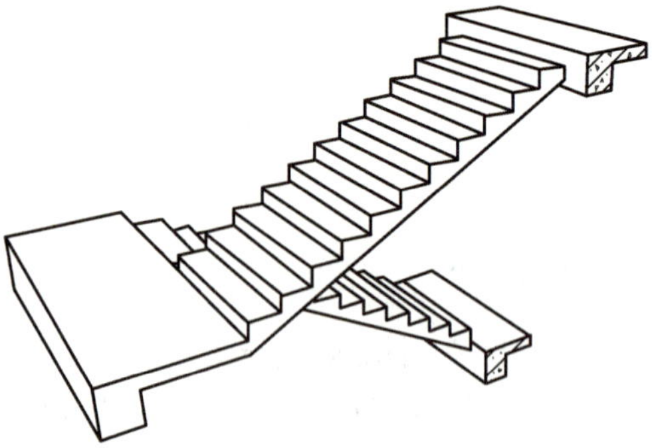

b) GT型

图 7-4 FT、GT 型梯板三维视图

表 7-3 抗震型梯板特征

梯板编号	梯板构成方式
ATa	全部由踏步段构成，低端带滑动支座支承在梯梁上
ATb	全部由踏步段构成，低端带滑动支座支承在挑板上
ATc	全部由踏步段构成，梯板两端均支承在梯梁上
BTb	由踏步段和低端平板构成，支承方式为梯板高端支承在梯梁上，梯板低端带滑动支座支承在挑板上
CTa	由踏步段和高端平板构成，梯板高端支承在梯梁上，低端带滑动支座支承在梯梁上
CTb	由踏步段和高端平板构成，梯板高端支承在梯梁上，低端带滑动支座支承在挑板上
DTb	梯板由低端平板、踏步段和高端平板构成，支承方式为梯板高端平板支承在梯梁上，梯板低端带滑动支座支承在挑板上

7.2 楼梯平法制图规则

一、板式楼梯平面注写方式

楼梯平面注写方式

板式楼梯平面注写方式以在楼梯平面布置图上注写截面尺寸和配筋具体数值的方式来表达板式楼梯施工图，包括集中标注和外围标注。

（1）集中标注内容

1）梯板类型编号与序号，如 AT××。

2）梯板厚度，注写为 h=×××。当为带平板的梯板且踏步段板厚度和平板厚度不同时，可在梯板厚度后面括号内以字母 P 开头注写平板厚度。

【例 7-1】 h=130（P150），130 表示梯板踏步段厚度，150 表示梯板平板的厚度。

3）踏步段总高度和踏步级数，之间以“/”分隔。

4）梯板上部纵向钢筋（纵筋）、下部纵向钢筋（纵筋），之间以“；”分隔。

5）梯板分布筋，以 F 开头注写分布钢筋具体值，该项也可在图中统一说明。

【例 7-2】 平面图中梯板类型及配筋的完整标注示例如下（AT 型）：

AT1，h=120　　梯板类型及编号，梯板板厚

1800/12　　踏步段总高度/踏步级数

⏀10@200；⏀12@150　　上部纵筋；下部纵筋

FΦ8@250　　梯板分布筋（可统一说明）

（2）外围标注内容

楼梯外围标注的内容包括楼梯间的平面尺寸、楼层结构标高、层间结构标高、楼梯的上下方向、梯板的平面几何尺寸、平台板配筋、梯梁及梯柱配筋等。

【例 7-3】 识读如图 7-5 所示的楼梯平面注写方式。

楼梯的集中标注为：AT3，h=120，1800/12，⏀10@200；⏀12@150，FΦ8@250。

集中标注表示：3 号 AT 型楼梯，梯板厚度为 120mm，踏步段总高度为 1800mm，踏步段级数为 12 级；梯板低端和高端上部纵筋⏀10@200，下部纵筋为⏀12@150，梯板分布筋为Φ8@250。

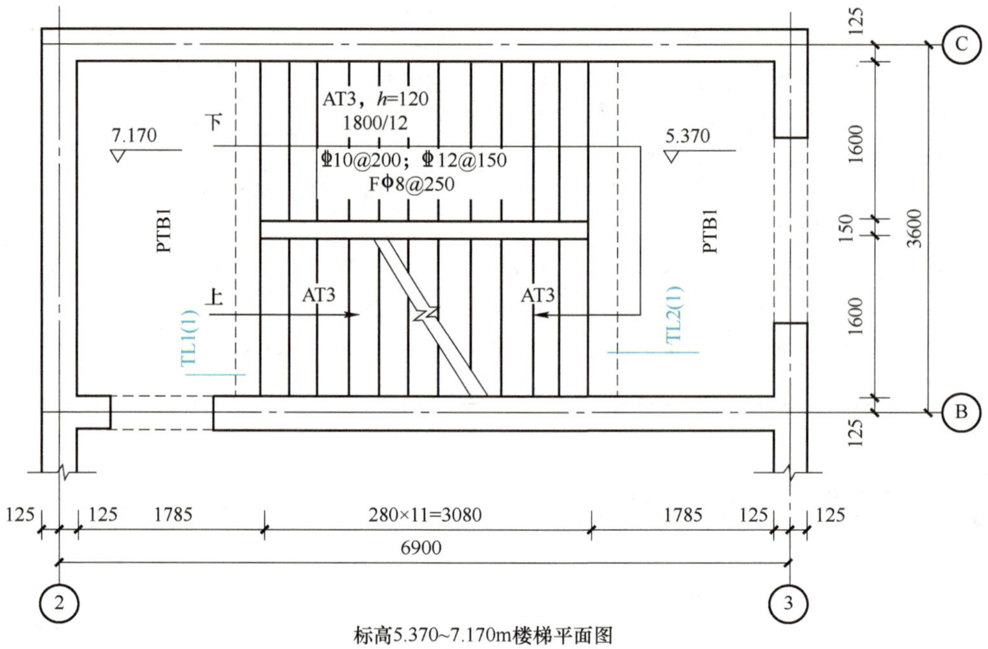

标高5.370~7.170m楼梯平面图

图 7-5　楼梯平面注写方式示例（一）

外围标注表示：楼梯间的开间为 6900mm，进深为 3600mm；层间休息平台（PTB1）顶结构标高为 7.170m，楼层休息平台板（PTB1）顶结构标高为 5.370m；梯段净宽为 1600mm，踏步段水平长为 3080mm，踏步宽为 280mm。

【例 7-4】 识读如图 7-6 所示的楼梯平面注写方式。

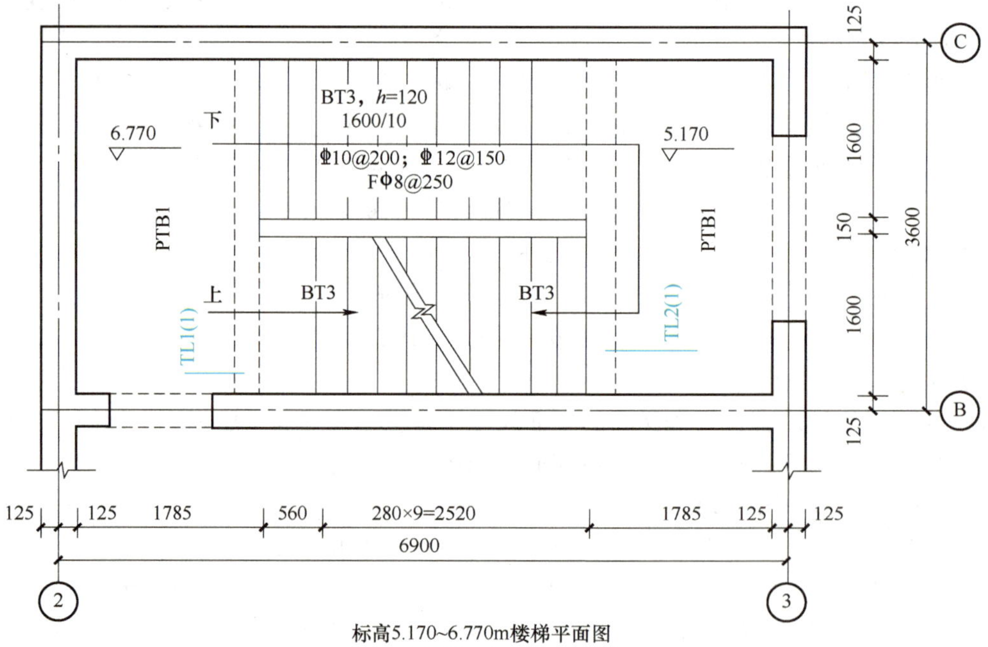

标高5.170~6.770m楼梯平面图

图 7-6　楼梯平面注写方式示例（二）

楼梯的集中标注为：BT3，$h=120$，1600/10，Φ10@200；Φ12@150，FΦ8@250。

集中标注表示：3号BT型楼梯，梯板厚度为120mm，踏步段总高度为1600mm，踏步段级数为10级；梯板低端和高端上部纵筋Φ10@200，下部纵筋为Φ12@150，梯板分布筋为Φ8@250。

外围标注表示：楼梯间的开间为6900mm，进深为3600mm；层间休息平台（PTB1）顶结构标高为6.770m，楼层休息平台板（PTB1）顶结构标高为5.170m；梯段净宽为1600mm，踏步段水平长为2520mm，踏步宽为280mm，低端平板宽度为560mm。

【例7-5】 识读如图7-7所示的楼梯平面注写方式。

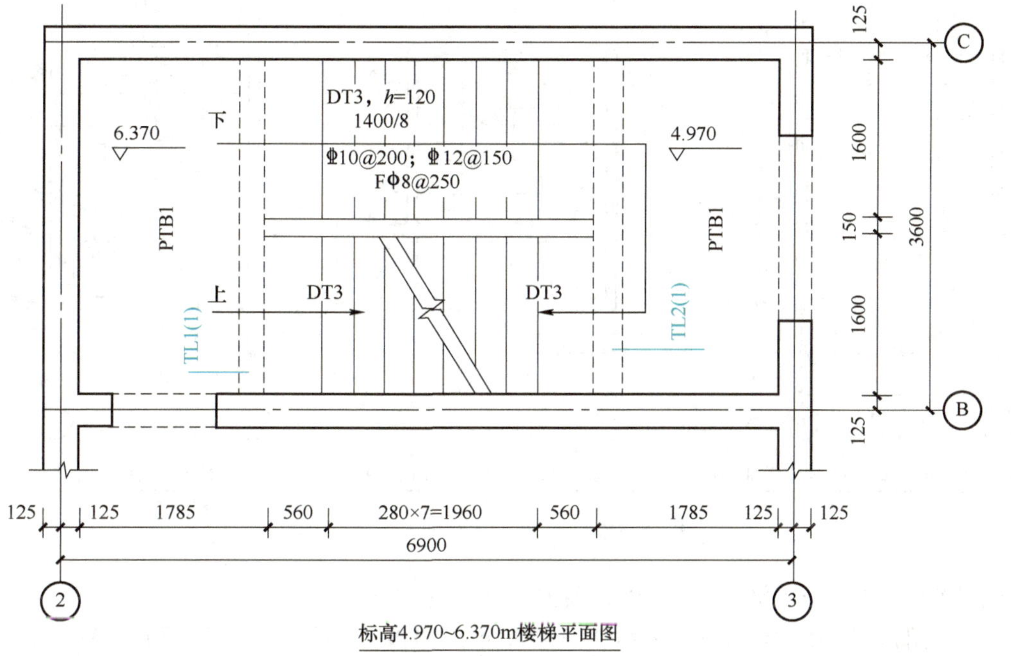

图7-7 楼梯平面注写方式示例（三）

楼梯的集中标注为：DT3，$h=120$，1400/8，Φ10@200；Φ12@150，FΦ8@250。

集中标注表示：3号DT型楼梯，梯板厚度为120mm，踏步段总高度为1400mm，踏步段级数为8级；梯板低端和高端上部纵筋Φ10@200，下部纵筋为Φ12@150，梯板分布筋为Φ8@250。

外围标注表示：楼梯间的开间为6900mm，进深为3600mm；层间休息平台（PTB1）顶结构标高为6.370m，楼层休息平台板（PTB1）顶结构标高为4.970m；梯段净宽为1600mm，踏步段水平长为1960mm，踏步宽为280mm，低端平板和高端平板宽度均为560mm。

二、板式楼梯剖面注写方式

板式楼梯剖面注写方式需在平法施工图中绘制板式楼梯平面布置图和板式楼梯剖面图，注写方式包含楼梯平面布置图注写和楼梯剖面图注写两部分。

（1）楼梯平面布置图注写

楼梯平面布置图注写内容包括楼梯间的平面尺寸、楼层结构标高、层间结构标高、楼梯的上下方向、梯板的平面几何尺寸、梯板类型及编号、平台板配筋、梯梁及梯柱配筋等。

（2）楼梯剖面图注写

楼梯剖面图注写内容包括梯板集中标注、梯梁和梯柱编号、梯板水平及竖向尺寸、楼层结构标高、层间结构标高等。

【例 7-6】 识读如图 7-8 和图 7-9 所示的楼梯平面注写方式。

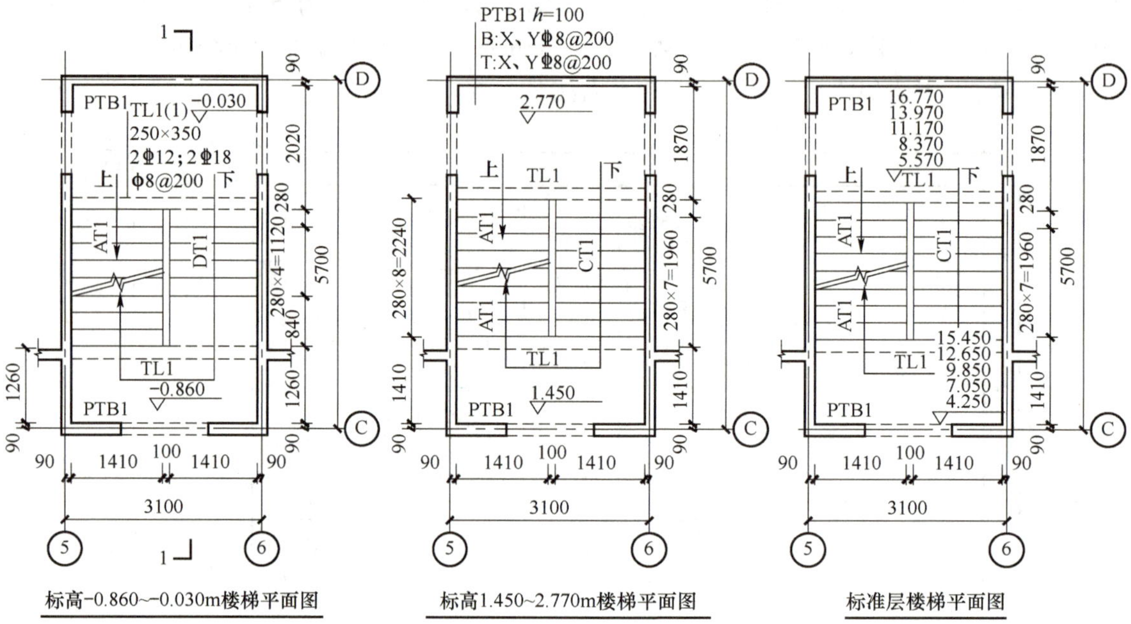

图 7-8 楼梯平面布置图注写方式示例

图 7-8 中，标高−0. 860 ~ −0. 030m 楼梯平面图注写内容为：

楼梯间的开间为 3100mm，进深为 5700mm；梯板分别为 AT1 和 DT1，DT1 梯段净宽为 1410mm，踏步段水平长为 1120mm，踏步宽为 280mm，低端平板宽度为 840mm，高端平板宽度为 280mm（AT1 梯板的平面几何尺寸见标高 1. 450 ~ 2. 770m 楼梯平面图）；层间和楼层休息平台板均为 PTB1，层间休息平台板顶标高为−0. 860m，楼层休息平台板顶标高为−0. 030m；平台板配筋见标高 1. 450 ~ 2. 770m 楼梯平面图；梯梁为 TL1，1 跨，截面尺寸为 250mm×350mm，上部纵筋为 2 Φ 12，下部纵筋为 2 Φ 18，箍筋为中 Φ 8@ 200。

图 7-9 中，梯板 DT1 的注写内容为：

踏步段水平长为 1120mm，踏步宽为 280mm，低端平板宽度为 840mm，高端平板宽度为 280mm，踏步段总高度为 830mm，踏步级数为 5 级；层间休息平台板顶标高为−0. 860，楼层休息平台板顶标高为−0. 030；梯梁为 TL1。

三、板式楼梯列表注写方式

板式楼梯列表注写方式用列表方式注写梯板截面尺寸和配筋具体数值的方式来表达板式楼梯施工图。

列表注写方式的具体要求同剖面注写方式，仅将剖面注写方式中的梯板配筋注写项改为列表注写项即可。梯板列表见表 7-4。

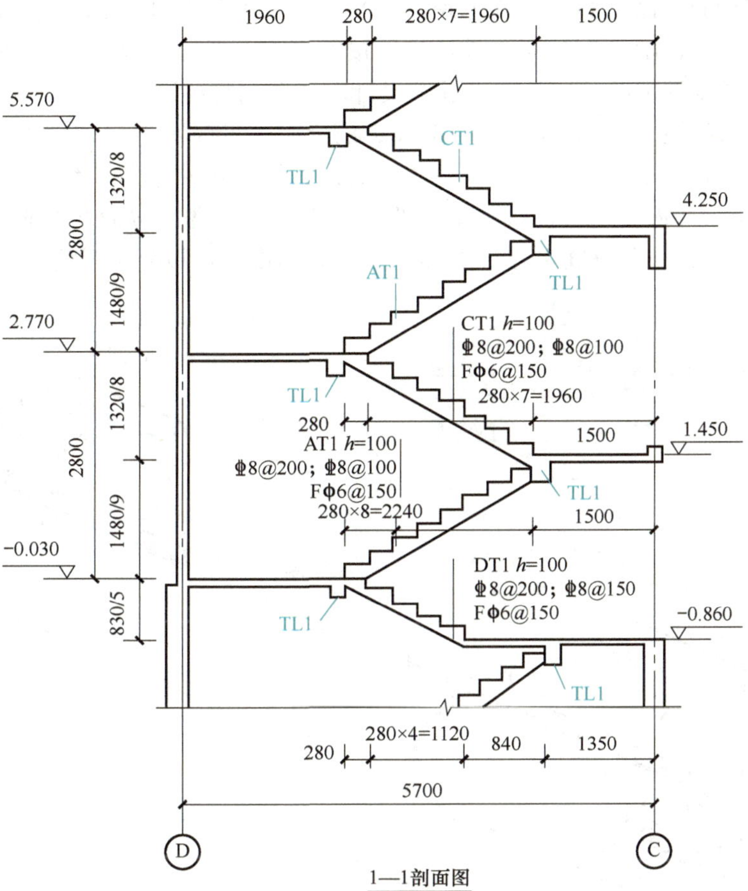

1—1剖面图
局部示意

图 7-9 楼梯剖面图注写方式示例

表 7-4 梯板列表

梯板编号	踏步段总高度/踏步级数	板厚 h/mm	上部纵向钢筋	下部纵向钢筋	分布筋
AT1	1480/9	100	Φ8@200	Φ8@100	Φ6@150
CT1	1320/8	100	Φ8@200	Φ8@100	Φ6@150
DT1	830/5	100	Φ8@200	Φ8@150	Φ6@150

7.3 楼梯标准构造详图

1. AT 型梯板配筋构造及适用条件

（1）AT 型梯板配筋构造

AT 型楼梯板中共有 4 种钢筋：低端上部纵筋、高端上部纵筋、下部纵筋、分布钢筋。AT 型梯板配筋构造如图 7-10 所示。

楼梯配筋构造解读

1）低端上部纵筋：一端伸至支座（高端梯梁、低端梯梁）对边向下弯折 15d（d 为纵筋直径），另一端伸入跨内水平投影长度为 $l_n/4$，末端做直钩，l_n 为梯板跨度。中上部纵筋锚固长度 0.35l_{ab}用于设计按铰接的情况，括号内数据 0.6l_{ab}用于设计考虑充分利用钢筋抗拉强度的情况，在具体工程中设计应指明何种情况。

2）高端上部纵筋：伸入高端梯梁的上部纵筋，有条件时可直接伸入平台板内锚固，从支座（高端梯梁）内边算起总锚固长度不小于 l_a，如图 7-10 中虚线所示。

3）下部纵筋：伸入支座（高端梯梁、低端梯梁）内长度≥5d 且至少伸过支座中心线。

4）分布钢筋：在下部纵筋上方、上部纵筋下方均设置梯板分布钢筋。

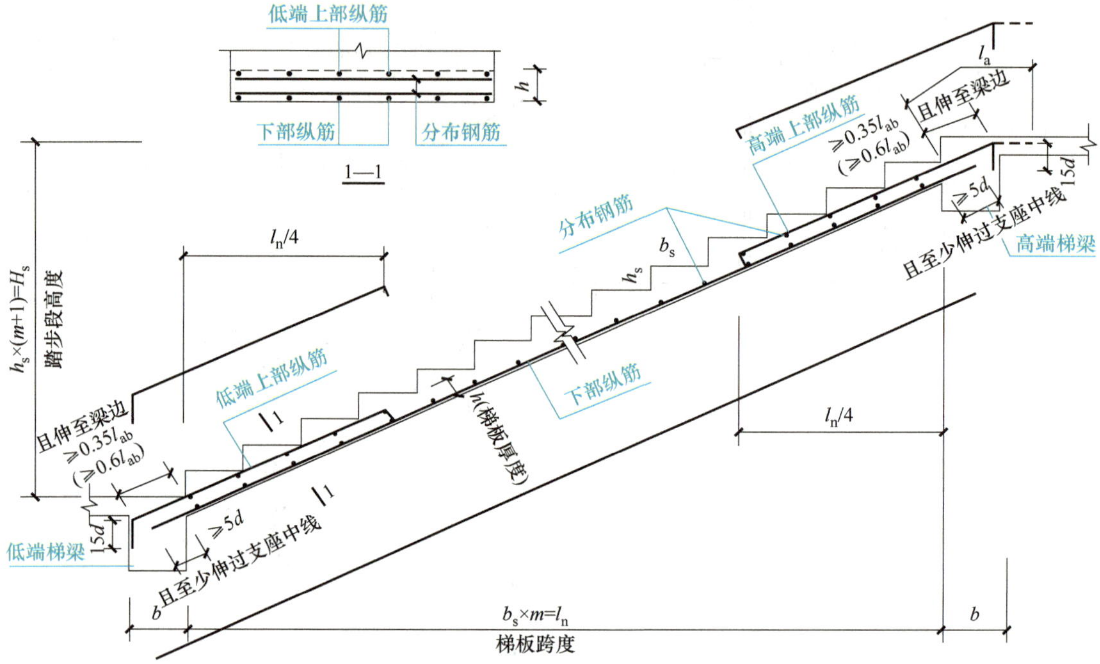

图 7-10　AT 型梯板配筋构造

（2）AT 型梯板的适用条件

两梯梁之间的矩形梯板全部由踏步段构成，即踏步段两端均以梯梁为支座。

2. BT 型梯板配筋构造及适用条件

（1）BT 型梯板配筋构造

BT 型梯板中共有 5 种钢筋：下部纵筋、低端上部纵筋（两种）、高端上部纵筋、分布钢筋。BT 型梯板配筋构造如图 7-11 所示。

（2）BT 型梯板的适用条件

两梯梁之间的矩形梯板由低端平板和踏步段构成，两部分的一端各自以梯梁为支座。

3. CT 型梯板配筋构造及适用条件

（1）CT 型梯板配筋构造

CT 型梯板中共有 5 种钢筋：下部纵筋（两种）、低端上部纵筋、高端上部纵筋、分布钢筋。CT 型梯板配筋构造如图 7-12 所示。

（2）CT 型梯板的适用条件

两梯梁之间的矩形梯板由踏步段和高端平板构成，两部分的一端各自以梯梁为支座。

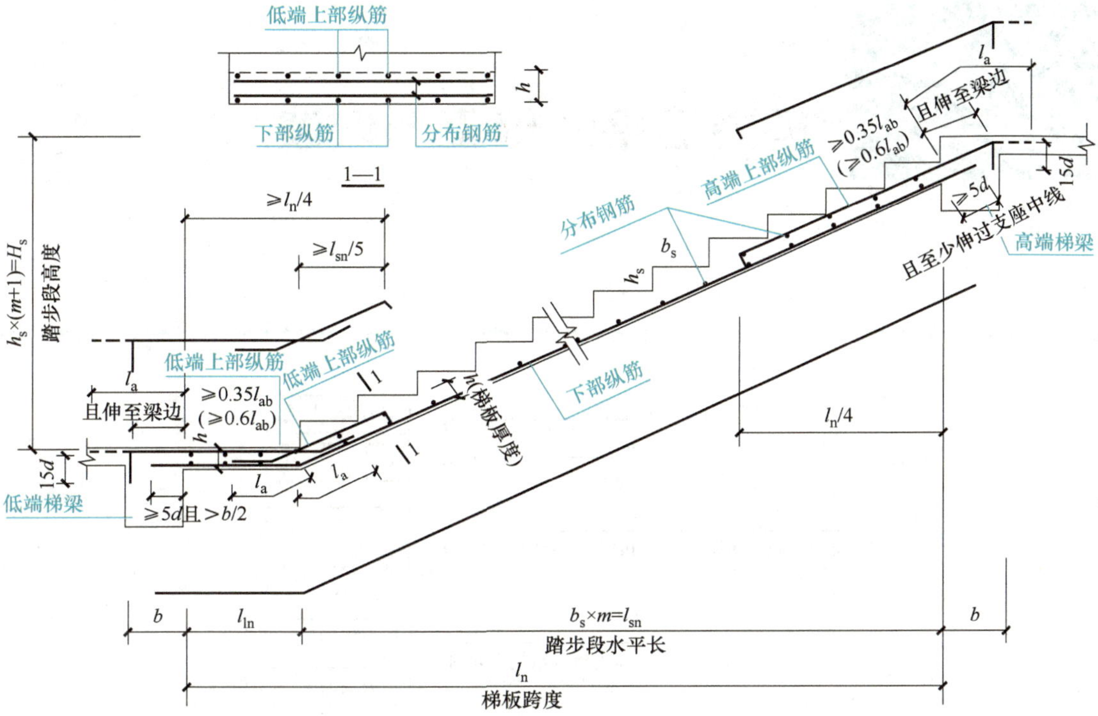

图 7-11 BT 型梯板配筋构造

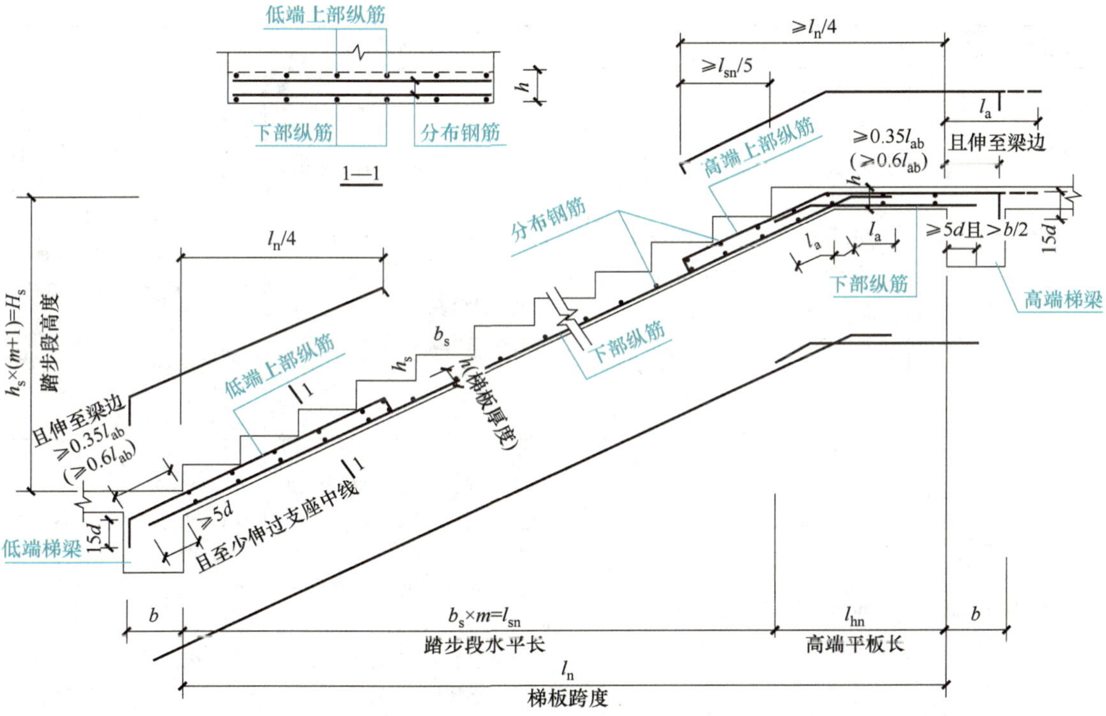

图 7-12 CT 型梯板配筋构造

任务 8　剪力墙平法施工图识读

学习内容

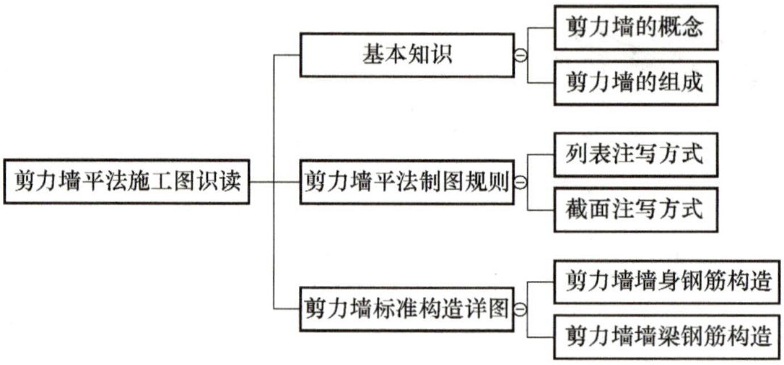

学习目标

学习任务	知识点	技能目标	专业素养
1. 基本知识	知识点 1：剪力墙的概念 知识点 2：剪力墙的组成	1. 能说出剪力墙墙身的钢筋名称 2. 能识别剪力墙墙柱的分类，说明剪力墙墙柱配筋情况 3. 能识别剪力墙梁类型，说明剪力墙墙梁配筋情况	1. 通过了解剪力墙的良好的抗震性，使学生重视施工质量，提升学生的大局意识和奉献精神 2. 剪力墙中构件种类多，注重从整体到细节，先掌握各类构件的钢筋类型，再从构造细节提高学生意识
2. 剪力墙平法制图规则	知识点 1：列表注写方式 知识点 2：截面注写方式	1. 能根据剪力墙平面布置图识读所包含构件、类型及编号 2. 能根据平法施工图中识读剪力墙（剪力墙墙身、剪力墙墙柱及剪力墙墙梁）的定位、截面尺寸、标高及配筋构造和必要的文字注解 3. 能根据平法施工图识读剪力墙洞口尺寸、定位及加强筋构造	1. 树立科学发展观，求真务实执行现行的行业标准和法规，熟练掌握制图规则 2. 根据工作任务合理分工，培养学生的团队协作能力

（续）

学习任务	知识点	技能目标	专业素养
3. 剪力墙标准构造详图	知识点 1：剪力墙墙身钢筋构造 知识点 2：剪力墙墙梁钢筋构造	1. 能正确选择墙身配筋细部构造 2. 能正确绘制墙梁配筋立面图	1. 通过对剪力墙构件的钢筋细部构造的掌握，引导学生养成精益求精、认真负责的工作态度，增强学生的责任担当意识 2. 通过学生互评与教师评价，使学生取长补短，同时获得成就感和集体荣誉感

8.1 基本知识

一、剪力墙的概念

剪力墙又称抗风墙、抗震墙或结构墙，一般为厚度≥160mm 的钢筋混凝土墙体，如图 8-1 所示。

剪力墙结构是用钢筋混凝土墙板来代替框架结构中的梁柱。其中，钢筋混凝土墙板是主要承受风荷载或地震作用引起的水平荷载和竖向荷载的墙体，用于防止结构被剪切破坏。

图 8-1　剪力墙

二、剪力墙的组成

剪力墙由剪力墙墙身、剪力墙墙柱、剪力墙墙梁三种构件组成。

1. 剪力墙墙身

剪力墙墙身即钢筋混凝土墙体。墙身钢筋由水平分布钢筋、竖向分布钢筋和拉结筋组成。剪力墙墙身钢筋示意如图 8-2 所示。

拉结筋的形态如图 8-3 所示。

墙身和墙柱

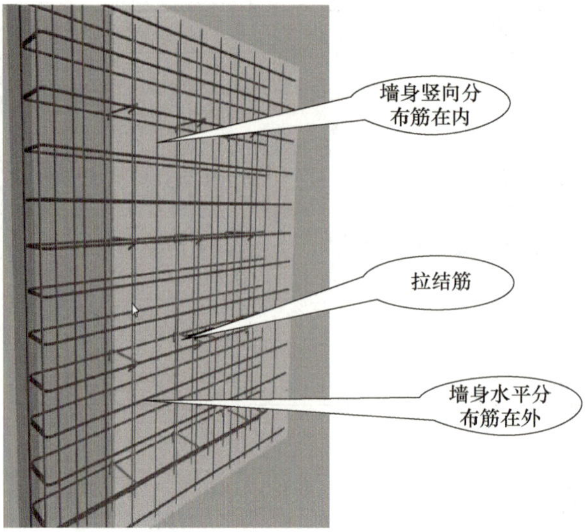

a)

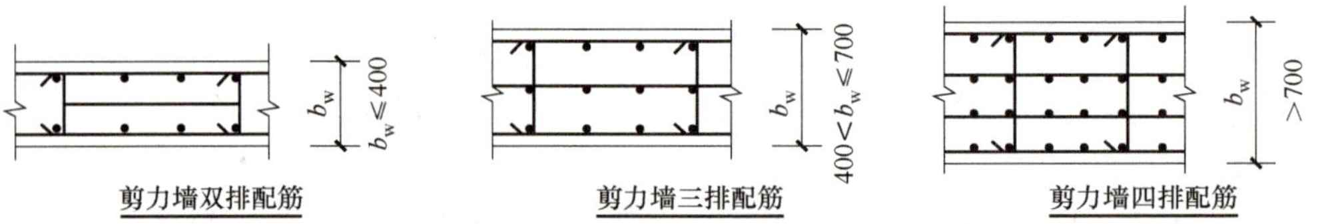

b)

图 8-2　剪力墙墙身钢筋示意

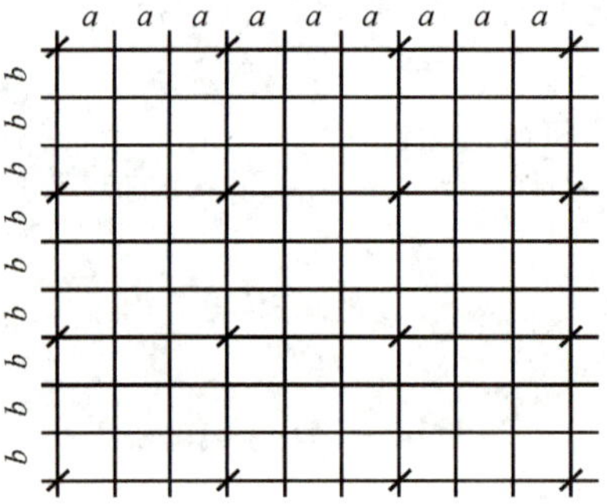

a) 拉结筋@3a3b矩形($a \leqslant 200$、$b \leqslant 200$)

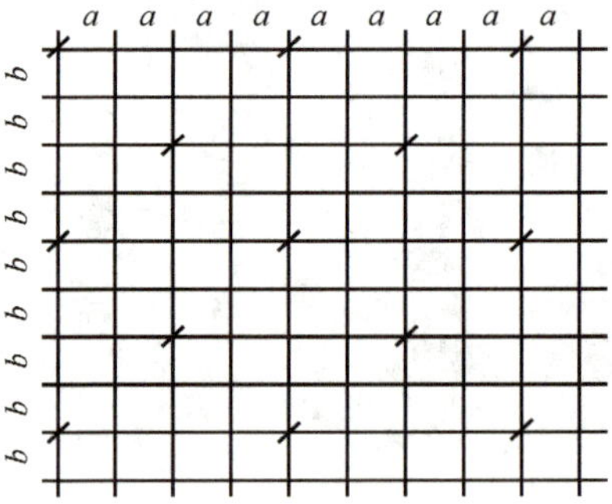

b) 拉结筋@4a4b梅花($a \leqslant 150$、$b \leqslant 150$)

图 8-3　拉结筋的形态

2. 剪力墙墙柱

剪力墙墙柱加强剪力墙的抗拉、抗弯和抗剪性能。

（1）剪力墙墙柱的分类

剪力墙墙柱分为非边缘构件和边缘构件。

1）非边缘构件包括扶壁柱 FBZ 和非边缘暗柱 AZ，如图 8-4 所示。

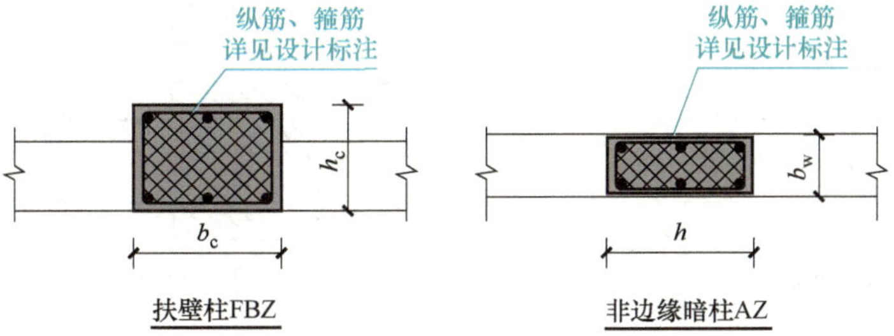

图 8-4　非边缘构件

2）边缘构件包括约束边缘构件 YBZ（见图 8-5）和构造边缘构件 GBZ（见图 8-6），墙柱（边缘构件）分为四种类型：暗柱、端柱、翼墙柱和转角墙柱。

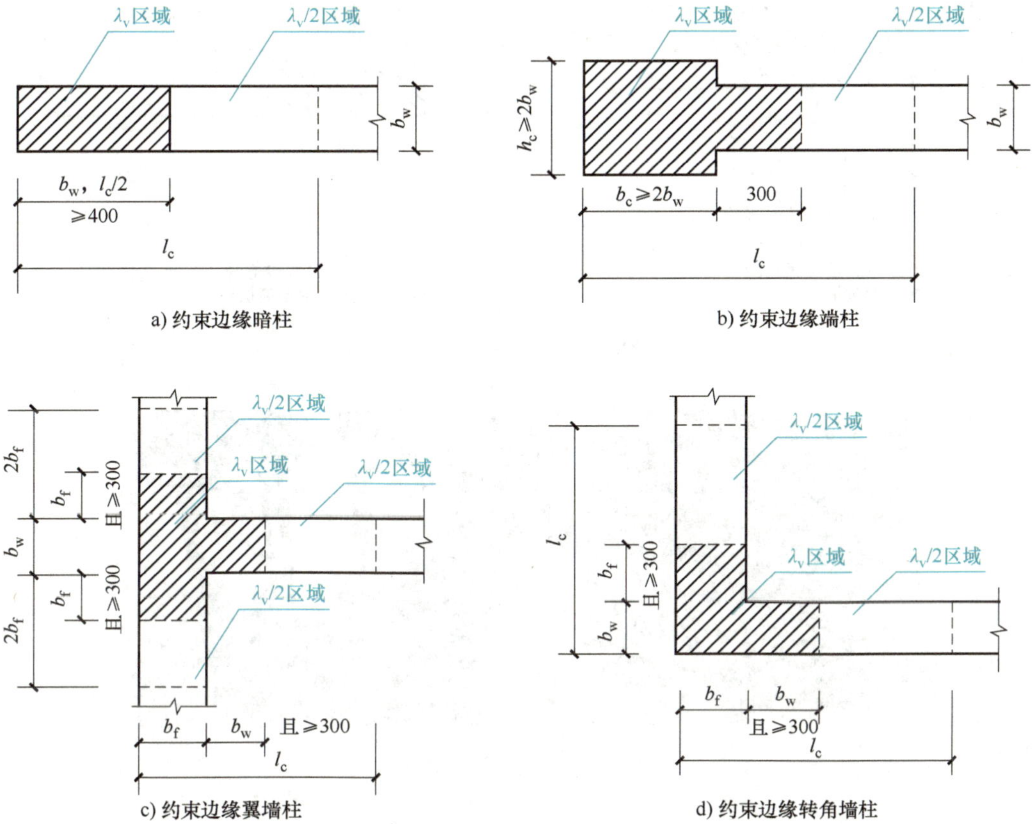

图 8-5　约束边缘构件

λ_v—约束边缘构件的核心区域　$\lambda_v/2$—扩展区域

（2）剪力墙墙柱钢筋

剪力墙墙柱钢筋由纵向受力钢筋和箍筋组成，如图 8-7 所示。

3. 剪力墙墙梁

剪力墙墙梁主要有连梁、暗梁和边框梁三种类型。剪力墙墙梁钢筋由纵向钢筋和箍筋组成，如图 8-8 所示。

墙梁和洞口

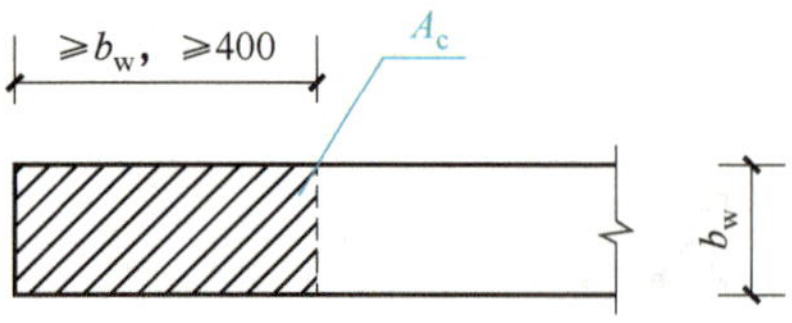

a) 构造边缘暗柱

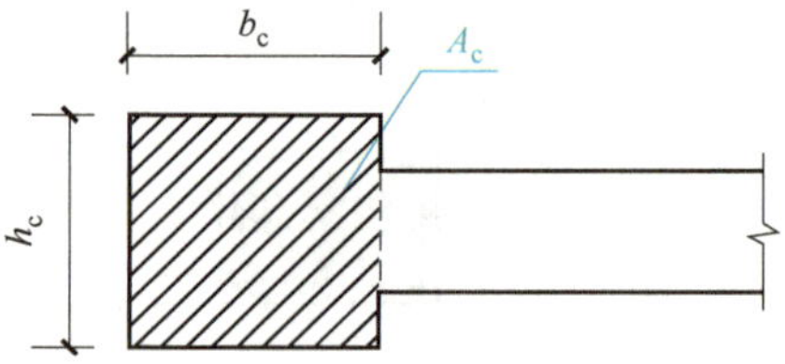

b) 构造边缘端柱

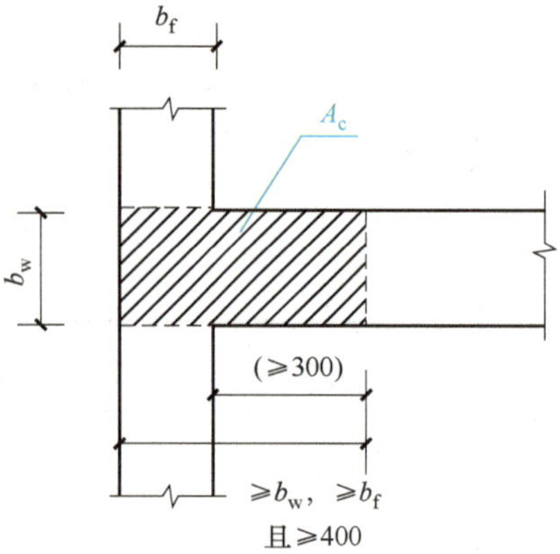

c) 构造边缘翼墙
(括号中数值用于高层建筑)

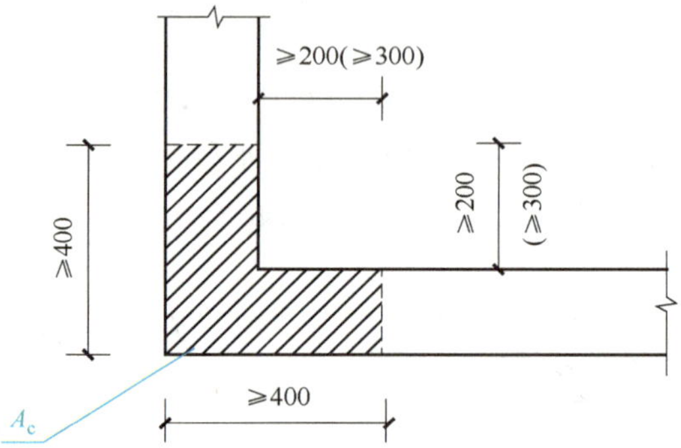

d) 构造边缘转角墙
(括号中数值用于高层建筑)

图 8-6　构造边缘构件

图 8-7　剪力墙墙柱钢筋

图 8-8　剪力墙墙梁钢筋及外观

8.2 剪力墙平法制图规则

剪力墙平法施工图是在剪力墙平面布置图上采用列表注写方式或截面注写方式表达。

剪力墙的平面布置图可采用适当比例单独绘制，也可与柱或梁平面布置图合并绘制，当剪力墙较复杂或采用截面注写方式时，应按标准层分别绘制剪力墙平面布置图，如图 8-9 所示。

层号	标高/m	层高/m
屋面2	65.670	—
塔层2	62.370	3.30
屋面1 (塔层1)	59.070	3.30
16	55.470	3.60
15	51.870	3.60
14	48.270	3.60
13	44.670	3.60
12	41.070	3.60
11	37.470	3.60
10	33.870	3.60
9	30.270	3.60
8	26.670	3.60
7	23.070	3.60
6	19.470	3.60
5	15.870	3.60
4	12.270	3.60
3	8.670	3.60
2	4.470	4.20
1	-0.030	4.50
-1	-4.530	4.50
-2	-9.030	4.50

结构层楼面标高
结构层高

注：上部结构嵌固部位为-0.030m。

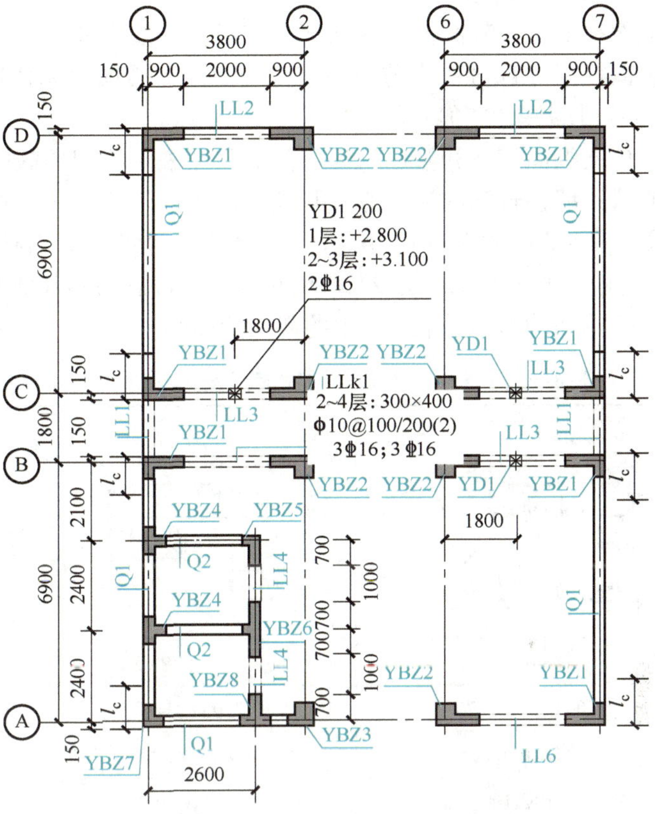

-0.030~12.270m剪力墙平法施工图(局部)

图 8-9 剪力墙平面布置图

一、列表注写方式

列表注写方式是分别在剪力墙墙柱表、剪力墙墙身表和剪力墙墙梁表中，对应于剪力墙平面布置图上的编号，用绘制截面配筋图并注写几何尺寸与配筋具体数值的方式，来表达剪力墙平法施工图。

墙柱的标注

1. 剪力墙墙柱表

在剪力墙墙柱表中表达的内容主要有以下三个部分：

（1）注写墙柱编号

墙柱编号由墙柱类型代号和序号组成，见表 8-1。

表 8-1　墙柱编号

墙柱类型	墙柱类型代号	序号
约束边缘构件	YBZ	××
构造边缘构件	GBZ	××
非边缘暗柱	AZ	××
扶壁柱	FBZ	××

（2）注写各段墙柱的起止标高

自墙柱根部往上以变截面位置或截面未变但配筋改变处为界分段注写。墙柱根部的标高一般指基础顶面标高（部分框支剪力墙结构则为框支梁顶面标高）。

（3）注写各段墙柱的钢筋

墙柱钢筋包括纵向钢筋和箍筋，注写值应与在表中绘制的截面配筋图对应一致。纵向钢筋注写总配筋值；墙柱箍筋的注写方式与柱箍筋相同。

【例 8-1】　表 8-2 中的 YBZ1，由剪力墙墙柱表可见，该墙柱段的起止标高为-0. 030~12. 270m，该墙柱段的纵筋总数为 24Φ20 的钢筋，箍筋为Φ10@100 的钢筋，截面尺寸、纵向钢筋的位置及箍筋的形式见表 8-2 中的截面配筋图。

表 8-2　-0. 030~12. 270m 剪力墙平法施工图（部分剪力墙墙柱表）

截面配筋	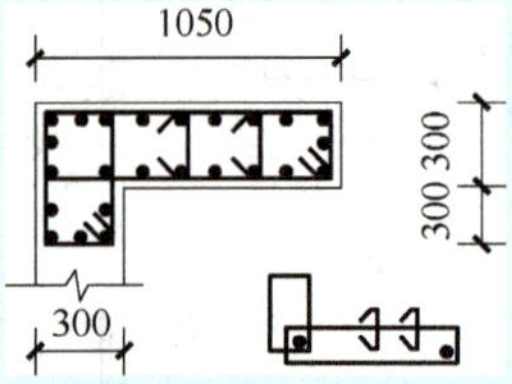	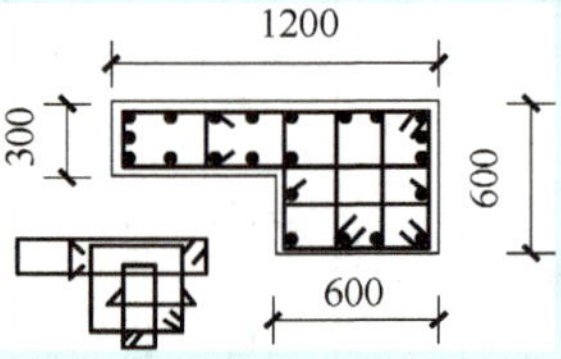	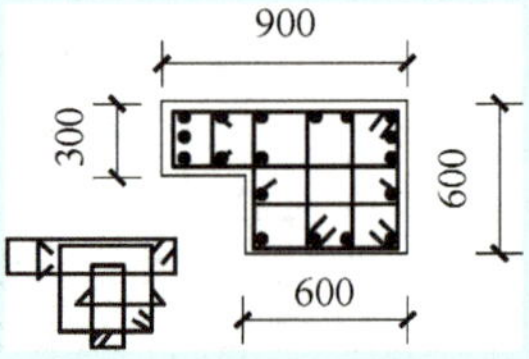
编号	YBZ1	YBZ2	YBZ3
标高/m	-0. 030~12. 270	-0. 030~12. 270	-0. 030~12. 270
纵筋	24Φ20	22Φ20	18Φ22
箍筋	Φ10@100	Φ10@100	Φ10@100

2. 剪力墙身表

在剪力墙墙身表中表达的内容规定如下：

（1）注写墙身编号

墙身编号由墙身代号、序号及墙身所配置的水平与竖向分布钢筋的排数组成，其中排数注写在括号内。表达形式为：Q××(××排)。

墙身的标注

1）在编号中：当墙身的厚度尺寸和配筋均相同，仅墙厚与轴线的关系不同或墙身长度不同时，也可将其编为同一墙身号，但应在图中注明它与轴线的几何关系。

2）当墙身所设置的水平与竖向分布钢筋的排数为 2 时可不注。

（2）注写各段墙身起止标高

自墙身根部往上以变截面位置或截面未变但配筋改变处为界分段注写。墙身根部的标高一般指基础顶面标高（部分框支剪力墙结构则为框支梁顶面标高）。

（3）注写各段墙厚（略）

（4）注写各段墙身钢筋

墙身钢筋包括水平分布钢筋、竖向分布钢筋和拉结筋。注写数值为一排水平分布钢筋和竖向分布钢筋的规格与间距，具体设置几排在墙身编号后面表达。

拉结筋用于剪力墙分布钢筋的拉结，布置方式有“矩形”或“梅花”两种，如图 8-3 所示。

【例 8-2】 由剪力墙墙身表（表 8-3）可见，编号为 Q1 的墙身钢筋排数为 2 排，Q1 分两个墙段，第一个墙段的起止标高为-0. 030~30. 270m，墙厚为 300mm，水平分布钢筋和竖向分布钢筋均为Φ12@ 200，拉筋采用ф6@ 600@ 600，矩形设置。第 2 个墙段的起止标高为 30. 270~59. 070m，墙厚为 250mm，水平分布钢筋和竖向分布钢筋均为Φ10@ 200，拉筋采用ф6@ 600@ 600，矩形设置。

表 8-3 剪力墙墙身表

编号	标高/m	墙厚/mm	水平分布筋	垂直分布筋	拉筋（矩形）
Q1	-0. 030~30. 270	300	Φ12@ 200	Φ12@ 200	ф6@ 600@ 600
	30. 270~59. 070	250	Φ10@ 200	Φ10@ 200	ф6@ 600@ 600
Q2	-0. 030~30. 270	250	Φ10@ 200	Φ10@ 200	ф6@ 600@ 600
	30. 270~59. 070	200	Φ10@ 200	Φ10@ 200	ф6@ 600@ 600

3. 剪力墙墙梁表

（1）注写墙梁编号

墙梁编号由墙梁类型代号和序号组成，见表 8-4。

墙梁的标注

表 8-4 墙梁编号

墙梁类型	墙梁类型代号	序号
连梁	LL	××
连梁（对角暗撑配筋）	LL(JC)	××
连梁（交叉斜筋配筋）	LL(JX)	××
连梁（集中对角斜筋配筋）	LL(DX)	××
连梁（跨高比不小于 5）	LLk	××
暗梁	AL	××
边框梁	BKL	××

注：1. 在具体工程中，当某些墙身需设置暗梁或边框梁时，宜在剪力墙平法施工图中绘制暗梁或边框梁的平面布置图并编号，以明确其具体位置。
2. 跨高比不小于 5 的连梁按框架梁设计时，代号为 LLk。

（2）注写墙梁所在楼层号（略）

（3）注写墙梁顶面相对标高高差

墙梁顶面相对标高高差指相对于墙梁所在结构层楼面标高的高差值。墙梁顶面较高者为正值，较低者为负值，当无高差时不注写。

【例 8-3】 表 8-5 中，3 层 LL1 的墙梁顶面标高高于该结构层楼面标高为 0.800m，屋面 1 处 LL1 的梁顶标高与该结构层楼面标高一致。

表 8-5 剪力墙墙梁表（部分）

编号	所在楼层号	墙梁顶面相对标高高差/m	梁截面 (b/mm)×(h/mm)	上部纵筋	下部纵筋	箍筋
LL1	2~9	0.800	300×2000	4⌀25	4⌀25	Φ10@100（2）
	10~16	0.800	250×2000	4⌀22	4⌀22	Φ10@100（2）
	屋面 1		250×1200	4⌀20	4⌀20	Φ10@100（2）

（4）注写墙梁截面尺寸 $b \times h$，上部纵筋、下部纵筋和箍筋的具体数值

【例 8-4】 表 8-5 中，3 层 LL1 的截面尺寸为 300mm×2000mm，上部纵筋为 4⌀25 的钢筋，下部纵筋为 4⌀25 的钢筋，箍筋为 Φ10@100（2）的钢筋。

4. 剪力墙洞口的表示方法

无论采用列表注写方式还是截面注写方式，剪力墙上的洞口均可在剪力墙平面布置图上原位表达。

（1）洞口中心定位

在剪力墙平面布置图上绘制洞口示意，并标注洞口中心的平面定位尺寸。

洞口的注写

（2）在洞口中心引注以下内容

1）洞口编号：矩形洞口为 JD××（××为序号），圆形洞为 YD××（××为序号）。

2）洞口几何尺寸：矩形洞口为洞宽×洞高（$b \times h$），圆形洞口为洞口直径 D。

3）洞口中心相对标高：相对于结构层楼（地）面标高的洞口中心高度。当它高于结构层楼面时为正值，低于结构层楼面时为负值。洞口中心相对标高注写示意如图 8-10 所示。

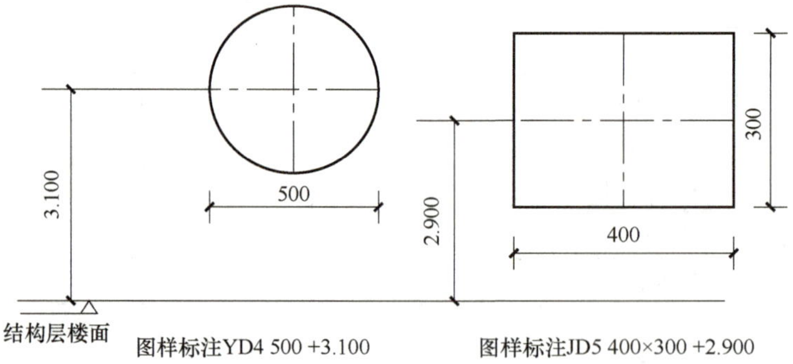

图 8-10 洞口中心相对标高注写示意

4）矩形洞口补强钢筋构造（以矩形洞口的洞宽、洞高均不大于 800mm 时为例）：

此项注写为洞口每边补强钢筋的具体数值，如图 8-11 所示。当洞宽、洞高方向补强钢筋不一致时，分别注写洞宽方向、洞高方向补强钢筋，以“/”分隔。当洞口每边补强钢筋按构造要求设置时，补强钢筋可不注写。

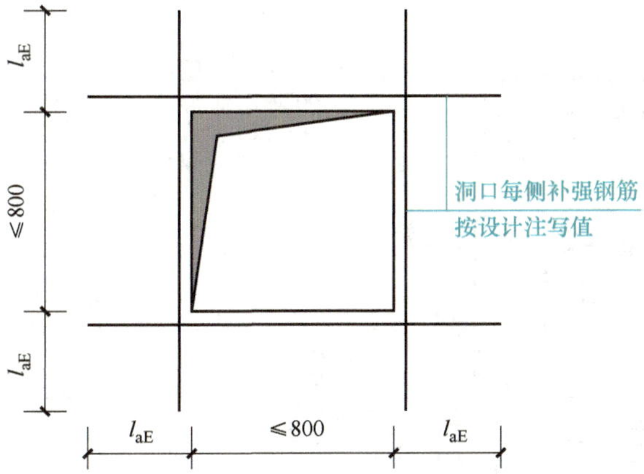

图 8-11 矩形洞口洞宽和洞高均不大于 800mm 时补强钢筋构造

【例 8-5】 JD2 400×300+3. 100 2 Φ 14，表示 2 号矩形洞口，洞宽为 400mm、洞高为 300mm，洞口中心高于本结构层楼面 3. 100m，洞口每边补强钢筋为 2 Φ 14，如图 8-12a 所示。

【例 8-6】 JD3 400×300+3. 100，表示 3 号矩形洞口，洞宽为 400mm、洞高为 300mm，洞口中心高于本结构层楼面 3. 100m，洞口每边补强钢筋按构造配置。

【例 8-7】 JD4 800×300+3. 100 3 Φ 18/3 Φ 14，表示 4 号矩形洞口，洞宽为 800mm、洞高为 300mm，洞口中心高于本结构层楼面 3. 100m，洞宽方向补强钢筋为 3 Φ 18，洞高方向补强钢筋为 3 Φ 14，如图 8-12b 所示。

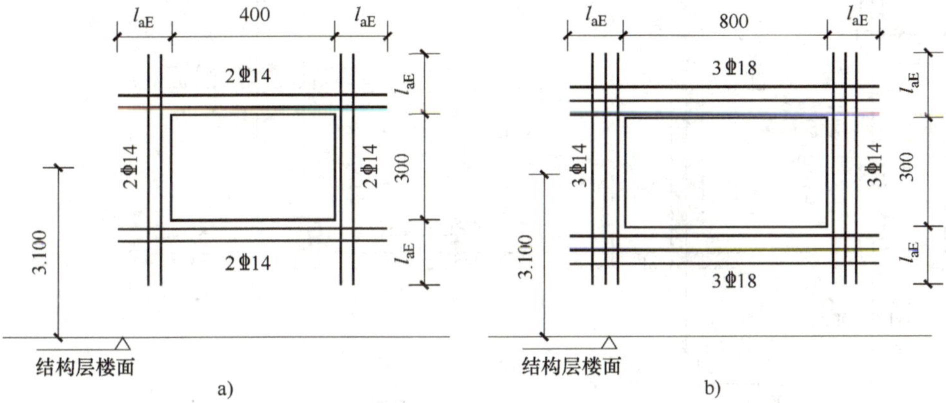

图 8-12 当矩形洞口的洞宽、洞高均不大于 800mm 时补强钢筋示意

二、截面注写方式

截面注写方式是在分标准层绘制的剪力墙平面布置图上，以直接在墙柱、墙身、墙梁上注写截面尺寸和配筋具体数值的方式来表达剪力墙平法施工图，如图 8-13 所示。

剪力墙截面注写方式

层号	标高/m	层高/m
屋面2	65.670	
塔层2	62.370	3.30
屋面1 (塔层1)	59.070	3.30
16	55.470	3.60
15	51.870	3.60
14	48.270	3.60
13	44.670	3.60
12	41.070	3.60
11	37.470	3.60
10	33.870	3.60
9	30.270	3.60
8	26.670	3.60
7	23.070	3.60
6	19.470	3.60
5	15.870	3.60
4	12.270	3.60
3	8.670	3.60
2	4.470	4.20
1	-0.030	4.50
-1	-4.530	4.50
-2	-9.030	4.50

底部加强部位（1~2层）

结构层楼面标高
结构层高

注：上部结构嵌固部位为-0.030m。

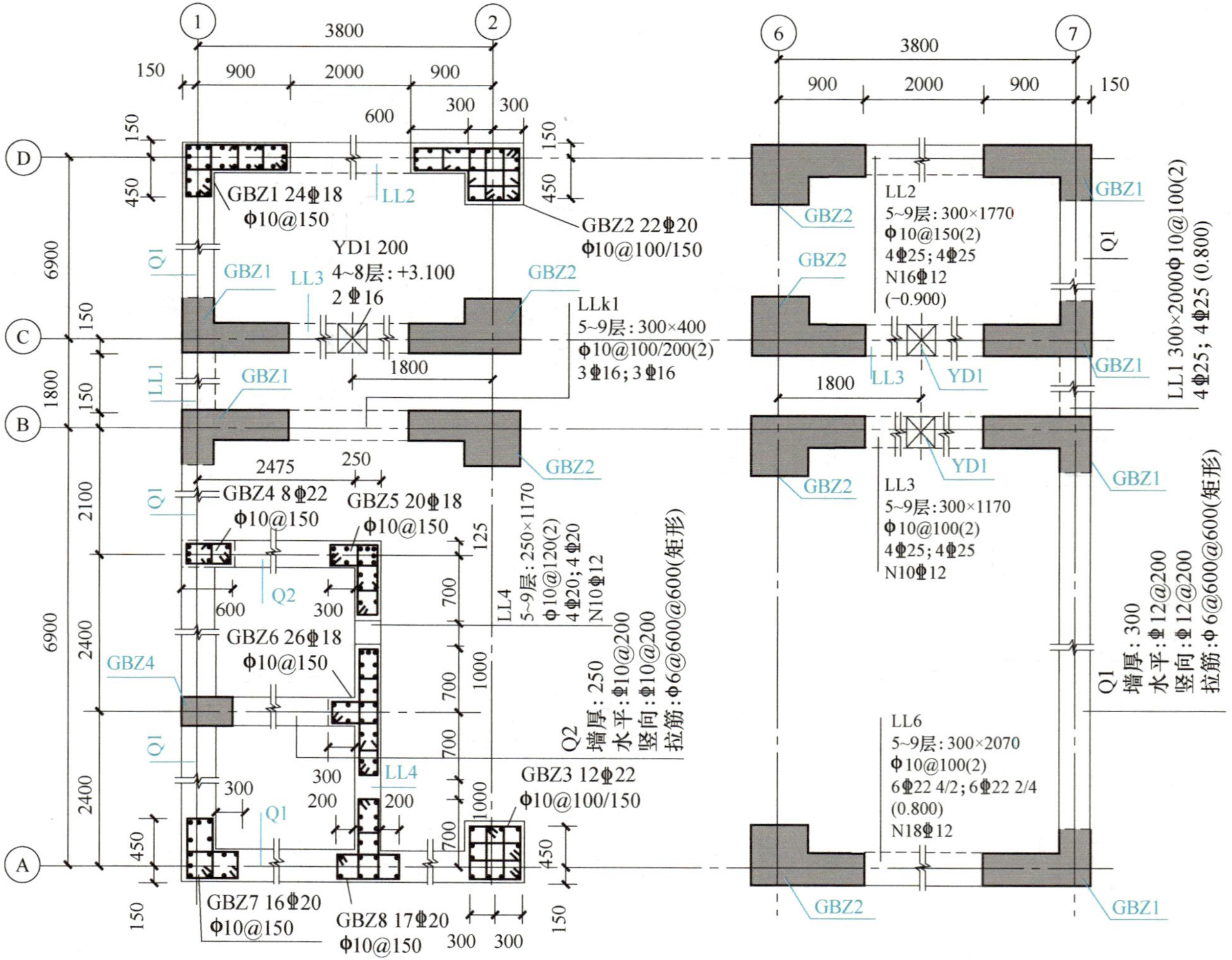

12.270~30.270剪力墙平法施工图

图 8-13　剪力墙平面布置图截面注写方式

8.3 剪力墙标准构造详图

一、剪力墙墙身钢筋构造

1. 剪力墙水平分布钢筋端部构造

剪力墙端部暗柱时水平分布钢筋的做法如图 8-14 所示。

剪力墙端部为转角墙和翼墙时水平分布钢筋的做法如图 8-15 和图 8-16 所示。

墙身水平分布筋构造

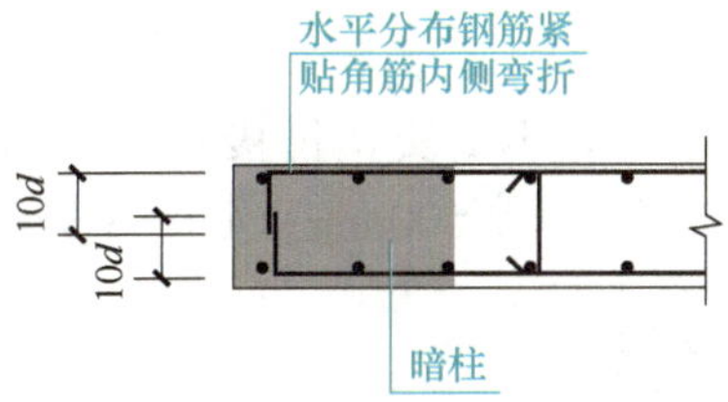

a) 端部有暗柱时剪力墙水平分布钢筋端部做法

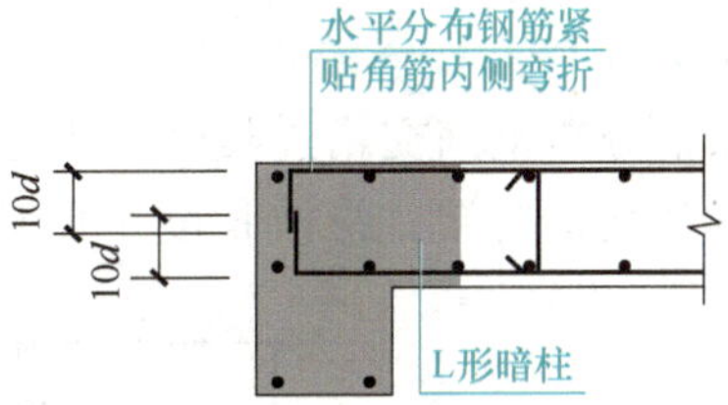

b) 端部有L形暗柱时剪力墙水平分布钢筋端部做法

图 8-14 剪力墙端部暗柱时水平分布钢筋的做法

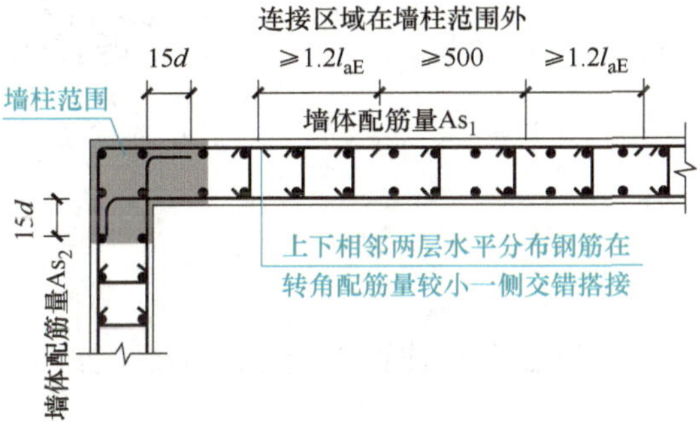

a) 外侧水平分布钢筋连续通过转弯，其中$As_1 \leqslant As_2$

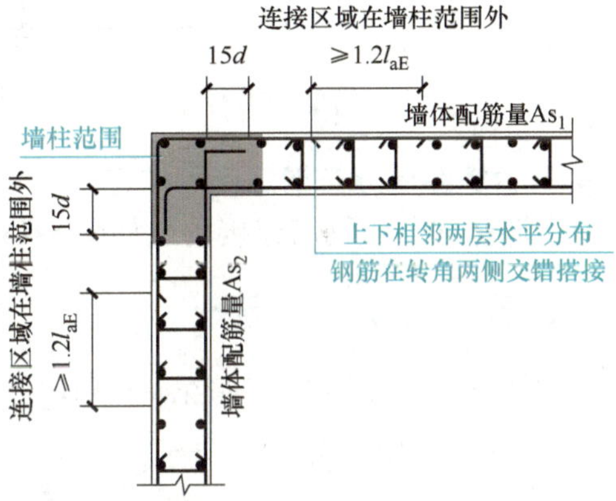

b) 外侧水平分布钢筋连续通过转弯，其中$As_1 \leqslant As_2$

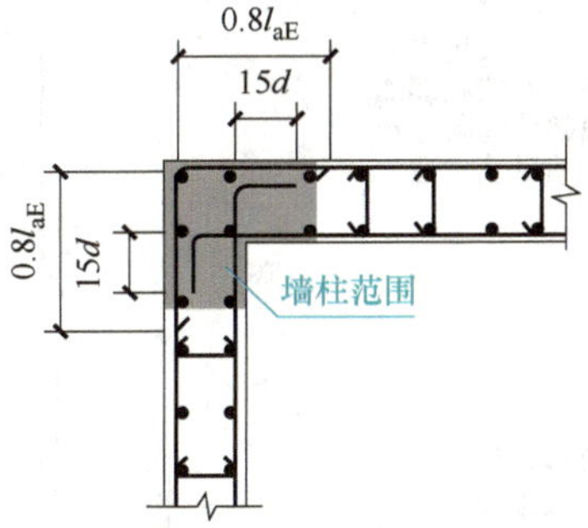

c) 外侧水平分布钢筋在转角处搭接

图 8-15 剪力墙端部为转角墙时水平分布钢筋的做法

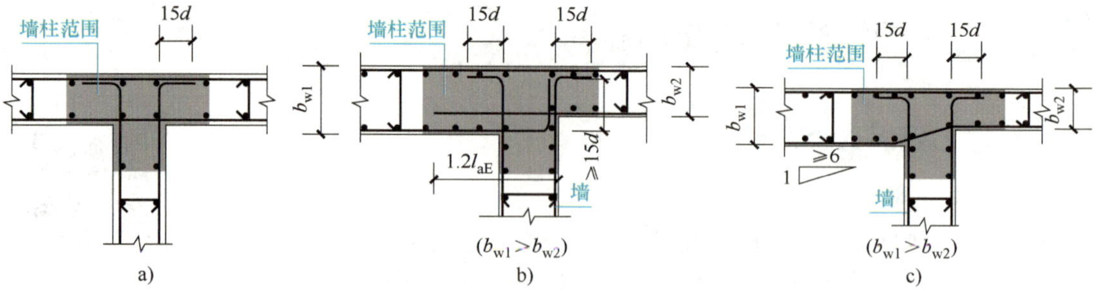

图 8-16　剪力墙端部为翼墙时水平分布钢筋的做法

2. 剪力墙水平分布钢筋的连接构造

剪力墙水平分布钢筋交错连接时，上下相邻的水平分布钢筋交错搭接，同一水平面的两排水平分布钢筋交错搭接，搭接长度≥1. 2l_{aE}，搭接范围错开≥500mm，如图 8-17 所示。

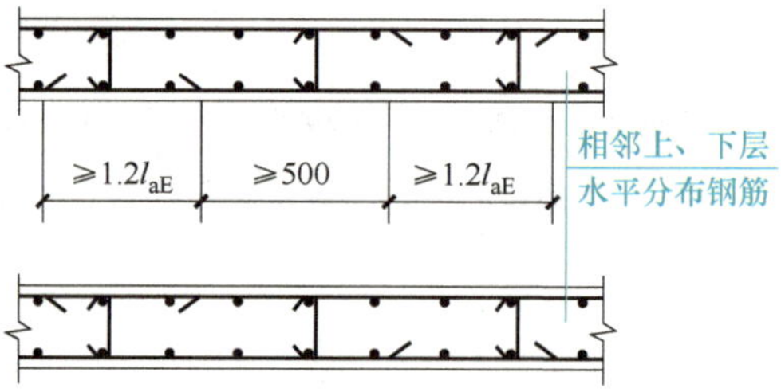

图 8-17　剪力墙水平分布钢筋交错搭接

墙身竖向
分布筋构造

3. 剪力墙竖向分布钢筋连接构造

剪力墙竖向分布钢筋连接构造如图 8-18 所示。

二、剪力墙墙梁钢筋构造

剪力墙梁包括连梁 LL、暗梁 AL 和边框梁 BKL。下面介绍连梁 LL 配筋构造，如图 8-19 所示。

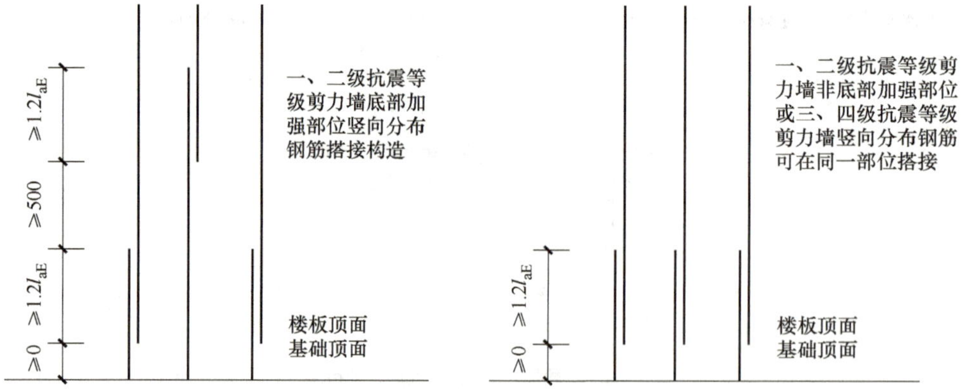

图 8-18　剪力墙竖向分布钢筋连接构造

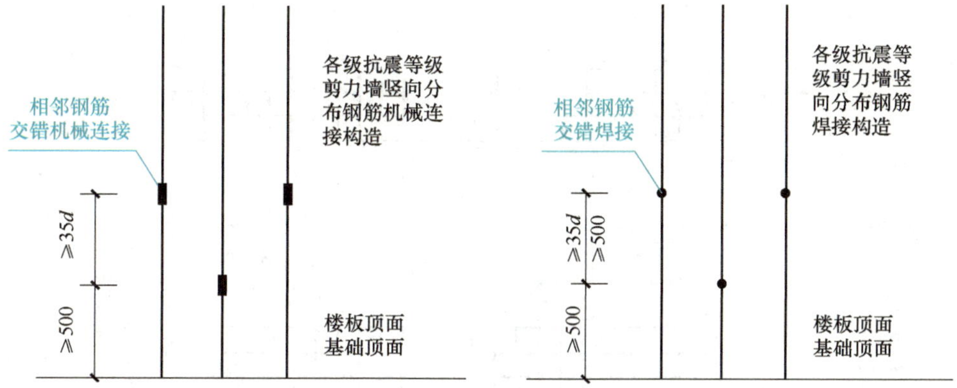

图 8-18 剪力墙竖向分布钢筋连接构造（续）

1）连梁纵筋的直锚长度为 max（l_{aE}，600），如果不满足，可采用弯锚形式，连梁纵筋伸至墙外侧纵筋之内弯折，弯折长度为 15d。

2）洞口连梁第一根箍筋自洞口边 50mm 设置。墙顶连梁除设置正常连梁箍筋外，在连梁纵筋锚固区需加设箍筋，加设的第一根箍筋在洞口边 100mm 的墙内设置，间距为 150mm，直径同跨中。

墙梁构造

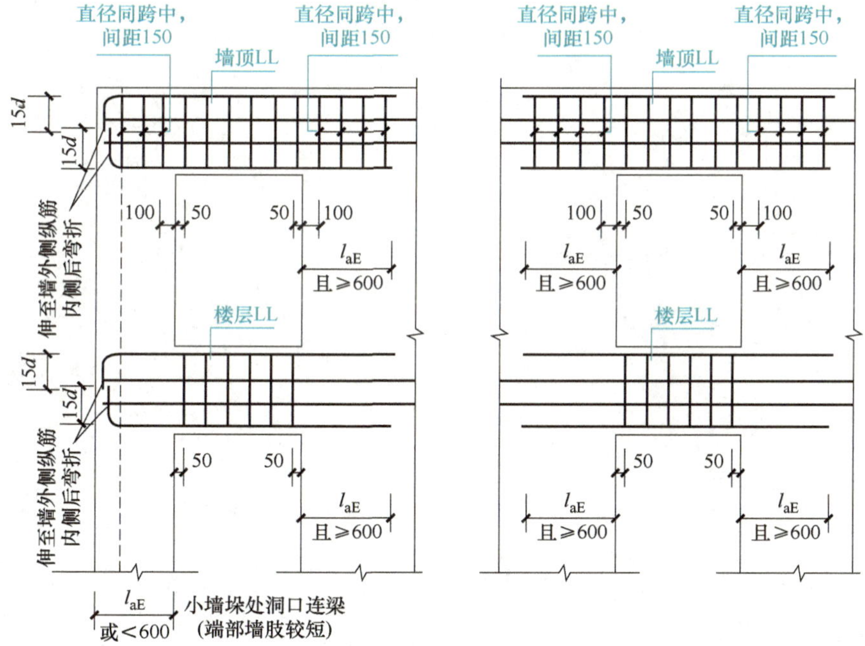

图 8-19 连梁 LL 配筋构造

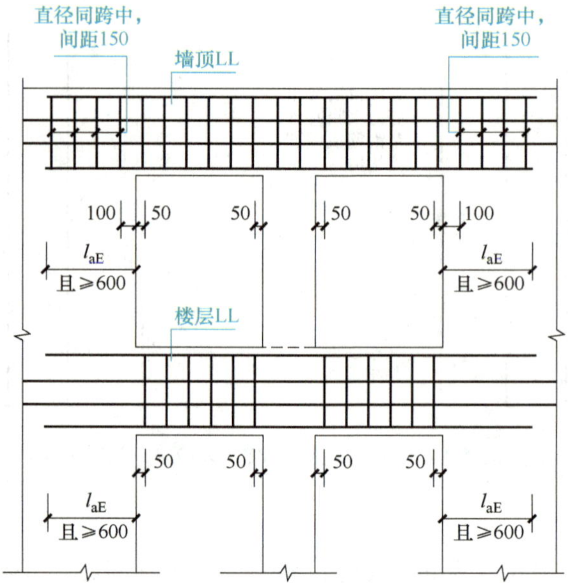

图 8-19 连梁 LL 配筋构造（续）

参 考 文 献

［1］中华人民共和国住房和城乡建设部. 混凝土结构设计规范：2015 年版：GB 50010—2010［S］. 北京：中国建筑工业出版社，2015.

［2］中华人民共和国住房和城乡建设部. 混凝土结构施工图平面整体表示方法制图规则和构造详图：现浇混凝土框架、剪力墙、梁、板：22G101-1［S］. 北京：中国计划出版社，2022.

［3］中华人民共和国住房和城乡建设部. 混凝土结构施工图平面整体表示方法制图规则和构造详图：现浇混凝土板式楼梯：22G101-2［S］. 北京：中国计划出版社，2022.

［4］中华人民共和国住房和城乡建设部. 混凝土结构施工图平面整体表示方法制图规则和构造详图：独立基础、条形基础、筏形基础、桩基础：22G101-3［S］. 北京：中国计划出版社，2022.

［5］中华人民共和国住房和城乡建设部. 混凝土结构施工钢筋排布规则与构造详图：现浇混凝土框架、剪力墙、梁、板：18G901-1［S］. 北京：中国计划出版社，2018.

［6］中华人民共和国住房和城乡建设部. 混凝土结构施工钢筋排布规则与构造详图：现浇混凝土板式楼梯：18G901-2［S］. 北京：中国计划出版社，2018.

［7］中华人民共和国住房和城乡建设部. 混凝土结构施工钢筋排布规则与构造详图：独立基础、条形基础、筏形基础、桩基础：18G901-3［S］. 北京：中国计划出版社，2018.

［8］李庆肖，刘晓立，庞玲，等. 混凝土结构平法识图［M］. 北京：中国建筑工业出版社，2021.

［9］李月辉，姜波. 钢筋混凝土结构平法施工图识读［M］. 北京：中国建筑工业出版社，2020.

实训楼工程图

某建筑设计有限公司
设计变更通知单

建设单位		项目编号		变更编号	03
项目名称	某学校实训楼	专 业	结 构	第1页 共1页	

设计变更或修改原因：电梯井道修改

变更内容：

一、GS-02，03：

1. 根据电梯厂家要求，剖面2—2变更见详图2—2G，平面图中尺寸相应调整。

2. 双柱独基短边长2500时，底板长向钢筋长度取短边尺寸0.9倍(端部钢筋除外)，并交错放置。

二、GS-05：

1. 根据电梯厂家要求，电梯井道范围内节点③改为③G，见详图。

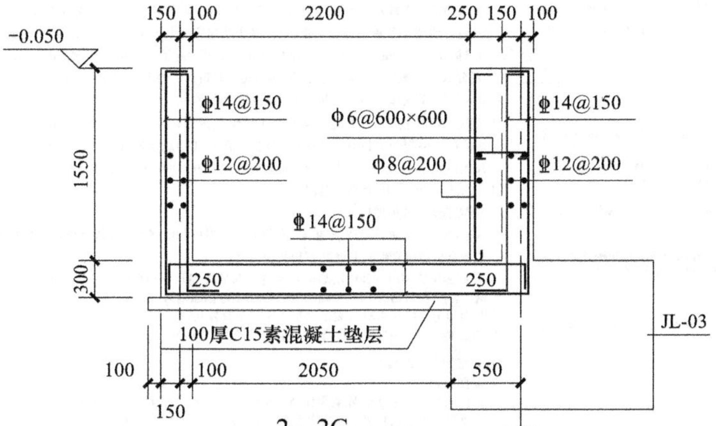

2—2G 1∶50

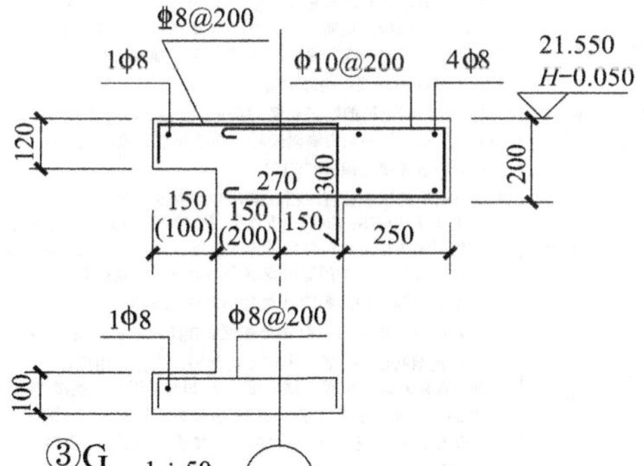

③G 1∶50

仅用于电梯
井道范围

项目负责人		审 核		修 改		日 期	

建筑 | 结构 | 电气 | 给水排水 | 暖通

结构设计总说明

本工程的全部尺寸(除注明者外)均以mm为单位,标高以m为单位。

一、工程概况

本工程为河北城乡建设学校实训楼,地上六层,局部五层,结构主体总高度(室外地坪至主要屋面板板顶或檐口高度)为22.00m。室内外高差0.450m。结构类型为框架结构,建筑抗震设防类别为丙类,安全等级为二级。框架抗震等级为三级,基础设计等级为丙级,基础形式为柱下独立基础。局部采用柱下条形基础,工程设计使用年限50年。

二、设计依据及规范

1. 《建筑结构可靠性设计统一标准》 (GB 50068—2018)
2. 《建筑结构荷载规范》 (GB 50009—2012)
3. 《混凝土结构设计规范》(2015年版) (GB 50010—2010)
4. 《建筑抗震设计规范》(2016年版) (GB 50011—2010)
5. 《建筑工程抗震设防分类标准》 (GB 50223—2008)
6. 《建筑地基基础设计规范》 (GB 50007—2011)
7. 《建筑地基处理技术规范》 (JGJ 79—2012)
8. 《湿陷性黄土地区建筑标准》 (GB 50025—2018)
9. 《混凝土结构工程施工质量验收规范》 (GB 50204—2015)
10. 《地下工程防水技术规范》 (GB 50108—2008)

13.选用图集

1) 《建筑物抗震构造详图(多层和高层钢筋混凝土)》(20G329-1)。

2) 《混凝土结构施工图平面整体表示方法制图规则和构造详图》(现浇混凝土框架、剪力墙、梁、板) (22G101-1)。

3) 《混凝土结构施工图平面整体表示方法制图规则和构造详图》(现浇混凝土板式楼梯) (22G101-2)。

4) 《混凝土结构施工图平面整体表示方法制图规则和构造详图》(独立基础、条形基础、筏形基础、桩基础) (22G101-3)。

14.计算软件

1) 楼板计算:结构平面计算机辅助设计软件PMCAD2007.04单机版。
2) 基础计算:JCCAD2007.04单机版。
3) 普通梁计算:理正结构设计软件。

三、自然条件

1. 基本风压0.35kN/m²。地面粗糙度为C类。
2. 基本雪压0.30kN/m²。
3. 标准冻深0.60m。
4. 地震基本烈度7度,设计基本地震加速度为0.10g,设计地震分组第一组,场地为Ⅲ类建筑场地,中软土场地.场地设计特征周期0.45s。
5. 稳定地下水位深度>20m。
6. 设计中主要部分采用的楼面装修荷载,活荷载标准值及其准永久值系数如下。

序号	房间用途类别	装修荷载标准值/(kN/m²)	活荷载标准值/(kN/m²)	准永久值系数
1	办公室	0.70	2.0	0.4
2	教室	0.70	2.0	0.5
3	实验室 车间 走廊	0.70	2.5	0.5
4	焊工车间	0.70	3.0	0.5
5	卫生间	0.70	4.0	0.5
6	楼梯	0.70	3.5	0.3
7	水箱间	0.70	2.0	0.5
8	电梯机房	0.40	7.0	0.8
9	不上人屋面		0.5	0
10	栏杆等水平推力	1.0kN/m		
11	雨篷挑檐	1.0kN(每米范围施工检修活荷)		

注:其他荷载按规范及实际情况取用。

四、材料

1. 混凝土

1)基础垫层混凝土为C15素混凝土。

2)基础及梁板柱楼梯:C30。

3)其余圈梁.构造柱等混凝土采用C25。

2. 钢筋:钢筋采用HPB300(ϕ),HRB400(ⱷ)。
钢筋强度标准值应具有不小于95%的保证率。
受力预埋件的钢筋应采用HPB300级.HRB400级钢筋,严禁采用冷加工钢筋。
吊环应采用HPB300级钢筋制作,严禁采用冷加工钢筋。

3.砌体:±0.00以上填充墙用A3.5加气混凝土砌块,M5混合砂浆,加气混凝土砌块的容重不大于6.5kN/m³, ±0.00以下采用MU10烧结普通页岩砖, M7.5水泥砂浆。

4. 需预埋的钢板采用Q235B级钢.直锚筋与锚板应采用T形焊。

五、地基与基础

1. 本工程基础形式:柱下独立基础,局部柱下条形基础。
柱下独立基础及条基制图规则及构造详图见国标22G101-3。

2. 依据地质勘察资料,本工程地基持力层为②层黄土状粉质黏土层,地基承载力特征值 f_{ak}=130kPa,地基土无湿陷性,天然地基不能满足设计要求,需进行地基处理,处理后地基承载力特征值 f_{spk}200kPa,压缩模量E_s=11.5MPa。建议采用夯实水泥土桩进行地基处理,桩端持力层进入④层黄土状粉质黏土层或⑤层粉砂层,且不小于1倍桩径。并在桩顶铺设200厚碎石褥垫层,处理后满足沉降要求,且地基应均匀。复合地基承载力特征值应通过现场复合地基载荷试验确定,或采用增强体的载荷试验结果和其周边土的承载力特征值结合经验确定。

3. 基坑开挖时,挖土应分层进行,以防挖土过快,造成卸载过速而引起土体失稳塌陷等后果.基坑开挖时需设置基坑保护措施(施工组织确定),以确保工程质量及人员安全。机械开挖时,应挖至基础底标高上200~400mm,余下部分人工挖土。

4. 施工及使用期间应严防地基浸水。

5. 隔墙基础型式见图1。

6. 基础施工前应进行验槽,如有与地质资料不符时应与勘察单位及设计单位协商处理。验槽合格后应立刻施工垫层,不得长期凉槽。

7. 基础施工完毕应立即回填基坑,不允许长期暴露,基坑回填前必须排除积水,清除浮土和杂物,然后在基础四周均匀回填,遵循原则为:
四周均匀分层夯实回填,要求回填土压实系数为 0.94。

8. 本栋楼±0.000相当绝对标高,相当于地质报告中50.45m。

六、结构措施及构造

1. 制图原则

1)结构配筋采用平法绘图,墙梁柱制图规则及构造详图见国标22G101-1,现浇混凝土楼板制图规则及构造详图见国标22G101-1,现浇混凝土板式楼梯制图规则及构造详图见国标22G101-2.国标与本图不符时以本图为准。

2)梁箍筋肢数未注明者均为双肢箍。

3)集中荷载处的附加箍筋和附加吊筋:
①主次梁相交处以及梁上有梁上柱时,主梁在次梁(或梁上柱)两侧各附加3根箍筋,附加箍筋同主梁箍筋,如图2。
②如附加箍筋不够而增设附加吊筋时均采用原位标注,标注值下加实线,如图3。

4)未注明梁顶标高均同较高板顶标高,个别不同梁的梁顶标高采用原位标注.

5)构件中心线与轴线关系详平面,未注明者轴线居中。

2. 关于钢筋的连接、锚固构造

1)非框架结构钢筋的锚固长度l_a,搭接长度l_l,见22G101-1。

2)框架结构钢筋的抗震锚固长度l_{aE},抗震搭接长度l_{lE},见22G101-1。

3)其余构造详图见国标22G101-1。

4)受力钢筋的接头位置应相互错开,钢筋接头位置:
①上部结构板下部钢筋在支座处,上部钢筋在跨中1/3范围内。
②地下室外墙外侧的竖向或水平钢筋在跨中或层高中部1/3部位处。
地下室外墙内侧的竖向或水平钢筋在支座处接头。
③基础梁顶部钢筋和KL,L梁底部钢筋在支座1/3范围内。
基础梁底部钢筋和KL,L顶部钢筋在跨中部位1/3范围内。
④筏板钢筋接头位置与上部楼板钢筋接头位置相反。

5)钢筋直径d<20时可采用搭接接头,d=20时采用机械连接,当质量却有保证时,也可采用焊接接头;搭接接头百分率:梁,板,墙≤25%,柱≤50%。机械连接或焊接接头百分率均不得大于50%。框架梁.柱机械连接接头等级不小于Ⅱ级,其余部位不小于Ⅲ级。

3. 关于留洞

1)板中预留洞小于300mm时,板内钢筋需绕过洞口,不得切断钢筋。

2)板上有洞[300<(b或D)≤1000且洞边无集中荷载]时,平面图中若无表示,洞边加筋详图4和图5。

3)当次梁上需开小洞时,洞边加固详图6。

4)混凝土墙上开洞应对照各专业图样预留,不得后凿.未注明混凝土墙洞口加筋,详图7。

4. 现浇梁板

1)板结构平面图中板支座负筋长度为从支座边算起的长度。

2)板分布筋为ϕ8@250。

3)双向板两个方向的底部钢筋,短跨的板底钢

4)建筑图中板上有墙,结构图中墙下无梁时,墙
钢筋,3000~4200mm附加3ⱷ16钢筋,锚入两边

5)楼板防裂加强措施:
各楼层结构平面图中当板跨≥3300时,板阳
l/3处,详图9。

6)梁标注构造详图集22G101-1.悬臂梁构造做

7)当梁腹板高度≥450时,梁侧面设置纵向构造
图中未注明的均为ⱷ12,钢筋间距≤200(从

8)当次梁的一端与柱连接时,该端的钢筋锚固
在框架梁柱节点处,当两侧梁的主筋相同时

9)井字梁相交处附加箍筋详见图11。井字梁

10)当主梁的底面与次梁底面持平时,次梁底部
梁中较大直径钢筋靠截面外侧放置。当梁
钢筋应在梁底筋之上放置。

5. 框架结构填充墙的构造要求。

1)加气混凝土墙砌筑,加筋,过梁等要求见建筑

2)加气墙长度大于两倍层高时,每隔6m设一构
填充墙需用构造柱加强,宜先砌墙后浇构造
构造柱主筋锚入梁或板内40d。

3)构造柱,框架柱与后砌加气混凝土隔墙应沿
拉筋伸入墙中700mm,钢筋锚入框架柱,构造
构造柱做法详国标03G363,配筋及截面详各

4)构造柱未完全落在梁上时生根示意,详图13

5)加气混凝土墙长度大于5000mm时墙顶采用

6)加气混凝土墙高度大于4000mm时在门窗洞

7)电梯井道四周维护墙沿墙高每隔2m设一道
圈梁高300mm。圈梁定位须经电梯厂家核

6.屋顶现浇混凝土挑板及女儿墙每间隔12m设
用沥青麻丝填实。伸缩缝处水平钢筋必须断

七、施工要求

1. 施工时必须满足有关施工规范或规程的规
料必须为按有关规定检测或试验合格的产品

2. 基坑开挖时应注意边坡稳定,施工期间基坑

3. 施工中密切配合建筑、水、暖、电各专业

1)设备洞施工中密切配合建筑、水、暖、电

2)挡土墙、楼板上洞必须预留,管道穿墙穿板

3)板中预埋电管交叉处不得超过两根.不得沿

4. 施工中梁,板应按施工验收规范中的要求预

5. 悬挑构件支撑必须在混凝土强度达到100%

6. 防水混凝土施工缝做法详12J2。防水混凝
施工缝或后浇带处使用的加强网遇水膨胀
规定,其检测应符合 JG/T141—2001。

7. 基础底板上下层钢筋之间的马凳筋施工组

8. 玻璃幕墙、钢雨篷.建筑装饰用钢架.电梯
建施工,在混凝土浇筑之前予埋.受力予埋件

9. 室外钢梯由钢结构专业厂家设计施工。

八、建设单位及物业管理

1. 控制用户使用时装修荷载不得超过设计选

2. 对承重构件,不允许用户有损伤性做法。

3. 未经技术鉴定或设计许可,不得改变结构的

九、未尽事宜遵照有关规范和标准执行

十、本套施工图必须经图样审查机构审查通

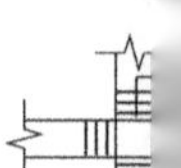

井字梁附

图

中。
,抗渗等级S6。

向钢筋置于下侧。

后方可进行施工,施工期间地基严禁浸泡。

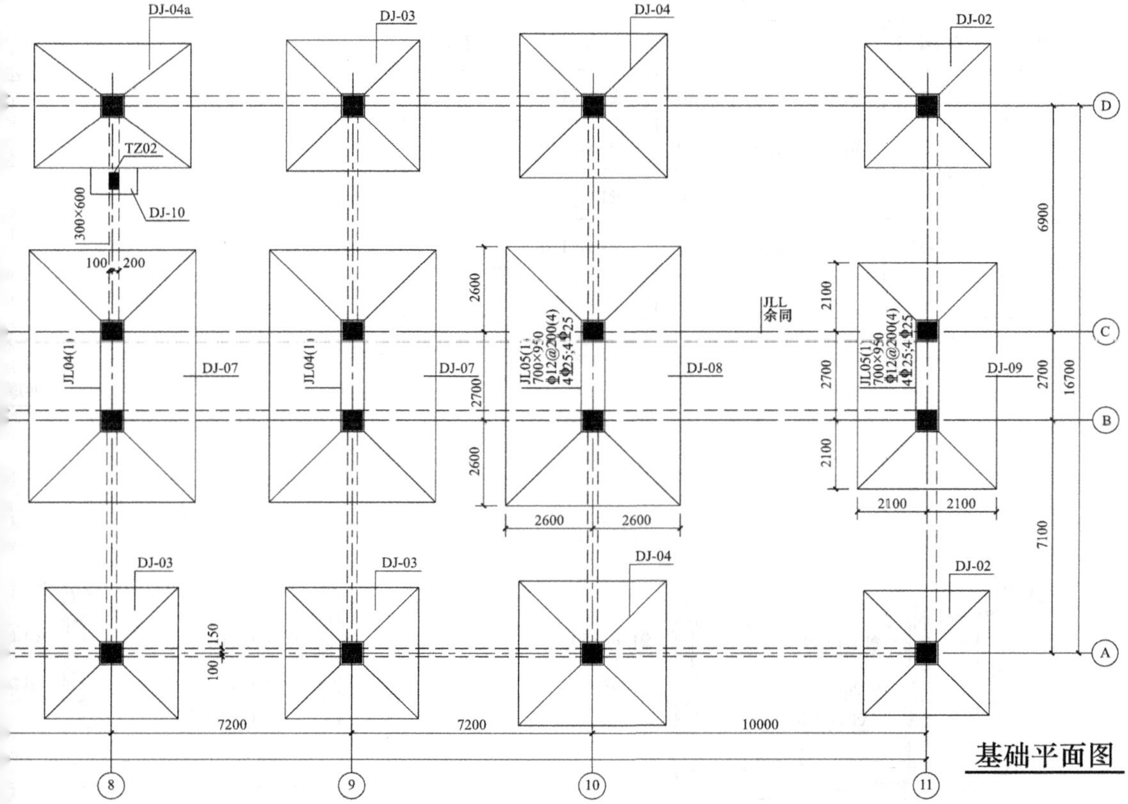

基础平面图 1:100

某建筑设计有限公司

经理
专业负责人
审核
校对
设计

建设单位
项目名称 某学校实训楼
图样名称 基础平面图

工号
阶段 施工图
专业 结构
图号 GS-02
日期

柱下独立基础列表

序号	基础编号	B	L	b	h	h_1	h_2	As_y	As_x	备注
1	DJ-01	2800	2800	600	600	250	200	Φ12@160	Φ12@160	
2	DJ-02	3800	3800	600	600	250	400	Φ14@120	Φ14@120	
3	DJ-03	4000	4000	600	600	250	450	Φ14@110	Φ14@110	
4	DJ-04	4400	4400	600	600	250	550	Φ14@100	Φ14@100	
5	DJ-04a	4700	3800	600	600	250	600	Φ14@160	Φ14@100	As_x钢筋在下侧
6	DJ-05	5400	5400	600	600	250	700	Φ16@100	Φ16@100	
7	DJ-06	3200	3200	600	600	250	300	Φ12@100	Φ12@100	
8	DJ-07	5000		600	600	250	650	Φ16@90	Φ16@110	
9	DJ-08	5200		600	600	250	700	Φ16@90	Φ16@110	
10	DJ-09	4200		600	600	250	500	Φ16@110	Φ14@110	
11	DJ-10	1400	800			300	0	Φ12@200	Φ12@200	梯柱基础 As_x钢筋在下侧

条形基础列表

序号	基础编号	B	h_3	h_4	As_1	备注
1	TJ-01	3600	250	350	Φ16@120	
2	TJ-02	3600	250	350	Φ16@120	
		2300	250	350	Φ12@120	
3	TJ-03	4600	250	350	Φ16@110	

注: 柱

100厚

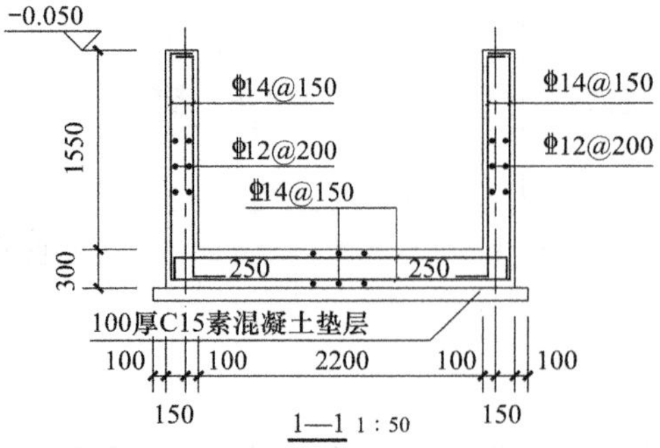

1—1 1 : 50

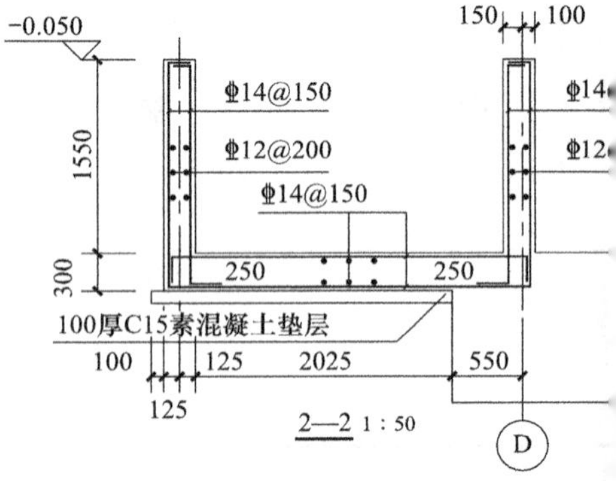

2—2 1 : 50

筋表

	KZ3	KZ4(KZ4a)	
600	10Φ20 600 600	16Φ25 600 600	16Φ22 (4Φ25+12Φ22) 600 600
21.550	基础顶~21.550	基础顶~3.550	3.550~25.200
00/200	Φ8@100/200	Φ10@100/200	Φ8@100/200

	KZ7	
600	16Φ22 650 650	16Φ20 650 650
21.550	基础顶~3.550	3.550~21.550
00/200	Φ12@100/200	Φ10@100/200

注: 纵筋用"+"连接标注时, "+"前为角筋。

说明:

1. 未注明定位,柱中居轴线中。
2. 框架柱构造详国标22G101-1。
3. 框架柱在基础中插筋构造详国标22G101-3。
4. 框架柱复合箍筋中同时有双肢箍和单肢箍时, 双肢箍和单肢箍沿柱高交错放置。

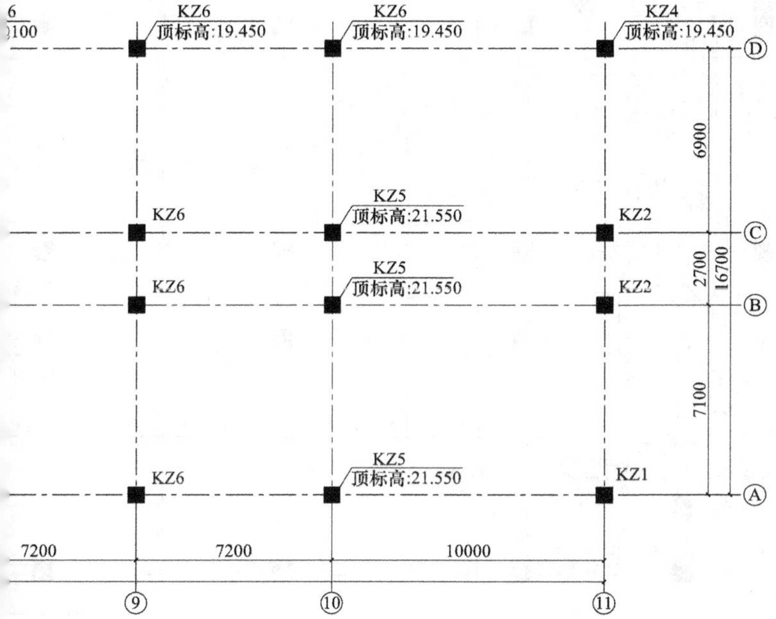

屋顶	21.550	
6	17.950	3.6
5	14.350	3.6
4	10.750	3.6
3	7.150	3.6
2	3.550	3.6
1	−0.050	3.6
层号	结构标高/m	层高/m

结构层楼面标高、结构层高

框架柱配筋平面图 1:100

某建筑设计有限公司			
经理	建设单位		工号	
专业负责人	项目名称	某学校实训楼	阶段	施工图
审核	图样名称	框架柱配筋平面图	专业	结构
校对			图号	GS-04
设计			日期	

暖通

建筑
结构
电气
给水排水

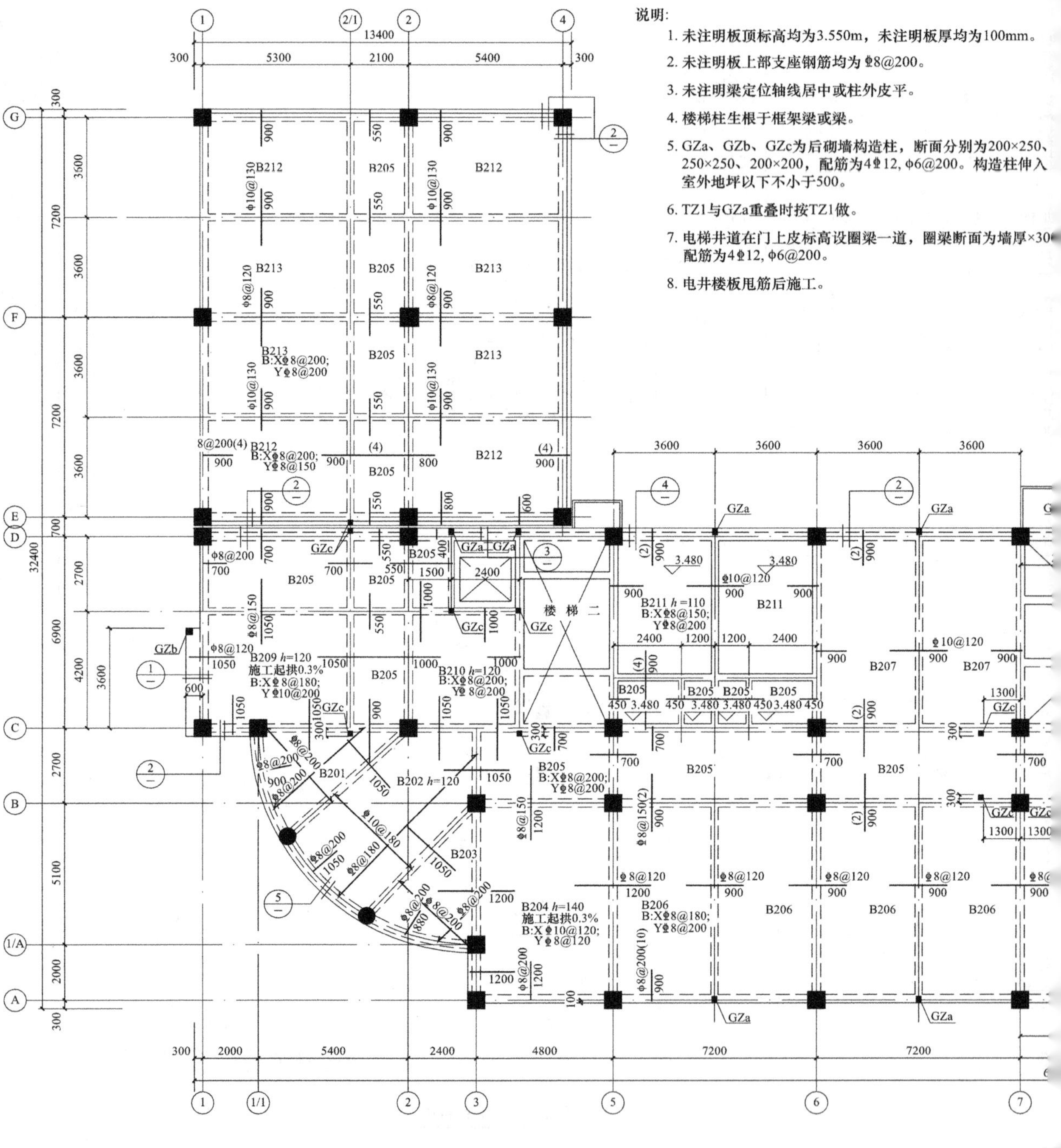

说明:

1. 未注明板顶标高均为3.550m，未注明板厚均为100mm。
2. 未注明板上部支座钢筋均为Φ8@200。
3. 未注明梁定位轴线居中或柱外皮平。
4. 楼梯柱生根于框架梁或梁。
5. GZa、GZb、GZc为后砌墙构造柱，断面分别为200×250、250×250、200×200，配筋为4Φ12，ϕ6@200。构造柱伸入室外地坪以下不小于500。
6. TZ1与GZa重叠时按TZ1做。
7. 电梯井道在门上皮标高设圈梁一道，圈梁断面为墙厚×30
配筋为4Φ12，ϕ6@200。
8. 电井楼板甩筋后施工。

齐梁边。
柱边。
附加吊筋2⌀16。
。
从向钢筋在同一平面时，纵向框架梁钢筋在外侧。

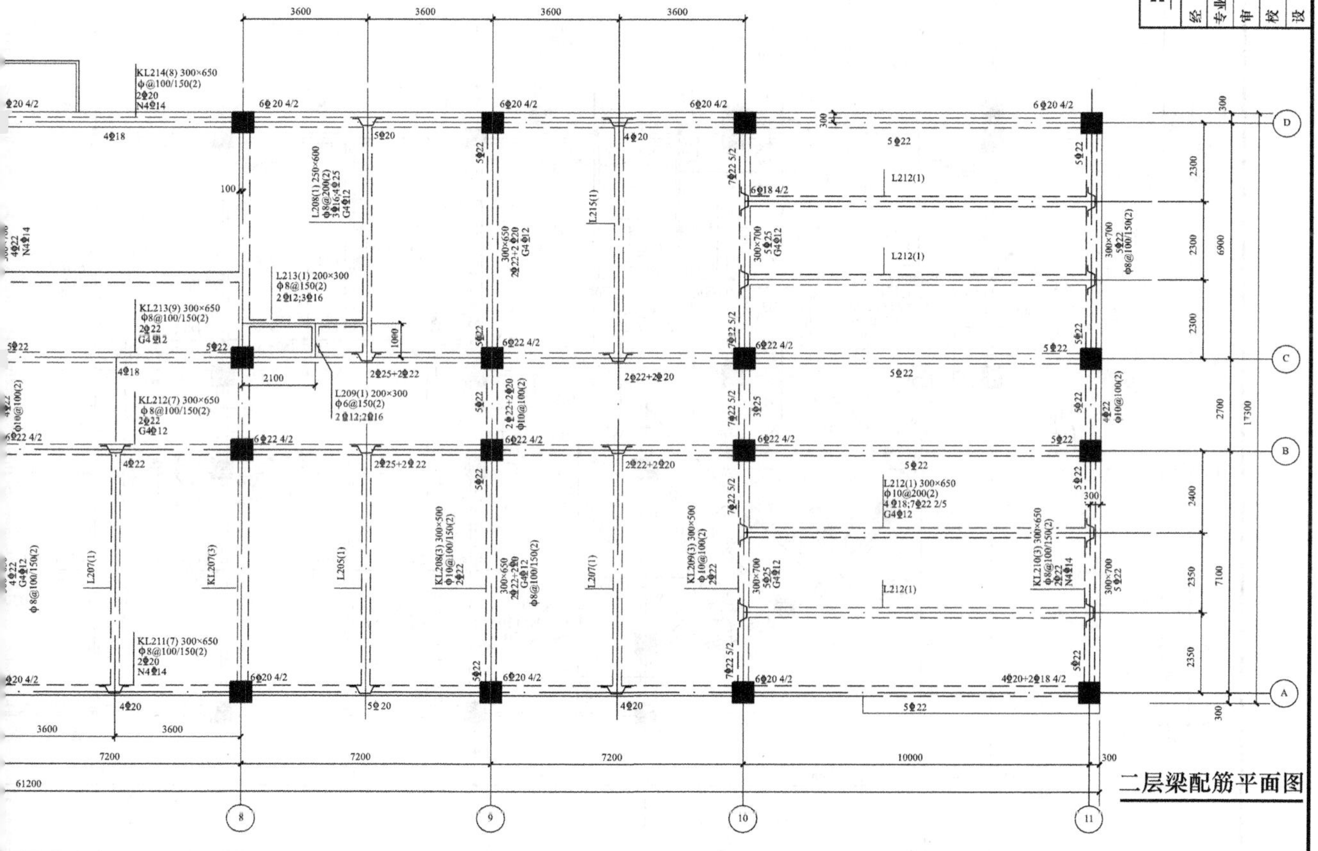

二层梁配筋平面图

某建筑设计有限公司	设计证书级别： 编号：
经　理	建设单位
专业负责人	项目名称　某学校实训楼
审　核	
校　对	图样名称　二层梁配筋平面图
设　计	
工　号	
阶　段	施工图
专　业	结　构
图　号	GS-06
日　期	

暖通

建筑
结构
电气
给水排水

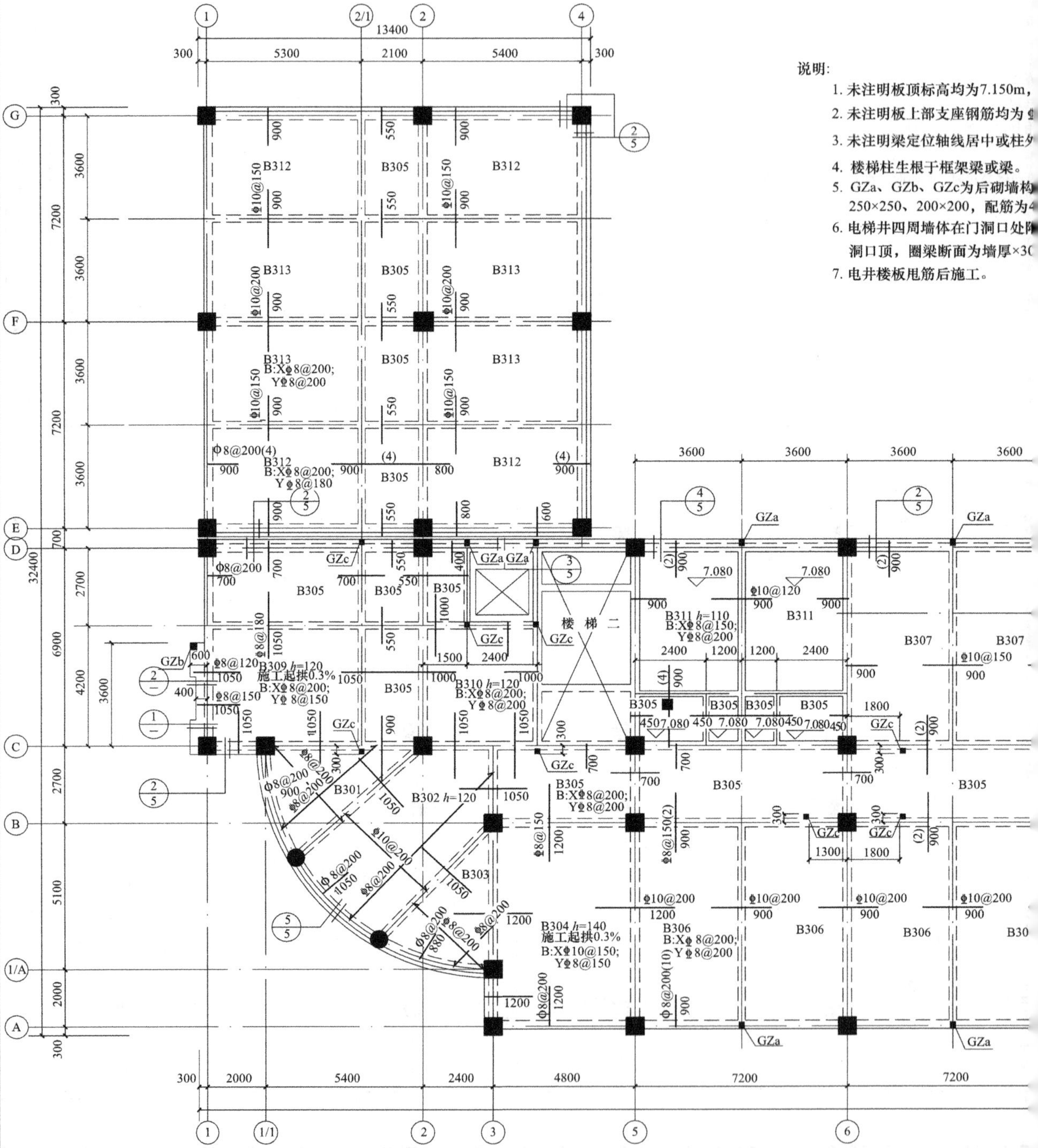

说明:

1. 未注明板顶标高均为7.150m，
2. 未注明板上部支座钢筋均为
3. 未注明梁定位轴线居中或柱外
4. 楼梯柱生根于框架梁或梁。
5. GZa、GZb、GZc为后砌墙构
   250×250、200×200，配筋为4
6. 电梯井四周墙体在门洞口处
   洞口顶，圈梁断面为墙厚×30
7. 电井楼板甩筋后施工。

。

筋2⌀16。

筋在同一平面时，纵向框架梁钢筋在外侧。

某建筑设计有限公司	设计证书级别:	编号:
经　理	建设单位	工　号
专业负责人	项目名称　某学校实训楼	阶　段　施工图
审　核	图样名称　三层梁配筋平面图	专　业　结　构
校　对		图　号　GS-08
设　计		日　期

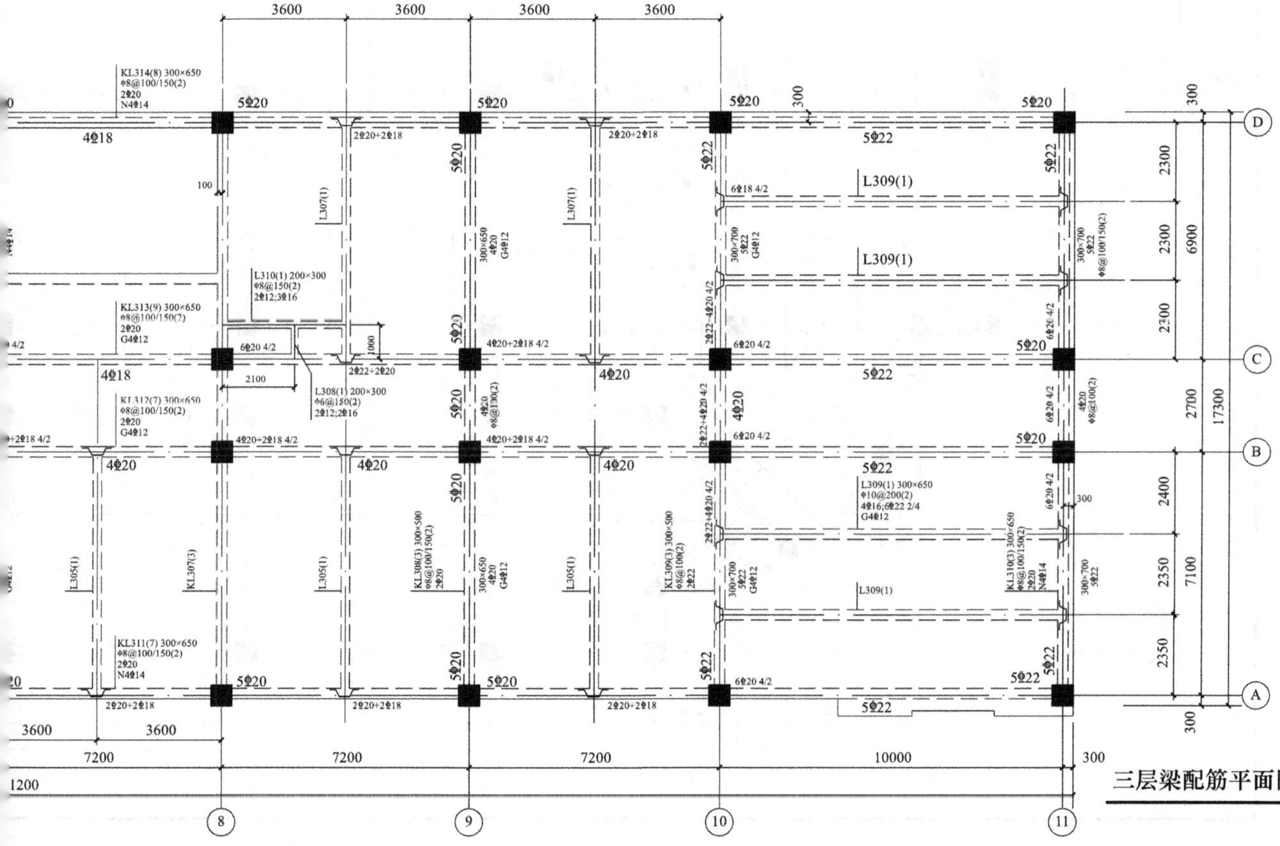

三层梁配筋平面图

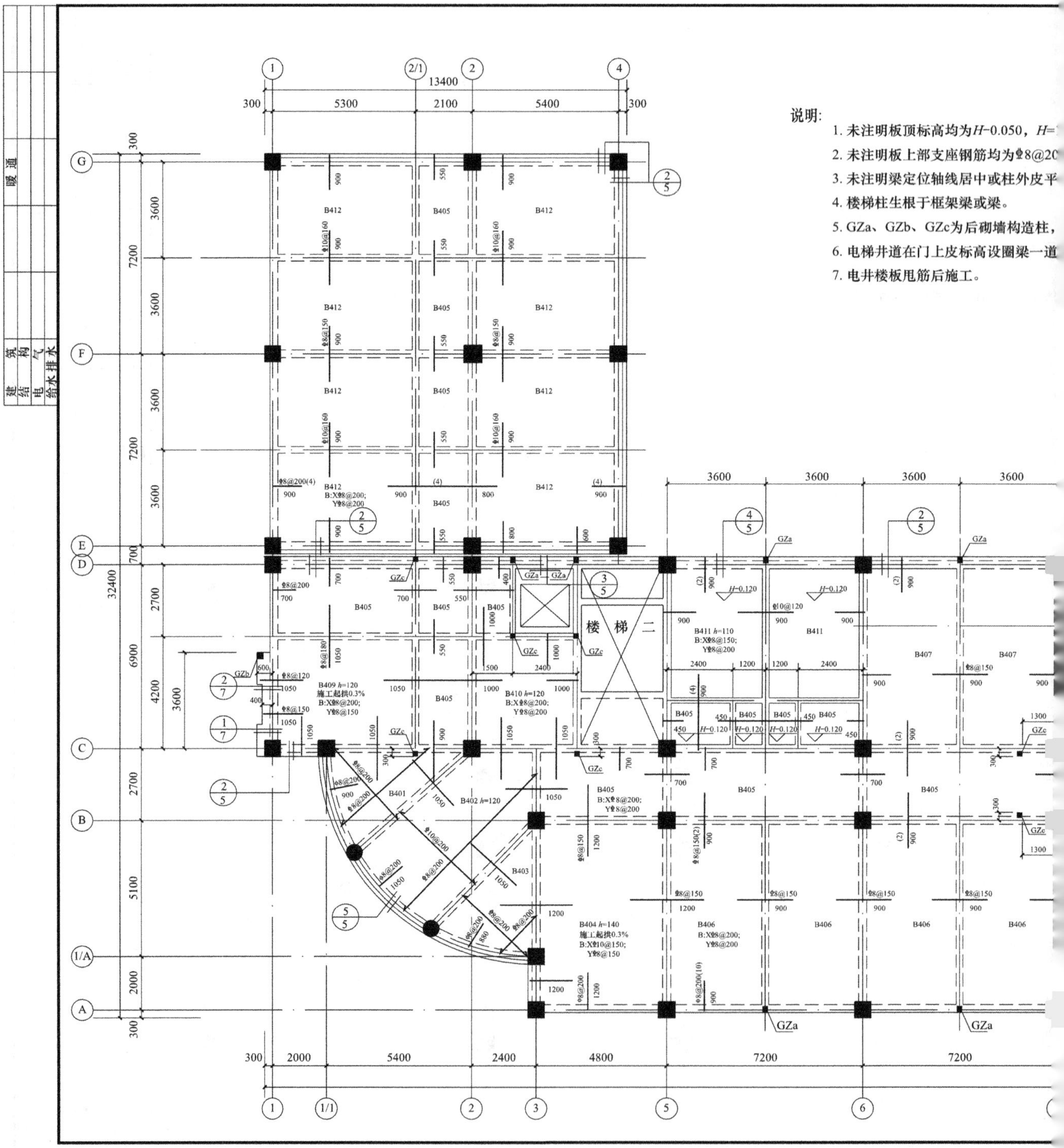

说明:

1. 未注明板顶标高均为H-0.050，H=
2. 未注明板上部支座钢筋均为⌀8@20
3. 未注明梁定位轴线居中或柱外皮平
4. 楼梯柱生根于框架梁或梁。
5. GZa、GZb、GZc为后砌墙构造柱，
6. 电梯井道在门上皮标高设圈梁一道
7. 电井楼板甩筋后施工。

400m。

一平面时，纵向框架梁钢筋在外侧。

某建筑设计有限公司	设计证书级别:	编号:
经理	建设单位	工号
专业负责人	项目名称 某学校实训楼	阶段 施工图
审核		专业 结构
校对	图样名称 四、五层梁配筋平面图	图号 GS-10
设计		日期

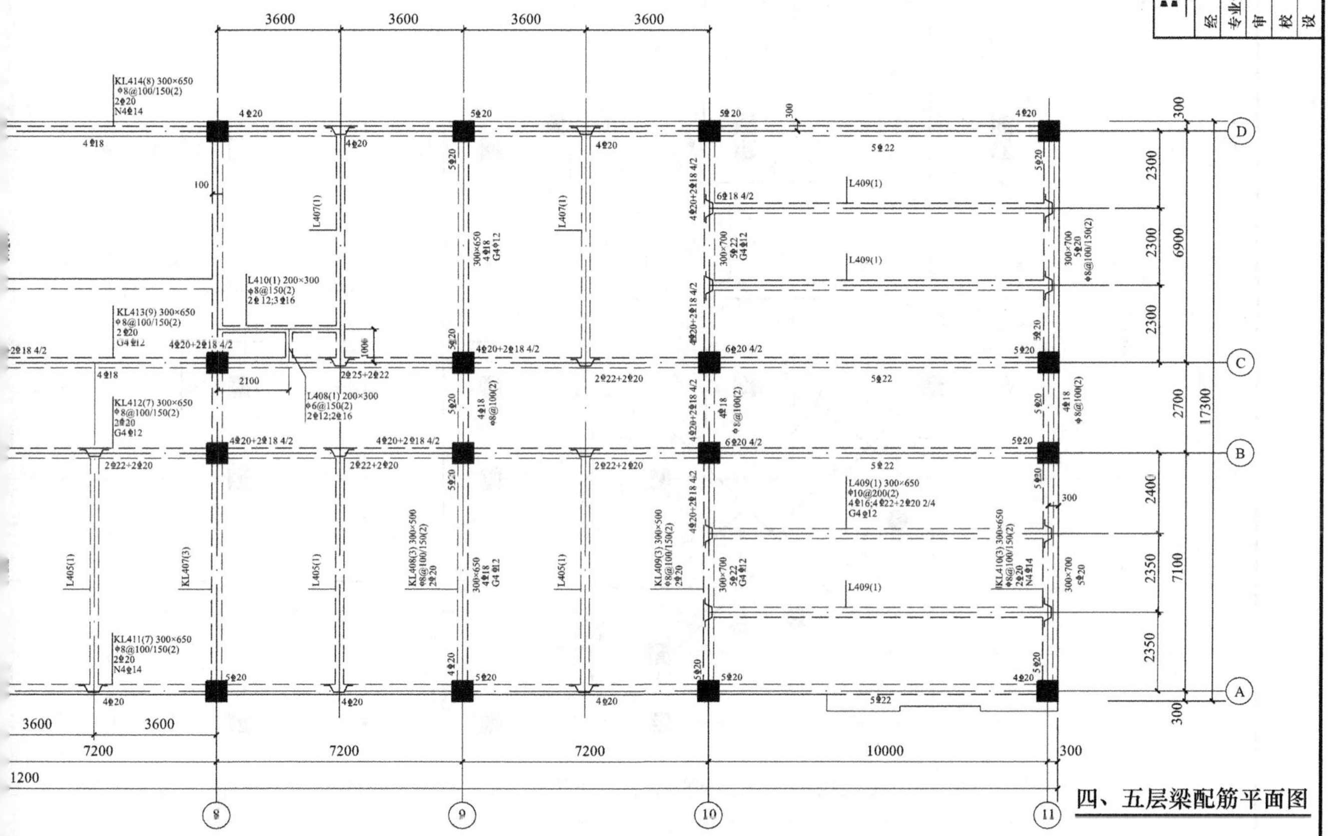

四、五层梁配筋平面图

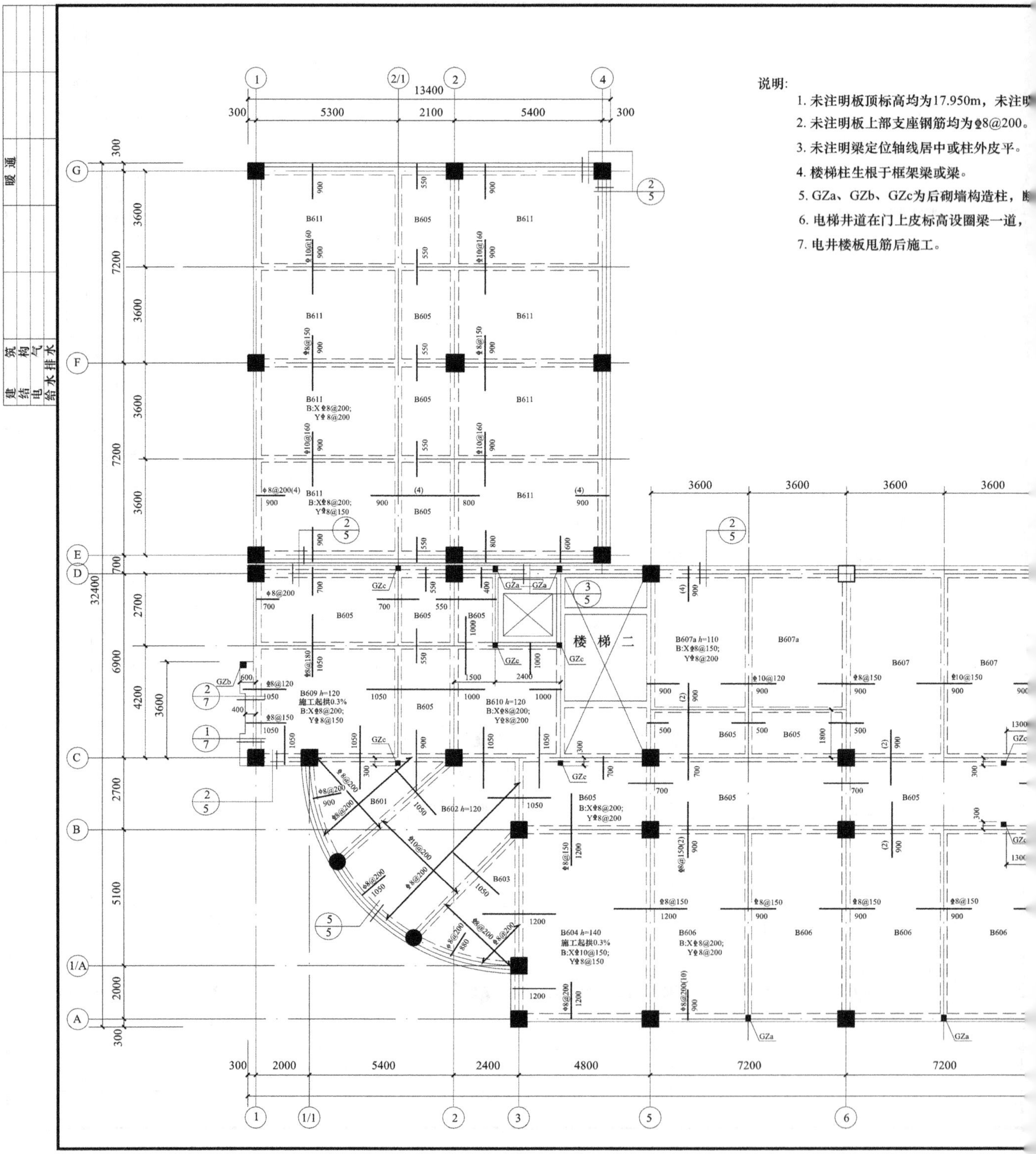

说明:

1. 未注明板顶标高均为17.950m，未注明
2. 未注明板上部支座钢筋均为ф8@200。
3. 未注明梁定位轴线居中或柱外皮平。
4. 楼梯柱生根于框架梁或梁。
5. GZa、GZb、GZc为后砌墙构造柱，断
6. 电梯井道在门上皮标高设圈梁一道，
7. 电井楼板甩筋后施工。

边。

。

吊筋2Φ16。

钢筋在同一平面时，纵向框架梁钢筋在外侧。

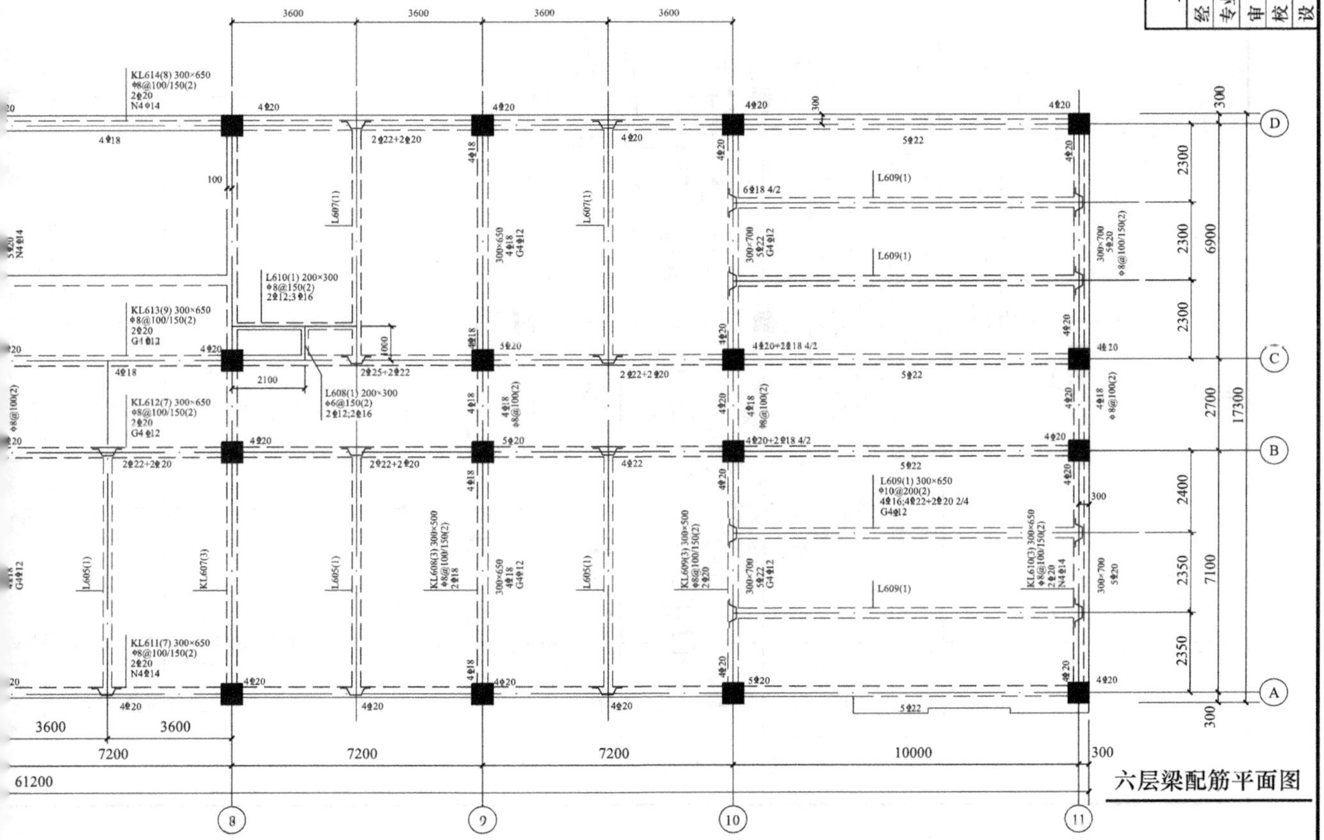

六层梁配筋平面图

某建筑设计有限公司	设计证书级别:		编号:
经　理	建设单位		工　号
专业负责人	项目名称	某学校实训楼	阶　段	施工图
审　核			专　业	结　构
校　对	图样名称	六层梁配筋平面图	图　号	GS-12
设　计			日　期	

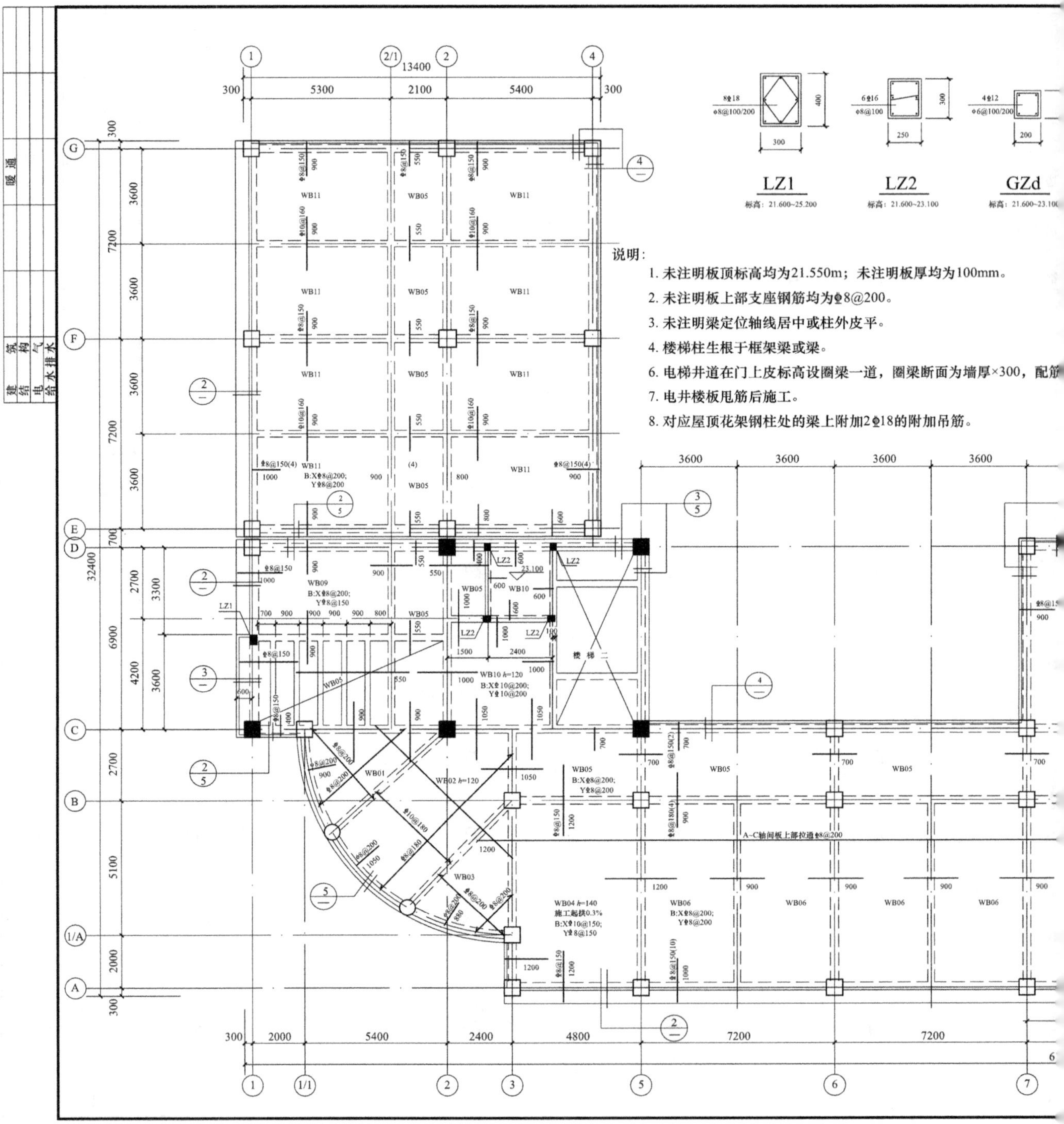

说明：

1. 未注明板顶标高均为21.550m；未注明板厚均为100mm。
2. 未注明板上部支座钢筋均为φ8@200。
3. 未注明梁定位轴线居中或柱外皮平。
4. 楼梯柱生根于框架梁或梁。
6. 电梯井道在门上皮标高设圈梁一道，圈梁断面为墙厚×300，配筋
7. 电井楼板甩筋后施工。
8. 对应屋顶花架钢柱处的梁上附加2φ18的附加吊筋。

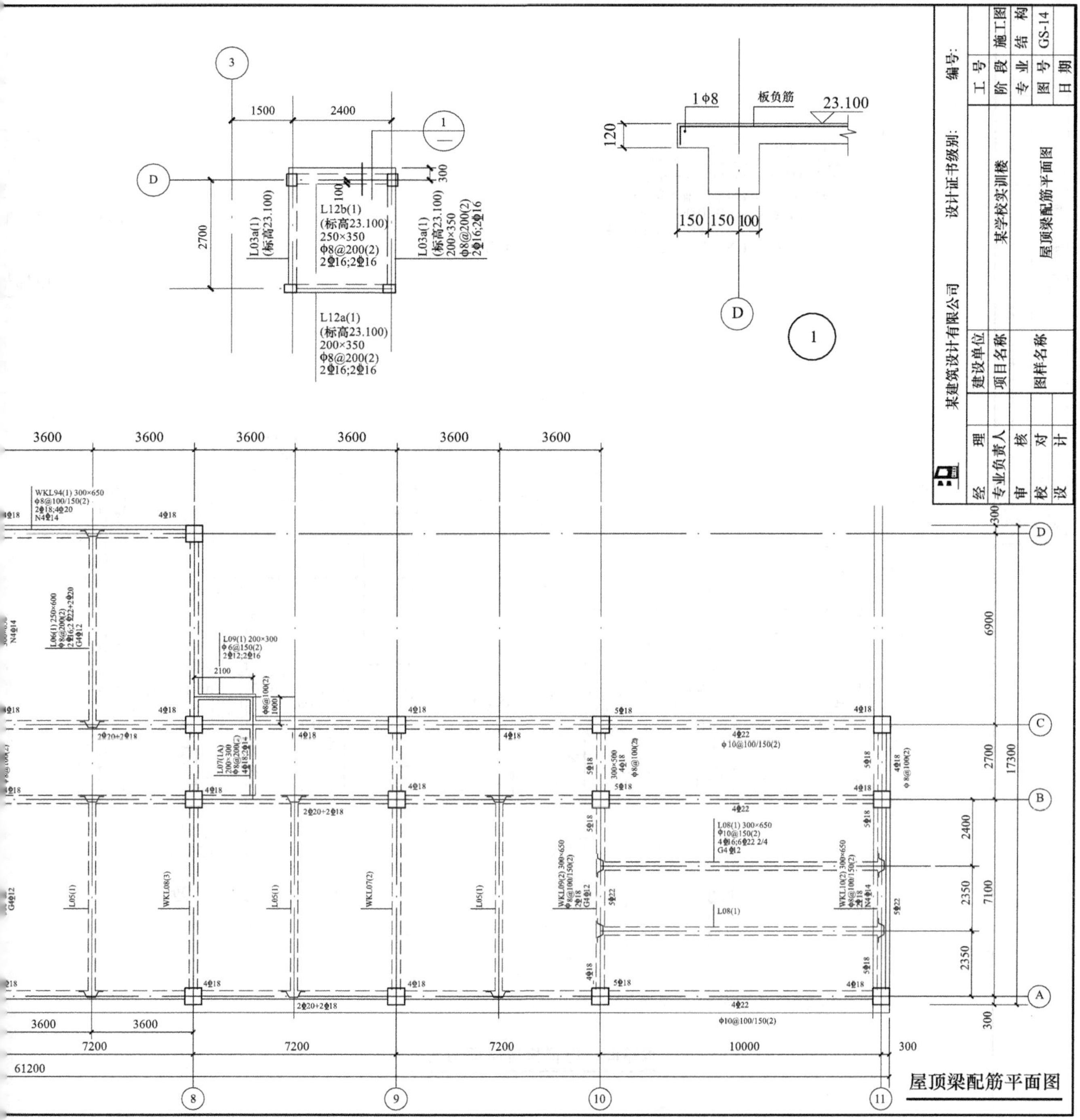

某建筑设计有限公司
设计证书级别:
编号:
经理
专业负责人
审核
校对
设计
建设单位
项目名称
某学校实训楼
图样名称
屋顶梁配筋平面图
工号
阶段 施工图
专业 结构
图号 GS-14
日期
L12b(1)
(标高23.100)
250×350
ϕ8@200(2)
2⌀16;2⌀16
L03a(1)
(标高23.100)
200×350
ϕ8@200(2)
2⌀16;2⌀16
L12a(1)
(标高23.100)
200×350
ϕ8@200(2)
2⌀16;2⌀16
1500
2400
2700
300
100
1ϕ8
板负筋
23.100
120
150 150 100
WKL94(1) 300×650
ϕ8@100/150(2)
2⌀18;4⌀20
N4⌀14
L06(1) 250×600
L09(1) 200×300
ϕ6@150(2)
2⌀12;2⌀16
2100
L07(1A)
L08(1) 300×650
ϕ10@150(2)
4⌀16;6⌀22 2/4
G4⌀12
L08(1)
WKL09(2) 300×650
WKL10(2) 300×650
WKL08(3)
WKL07(2)
L05(1)
4⌀22
ϕ10@100/150(2)
2⌀20+2⌀18
3600
7200
10000
61200
6900
2700
2400
2350
7100
17300
300

屋顶梁配筋平面图

说明:
1. 未注明板顶标高均为25.800m。
2. 未注明板上部支座钢筋均为ϕ8@200。
3. 未注明梁顶标高均为25.800m。
4. 未注明次梁轴线居中或轴线齐梁边。
5. 未注明框架梁轴线居中或平柱边。
6. 加箍筋见总说明，未注明附加吊筋2ϕ16。
7. 电梯吊钩处,梁上附加吊筋2ϕ14,并在吊钩两侧各附加箍筋3ϕ8@50。

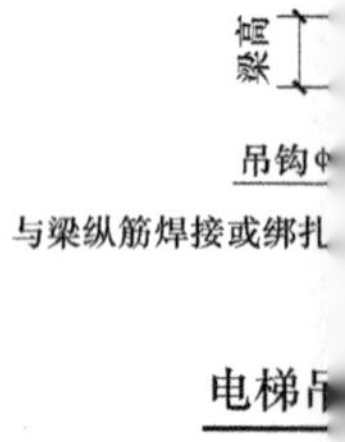

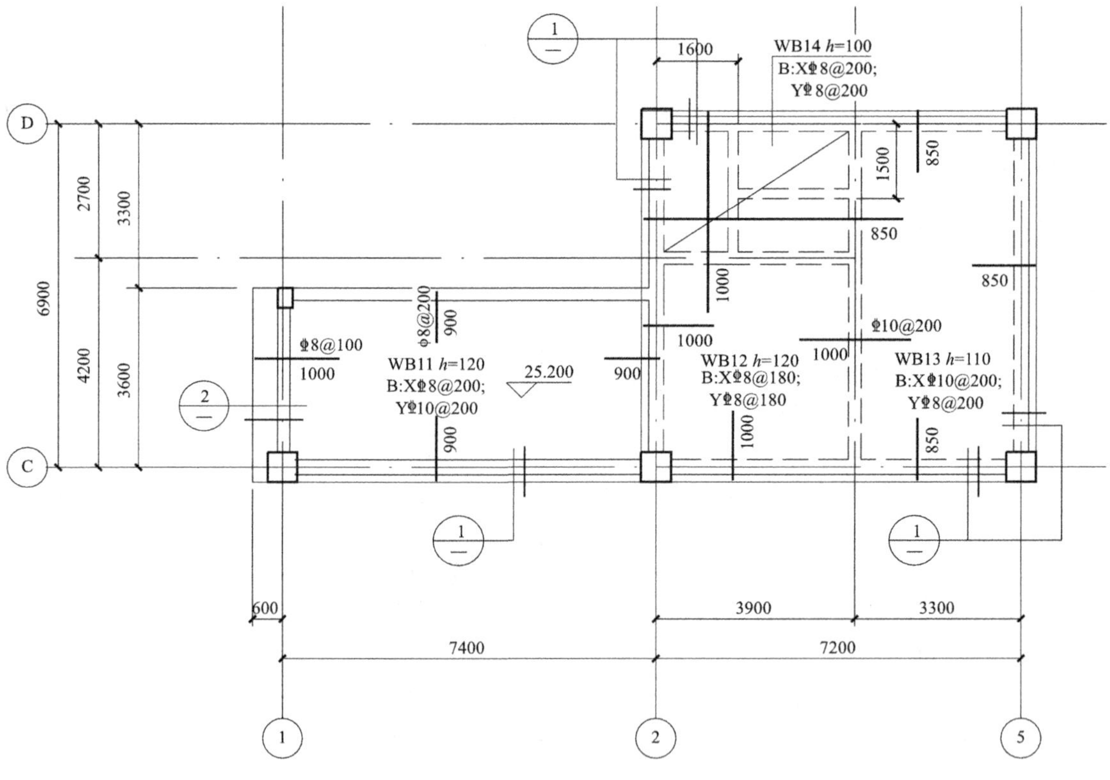

水箱间、电梯机房屋顶结构平面图

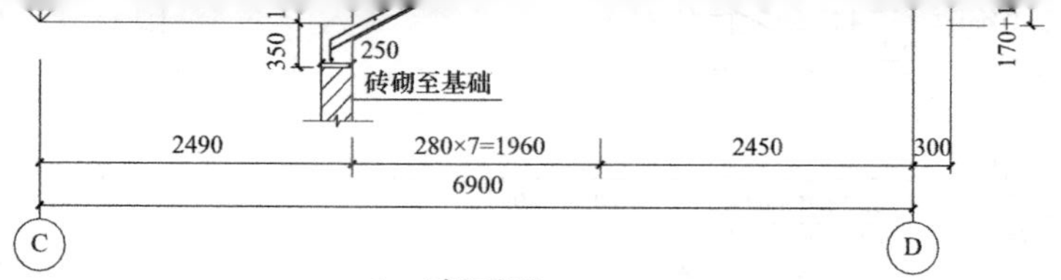

1—1剖面图

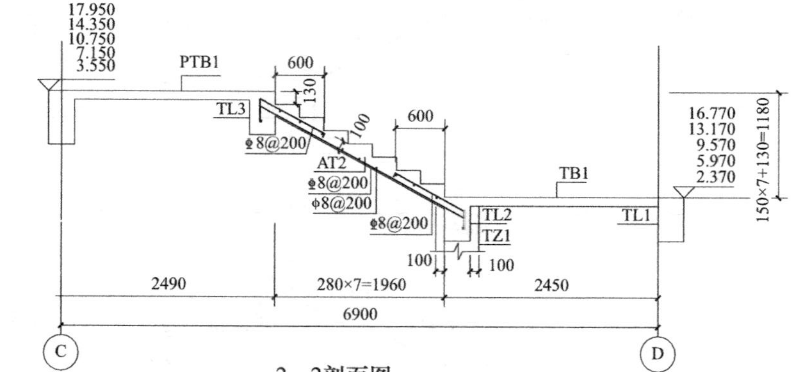

2—2剖面图

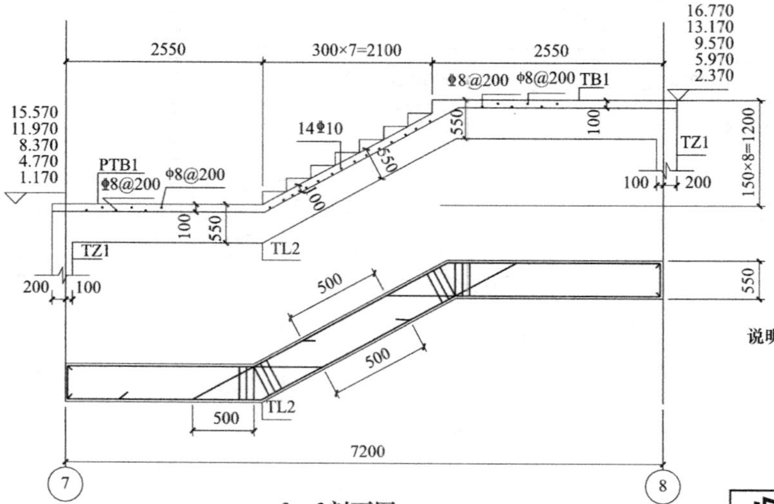

3—3剖面图

说明:

1.未注明的平台板分布钢筋为φ8@250,踏步板分布钢筋为φ8@200。
2.TB1分布钢筋为φ8@200,配筋详见3—3剖面图。
3.梯柱生根于基础,基础梁,框架梁或梁。
4.楼梯预埋件见建筑详图。

某建筑设计有限公司					
经　　理		建设单位		工　号	
专业负责人		项目名称	某学校实训楼	阶　段	施工图
审　　核		图样名称	楼梯一详图	专　业	结　构
校　　对				图　号	GS-16
设　　计				日　期	

建　筑			暖　通		
结　构					
电　气					
给水排水					

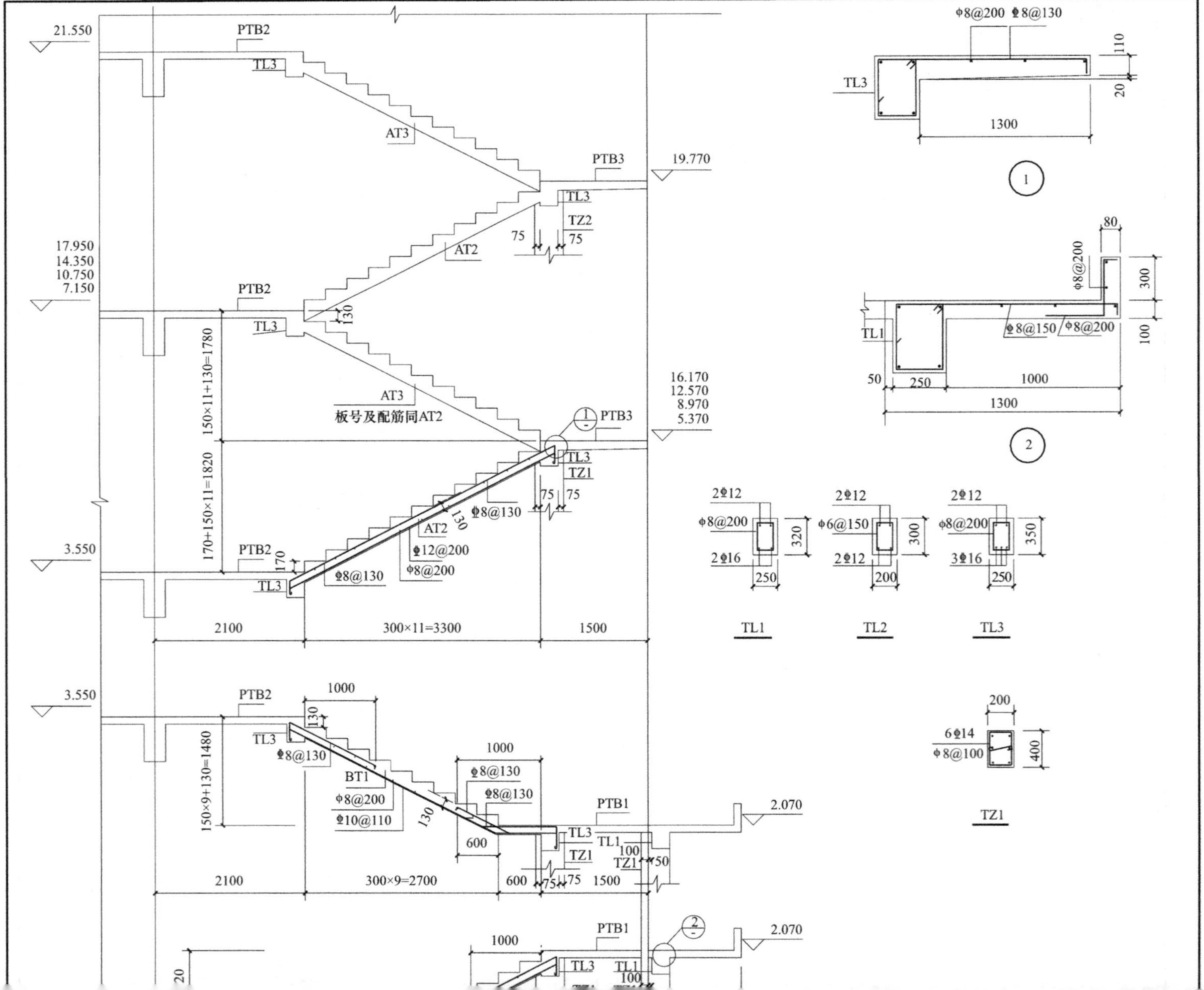

明板厚均为100mm。
00。
。
，断面分别为200×250、
，ϕ6@200。
圈梁一道，圈梁底标高同
筋为4⌀12，ϕ6@200。

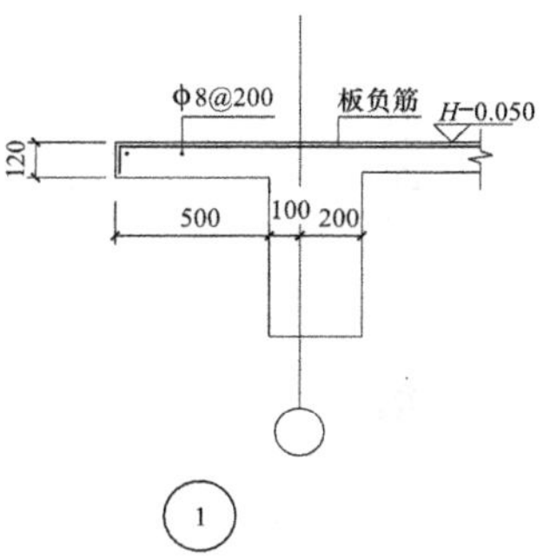

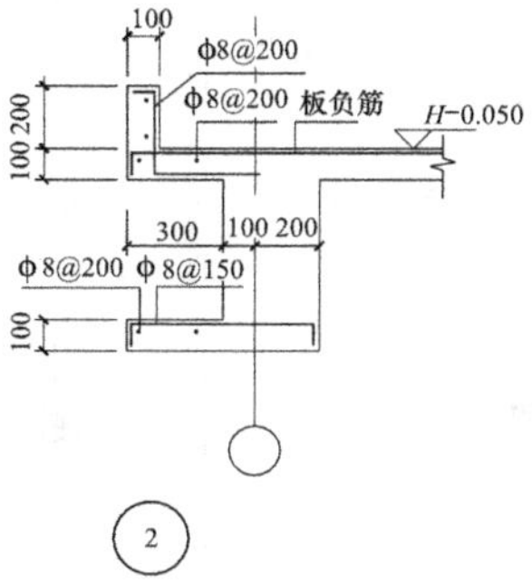

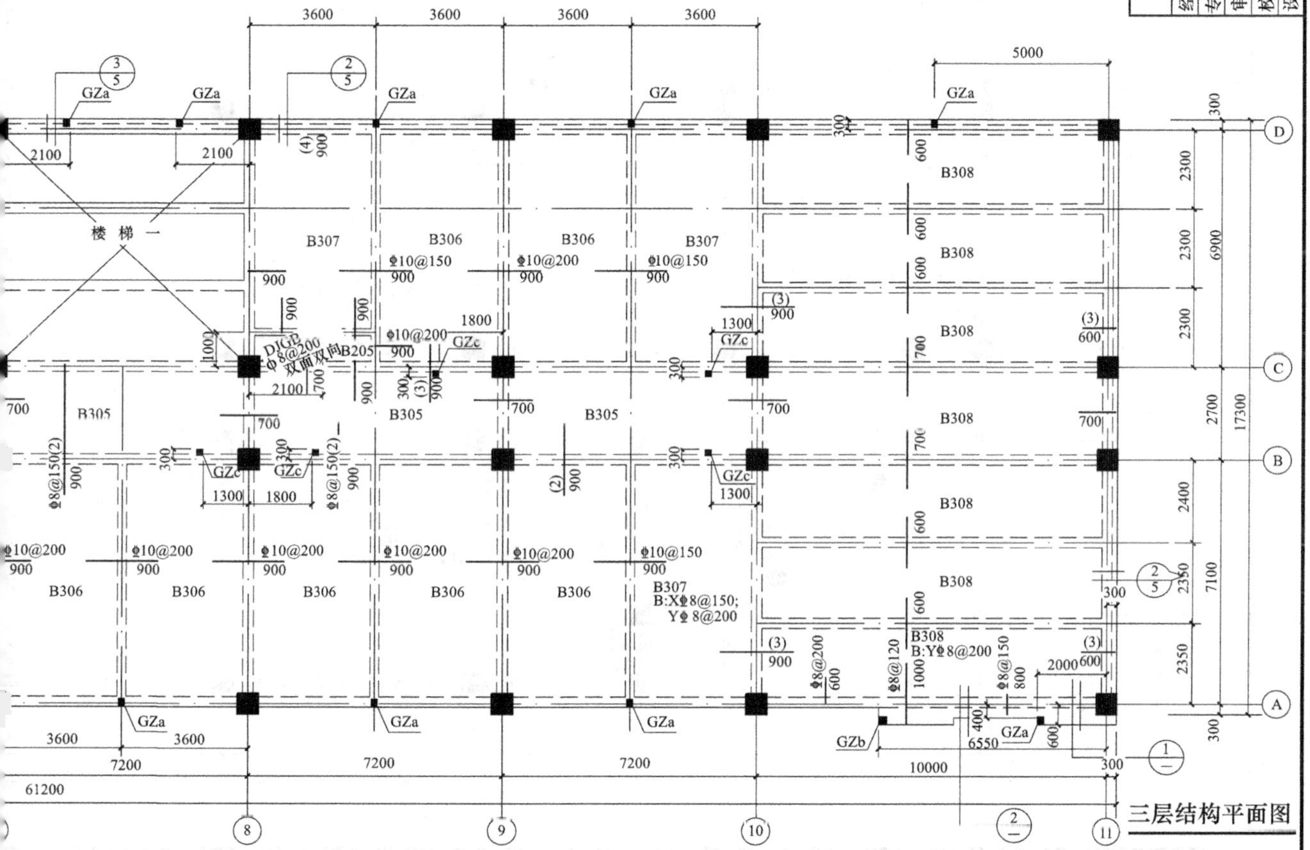

三层结构平面图

某建筑设计有限公司	设计证书级别： 编号：
经理	
专业负责人	建设单位	工号
审核	项目名称 某学校实训楼	阶段 施工图
校对	图样名称 三层结构平面图	专业 结构
设计		图号 GS-07
		日期

暖通

建筑
结构
电气
给水排水

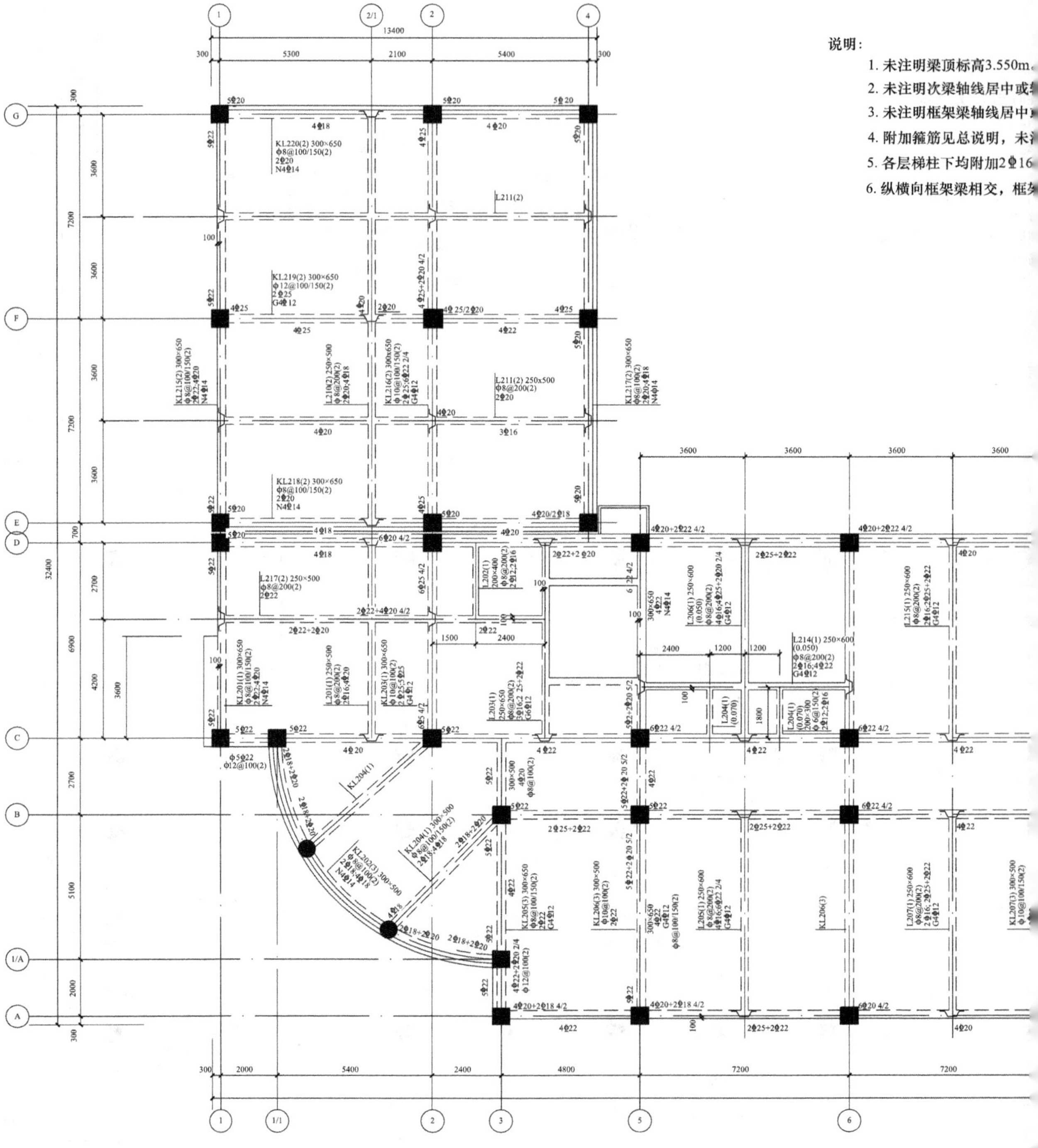

说明:

1. 未注明梁顶标高3.550m.
2. 未注明次梁轴线居中或
3. 未注明框架梁轴线居中
4. 附加箍筋见总说明，未
5. 各层梯柱下均附加2⏀16
6. 纵横向框架梁相交，框

某建筑设计有限公司

设计证书级别：　　编号：

经理	建设单位		工号
专业负责人	项目名称	某学校实训楼	阶段　施工图
审核			专业　结构
校对	图样名称	二层结构平面图	图号　GS-05
设计			日期

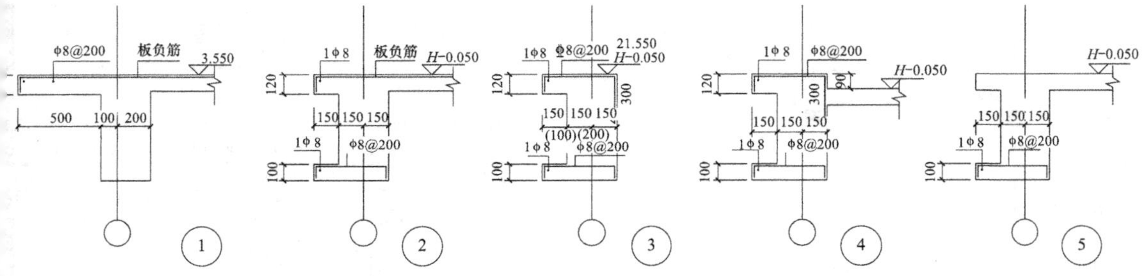

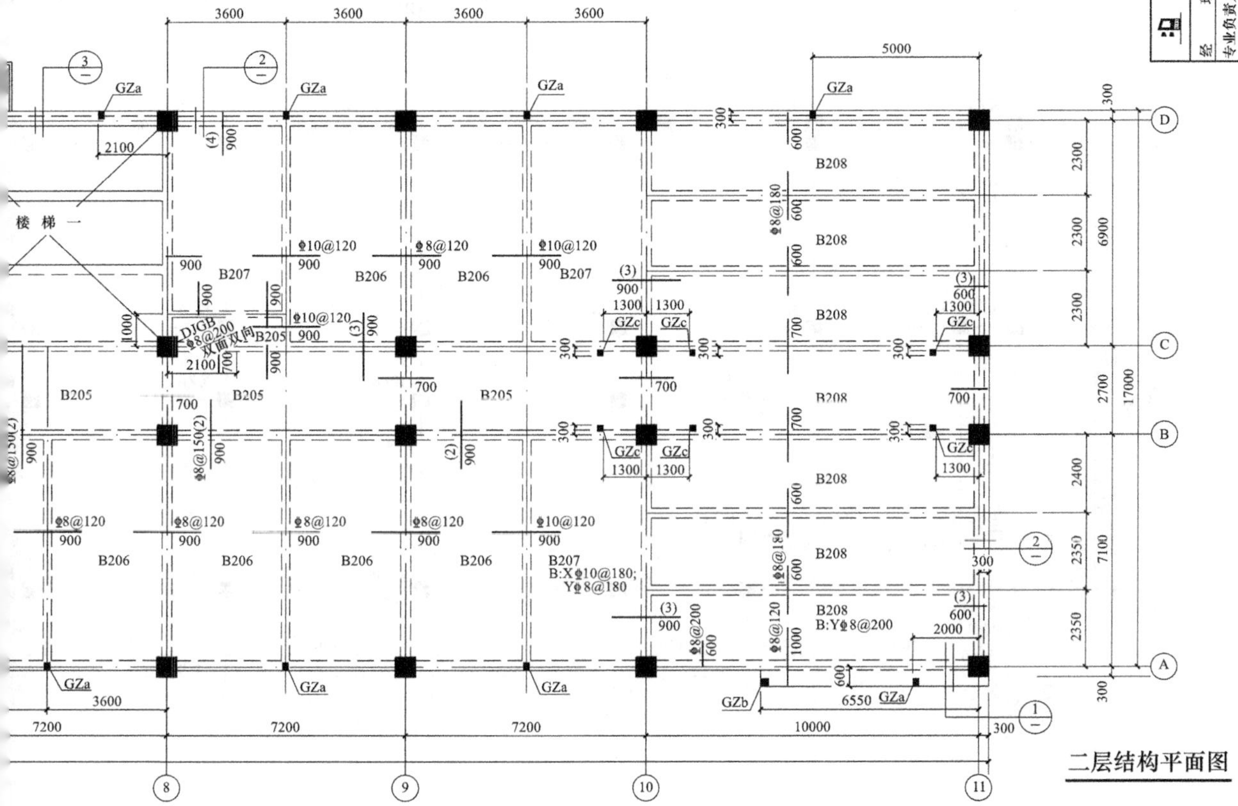

二层结构平面图

框架柱

编号	KZ1		KZ2	
	24Φ25 600×600	12Φ25 600×600	16Φ25 600×600	16
标高/m	基础顶~3.550	3.550~21.550	基础顶~3.550	3.
箍筋	Φ10@100/200	Φ8@100/200	Φ10@100/200	Φ
编号	KZ5(KZ5a)		KZ6	
	16Φ22 600×600	16Φ20 600×600	16Φ20 600×600	16
标高/m	基础顶~3.550	3.550~25.800	基础顶~7.150	7.1
箍筋	Φ12@100/200 (Φ12@100)	Φ10@100/200	Φ10@100/200	Φ

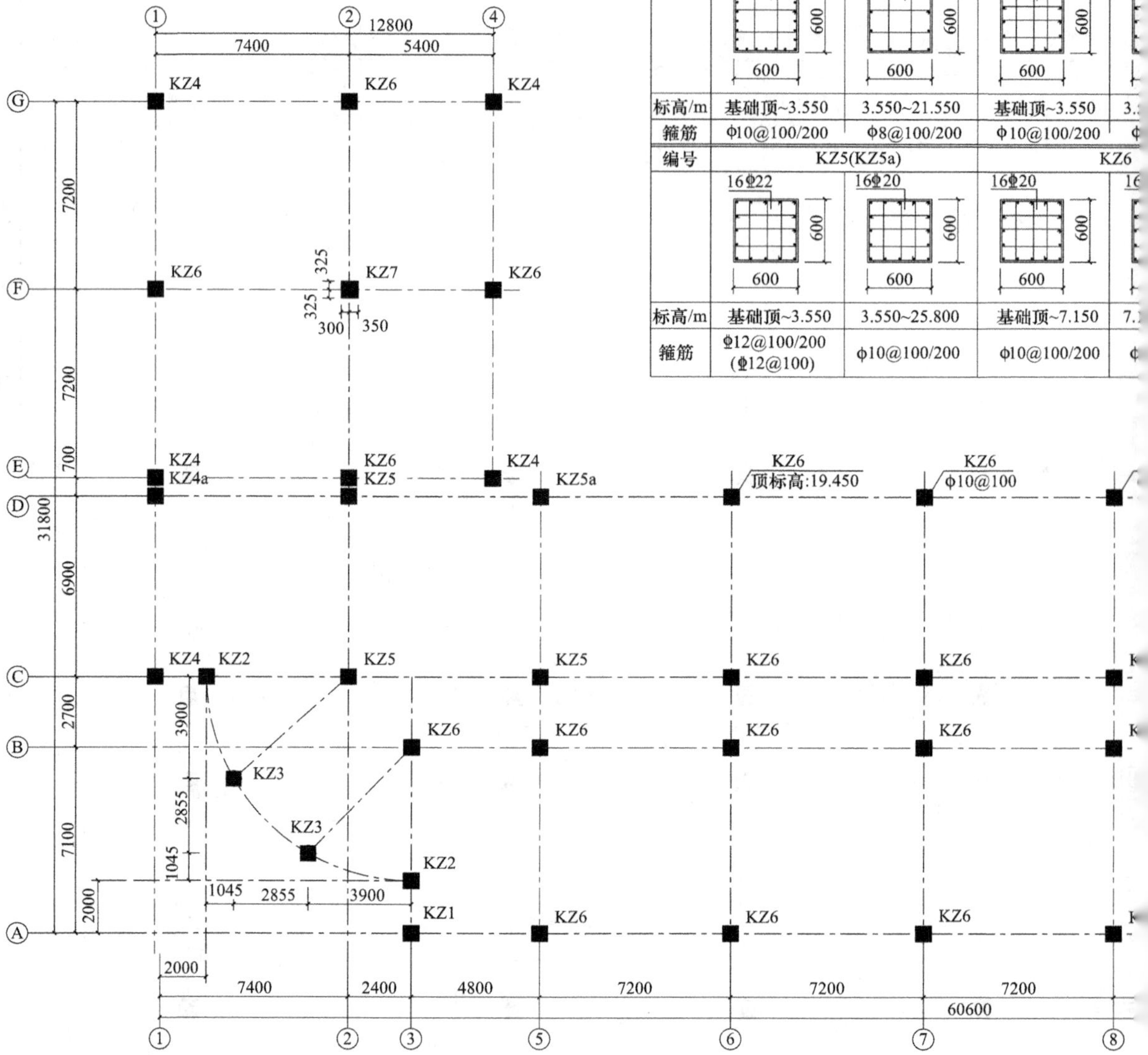

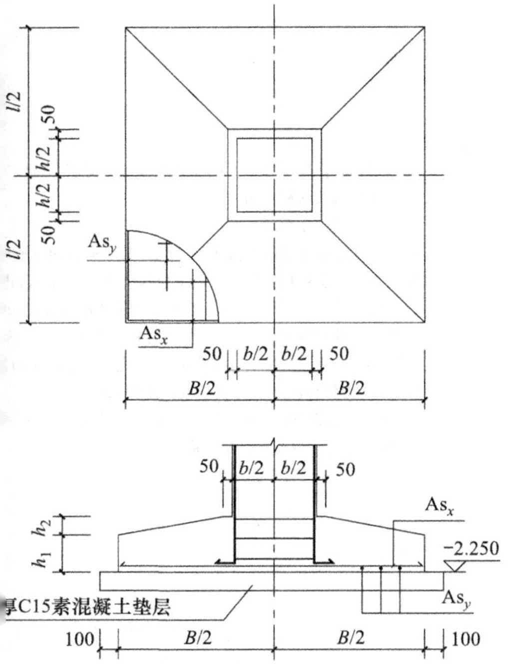

构造详06G101-6。

独基详图 1 : 20

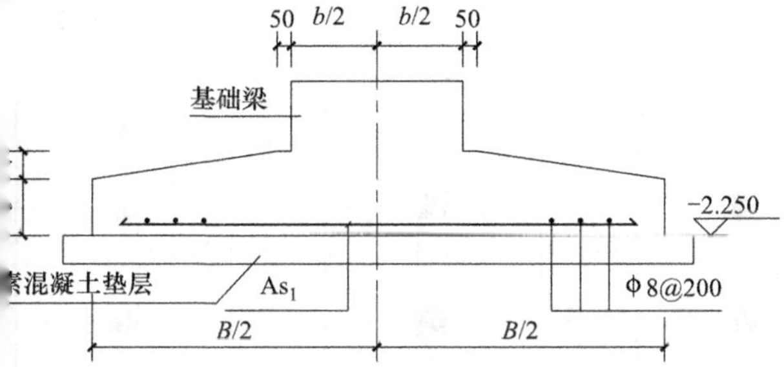

条形基础详图 1 : 20

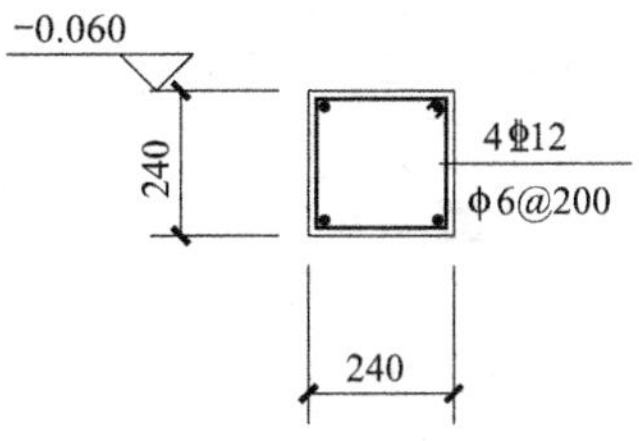

地圈梁 1 : 20

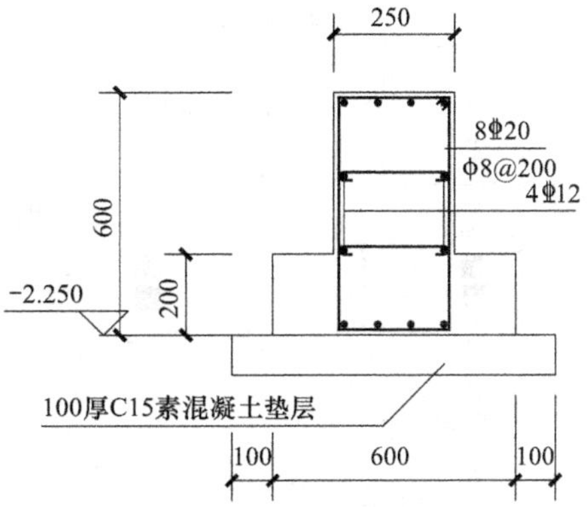

JLL 1 : 20

JLL与KZ柱边齐时，梁宽改为300。

L-03

	某建筑设计有限公司				
经　　理		建设单位		工　号	
专业负责人		项目名称	某学校实训楼	阶　段	施工图
审　　核		图样名称	基础详图	专　业	结　构
校　　对				图　号	GS-03
设　　计				日　期	

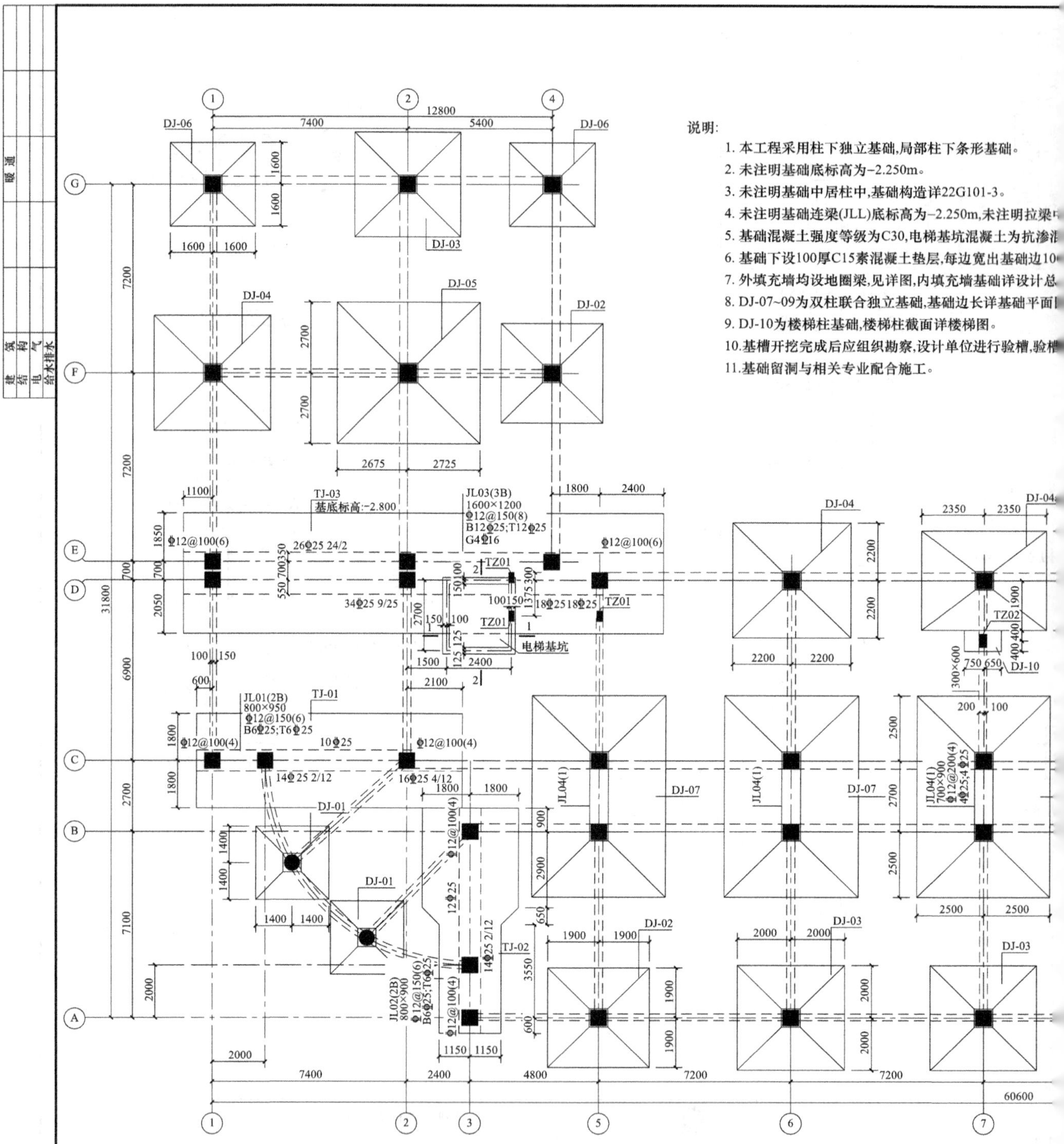

说明:

1. 本工程采用柱下独立基础,局部柱下条形基础。
2. 未注明基础底标高为-2.250m。
3. 未注明基础中居柱中,基础构造详22G101-3。
4. 未注明基础连梁(JLL)底标高为-2.250m,未注明拉梁
5. 基础混凝土强度等级为C30,电梯基坑混凝土为抗渗混
6. 基础下设100厚C15素混凝土垫层,每边宽出基础边10
7. 外填充墙均设地圈梁,见详图,内填充墙基础详设计总
8. DJ-07~09为双柱联合独立基础,基础边长详基础平面
9. DJ-10为楼梯柱基础,楼梯柱截面详楼梯图。
10.基槽开挖完成后应组织勘察,设计单位进行验槽,验槽
11.基础留洞与相关专业配合施工。

（图中有标记者以标记为准）。
度小于3000mm,板内附加3Φ14
5d,详见图8。

部负筋加大一级,负筋加长至

10。
详见22G101-1第24页,
底算起)。
加密应按框架梁构造施工。
拉通。
筋断点按次梁构造。
在主梁底筋之上放置,
板底面持平时,板下部

截面配筋详图12。
柱的位置详结构平面图,

2φ6@500拉结筋。
小于200mm。
。

施如图14。
高处设圈梁如图15。
梁截面见详图15。
可施工。
缩缝,伸缩缝宽度为20mm,

质量不得低于设计要求,所采用材

严禁浸水,基坑附近严禁堆载。

图样并符合本图有关要求。
套管,不得后凿。
长预埋管线,不得多管成束穿梁。

拆除。
时不应留竖向施工缝。
须是缓胀型,其质量应满足相应的

等钢结构予埋件,均应由厂家配合土
设计认可后方可施工。

的实际荷载。

环境。

可用于施工

直径@50

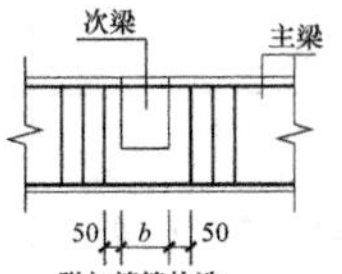

附加箍筋构造

图 2

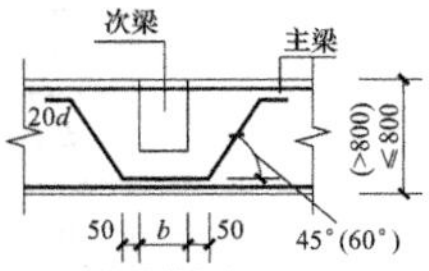

附加吊筋构造

图 3

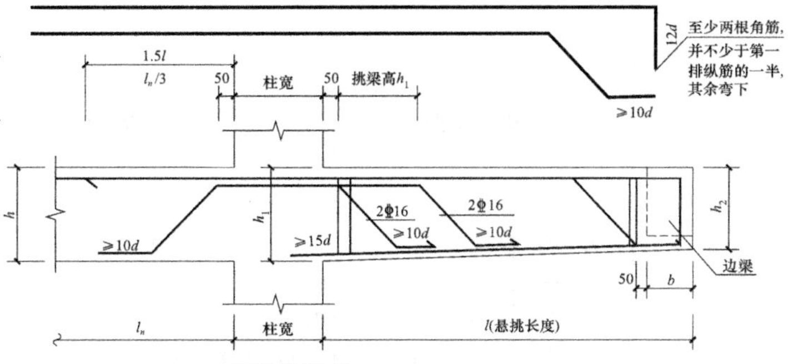

悬挑梁端配筋构造

图 10

注:
1. 未示部分同国标22G101-1
2. 端部无边梁时,上皮筋端部弯直钩
3. 挑梁净长<1500设置一排弯筋,挑梁净长≥1500设置二排弯筋。
4. l_n为该跨梁净跨长。

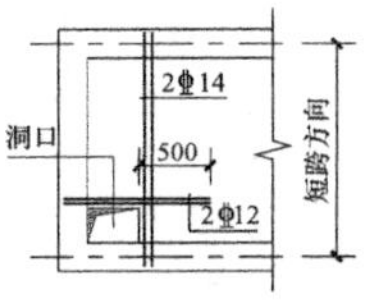

板洞边加筋

图4

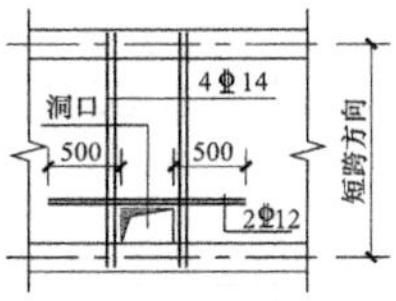

板洞边加筋

图5

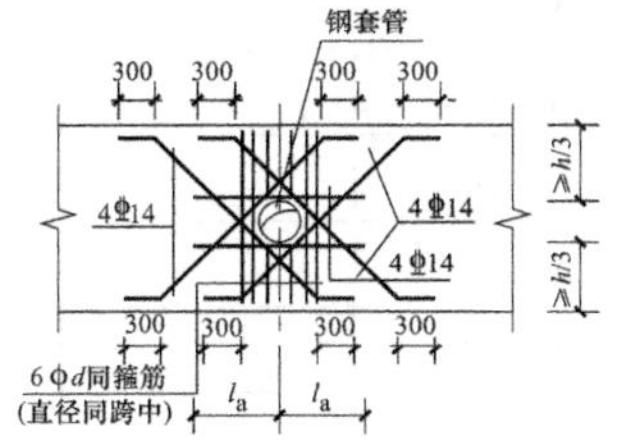

图6 次梁开小洞加固

洞口直径≤50mm及梁高1/3

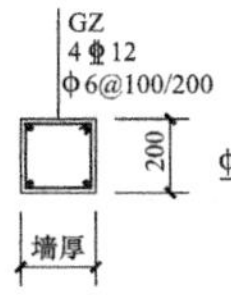

图 12

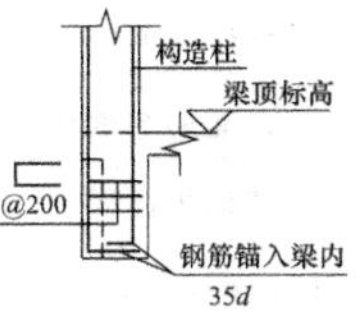

图 13

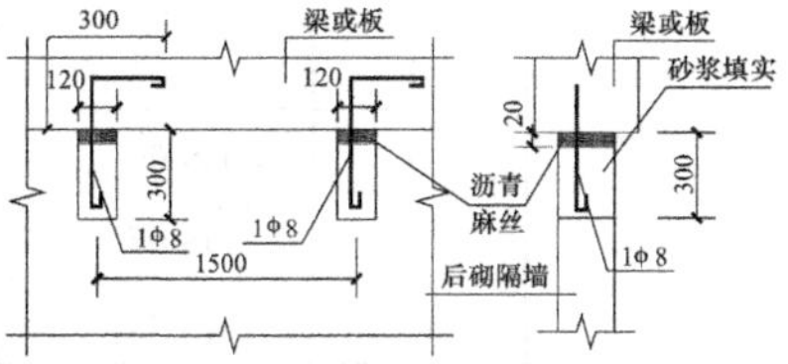

后砌隔墙墙顶拉结措施

图 14

洞长边≤400时,每侧加筋4Φ14
400<洞长边≤800时,每侧加筋4Φ16
且不小于切断钢筋的一半,伸过洞边45d

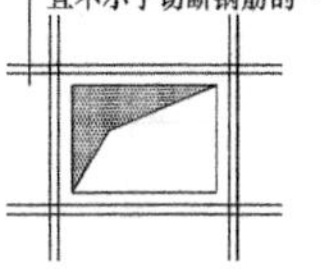
混凝土墙开小洞加固

图7

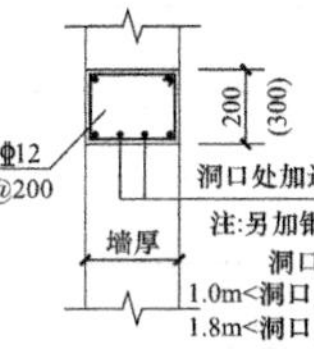

洞口处加过梁钢筋
注:另加钢筋
洞口宽≤1.0m时2Φ12
1.0m<洞口宽≤1.8m时2Φ14
1.8m<洞口宽≤2.4m时3Φ14

附表一

环境类别	板,墙,壳			梁			柱			混凝土耐久性基本要求				
	<C20	C25~C45	>C50	<C20	C25~C45	>C50	<C20	C25~C45	>C50	最大水灰比	最小水泥用量/(kg/m³)	最低混凝土强度等级	最大氯离子含量(%)	最大碱含量/(kg/m³)
一类(室内正常环境)	20	15	15	30	25	25	30	30	30	0.65	225	C20	1.0	不限制
二a类(室内潮湿环境)如:厨房、厕所、浴室	—	20	20	—	30	30	—	30	30	0.60	250	C25	0.3	3.0
二b类(露天环境与无侵蚀性的水或土壤直接接触的环境)雨篷,挑檐,室外楼梯,腕枯等受力钢筋与室外大气土壤接触的一侧.		25	20	—	35	30	—	35	30	0.55	275	C30	0.2	3.0
备注	不应小于钢筋的公称直径,不应小于10mm分布筋直径			不应小于钢筋的公称直径,不应小于15mm箍筋和构造筋的直径										
基础	基础中纵向受力钢筋的混凝土保护层厚度不应小于40mm;当无垫层时不应小于70mm													

注:当梁,柱纵向受力钢筋的混凝土保护层厚度大于40mm时,应对保护层采取有效的防裂构造措施。处于二,三类环境中的悬臂板,其上表面应采取有效的保护措施。钢筋的混凝土保护层厚度见附表,且不小于纵向受力钢筋的直径。

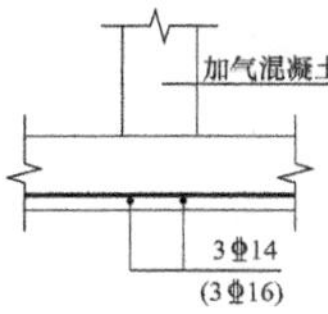

图 8

加气墙半层处圈梁示意

图15栝号中用于电梯井道

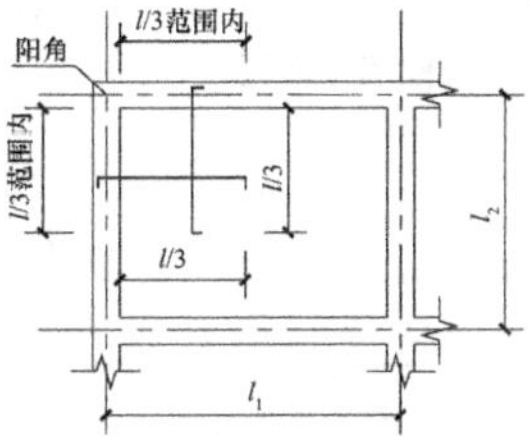

图 9

l为l_1和l_2中较小值

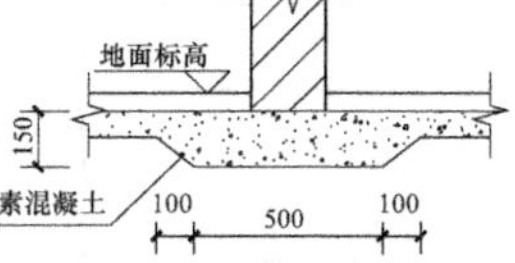

填充墙基础

图 1

某建筑设计有限公司				设计证书级别:	编号:
经　　理		建设单位		工　号	
专业负责人		项目名称	某学校实训楼	阶　段	施工图
审　　核		图样名称	结构设计总说明	专　业	结　构
校　　对				图　号	GS-01
设　　计				日　期	

某建筑设计有限公司				
图样资料目录		某学校实训楼	设计编号 专业：　结构 共 1 页　第 1 页 日期：	
序号		名称	规格	备注
0		目录	A4	
1	GS-01	结构设计总说明	A2+1/4	
2	GS-02	基础平面图	A2+1/2	
3	GS-03	基础详图	A2	
4	GS-04	框架柱配筋平面图	A2+1/2	
5	GS-05	二层结构平面图	A2+1/2	
6	GS-06	二层梁配筋平面图	A2+1/2	
7	GS-07	三层结构平面图	A2+1/2	
8	GS-08	三层梁配筋平面图	A2+1/2	
9	GS-09	四、五层结构平面图	A2+1/2	
10	GS-10	四、五层梁配筋平面图	A2+1/2	
11	GS-11	六层结构平面图	A2+1/2	
12	GS-12	六层梁配筋平面图	A2+1/2	
13	GS-13	屋顶结构平面图	A2+1/2	
14	GS-14	屋顶梁配筋平面图	A2+1/2	
15	GS-15	水箱间、电梯机房屋顶结构平面图 水箱间、电梯机房屋顶梁配筋平面图	A2	
16	GS-16	楼梯一详图	A2+1/4	
17	GS-17	楼梯二详图	A2+1/4	

附录　某学校

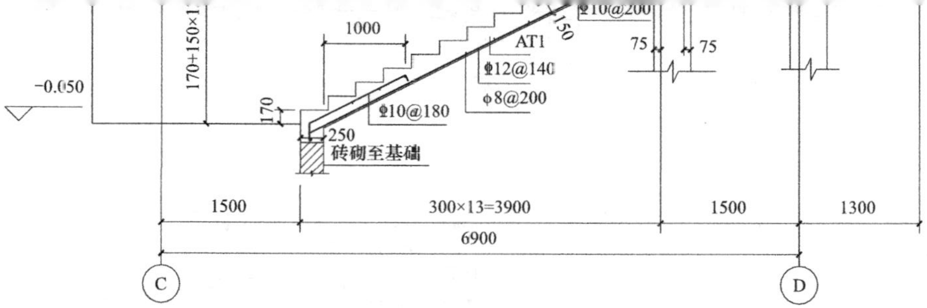

A—A剖面图

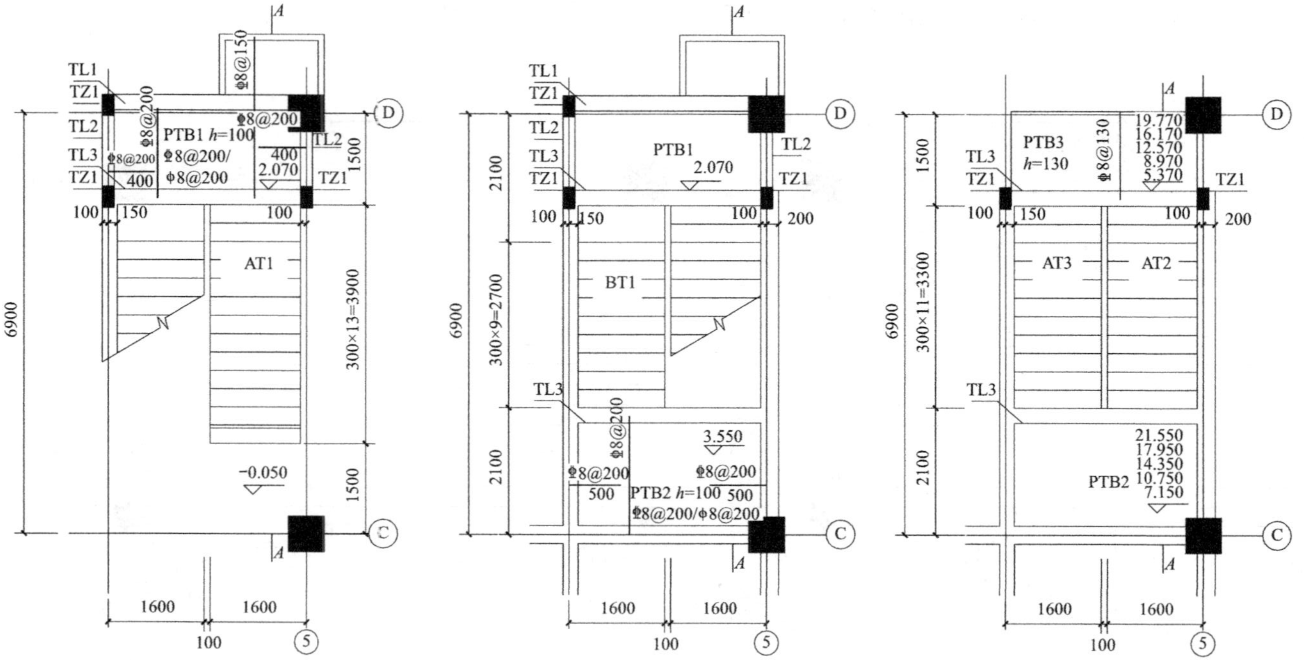

二层平面图

三至七层平面图

说明:

1.未注明的平台板分布钢筋为φ8@250，踏步板分布钢筋为φ8@200。
2.梯柱生根于基础，基础梁，框架梁或梁。
3.楼梯预埋件见建筑详图。

某建筑设计有限公司					
经　　理		建设单位		工　号	
专业负责人		项目名称	某学校实训楼	阶　段	施工图
审　　核		图样名称	楼梯二详图	专　业	结　构
校　　对				图　号	GS-17
设　　计				日　期	

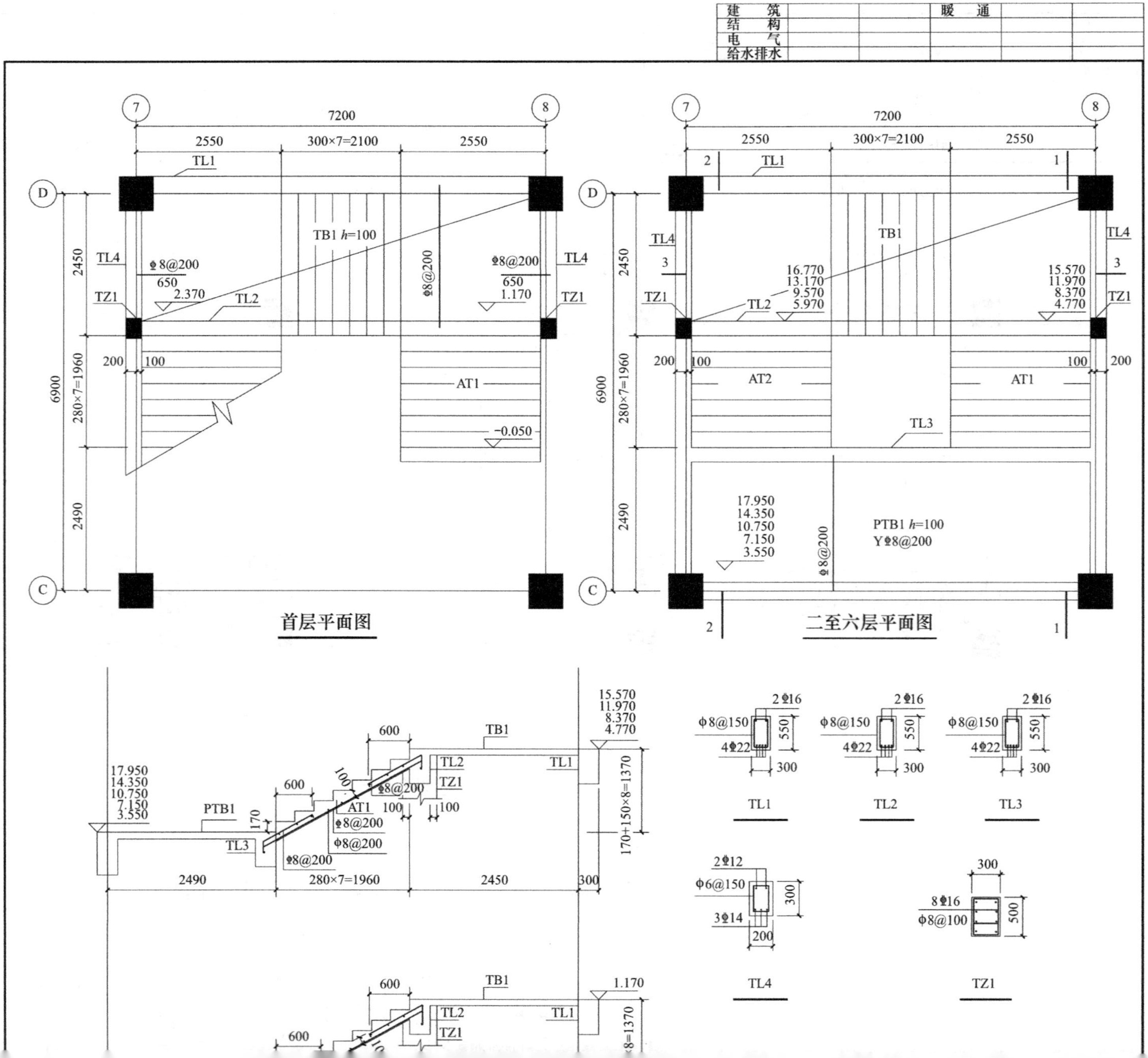

建筑
结构
电气
给水排水
暖通
首层平面图
二至六层平面图
7200
2550
300×7=2100
6900
2450
280×7=1960
2490
TL1
TL2
TL3
TL4
TZ1
TB1 h=100
TB1
AT1
AT2
PTB1 h=100
Y⏀8@200
⏀8@200
650
2.370
1.170
−0.050
16.770
13.170
9.570
5.970
15.570
11.970
8.370
4.770
17.950
14.350
10.750
7.150
3.550
170+150×8=1370
φ8@150
2⏀16
4⏀22
550
300
2⏀12
φ6@150
3⏀14
200
8⏀16
φ8@100
500

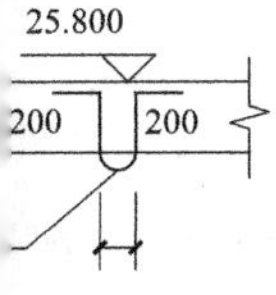

J详图

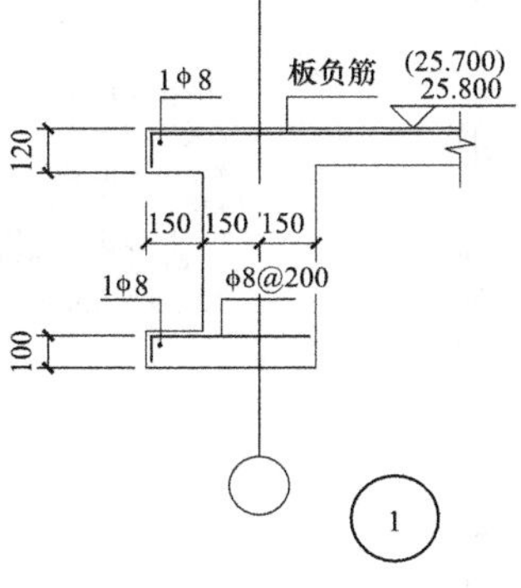

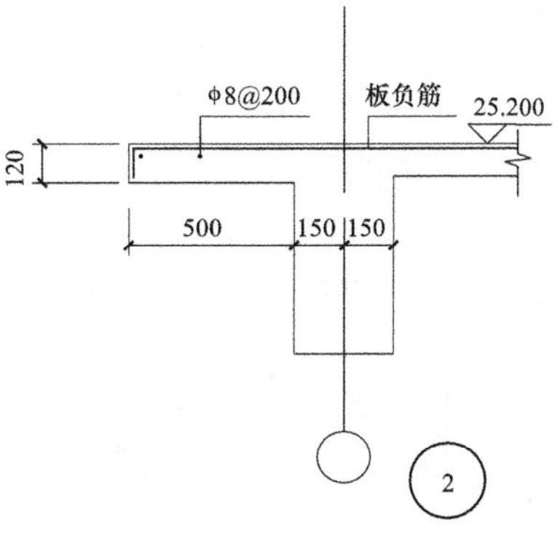

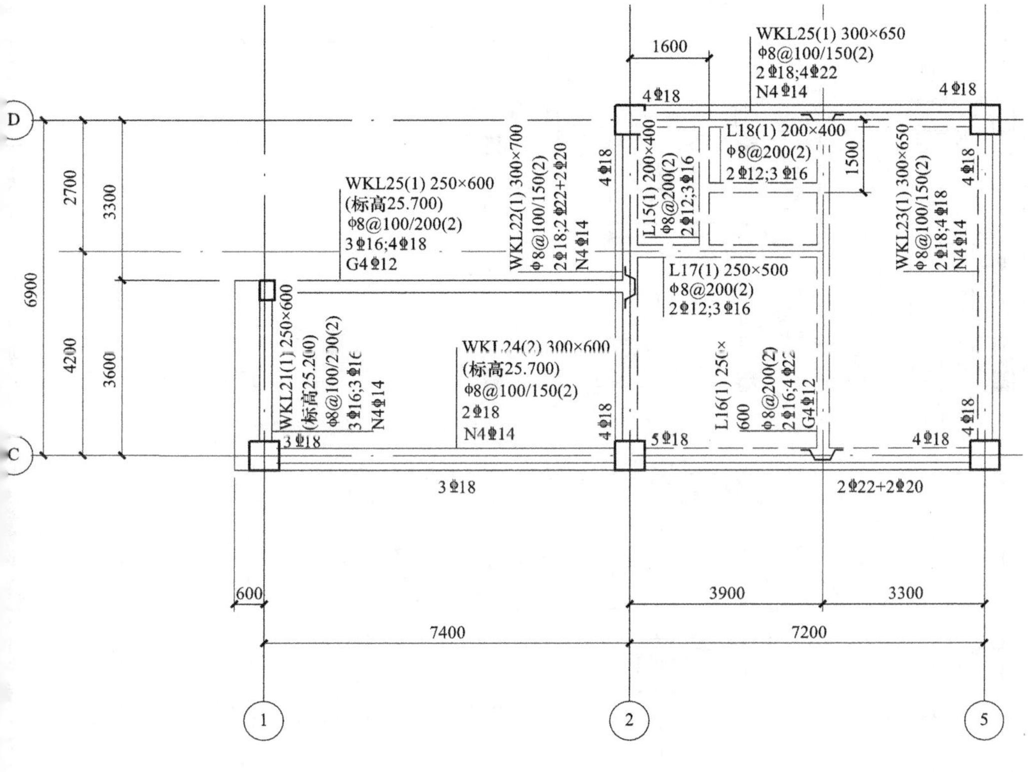

水箱间、电梯机房屋顶梁配筋平面图

某建筑设计有限公司	设计证书级别:		编号:
经　理	建设单位		工　号	
专业负责人	项目名称	某学校实训楼	阶　段	施工图
审　核	图样名称	水箱间、电梯机房屋顶结构平面图 水箱间、电梯机房屋顶梁配筋平面图	专　业	结　构
校　对			图　号	GS-15
设　计			日　期	

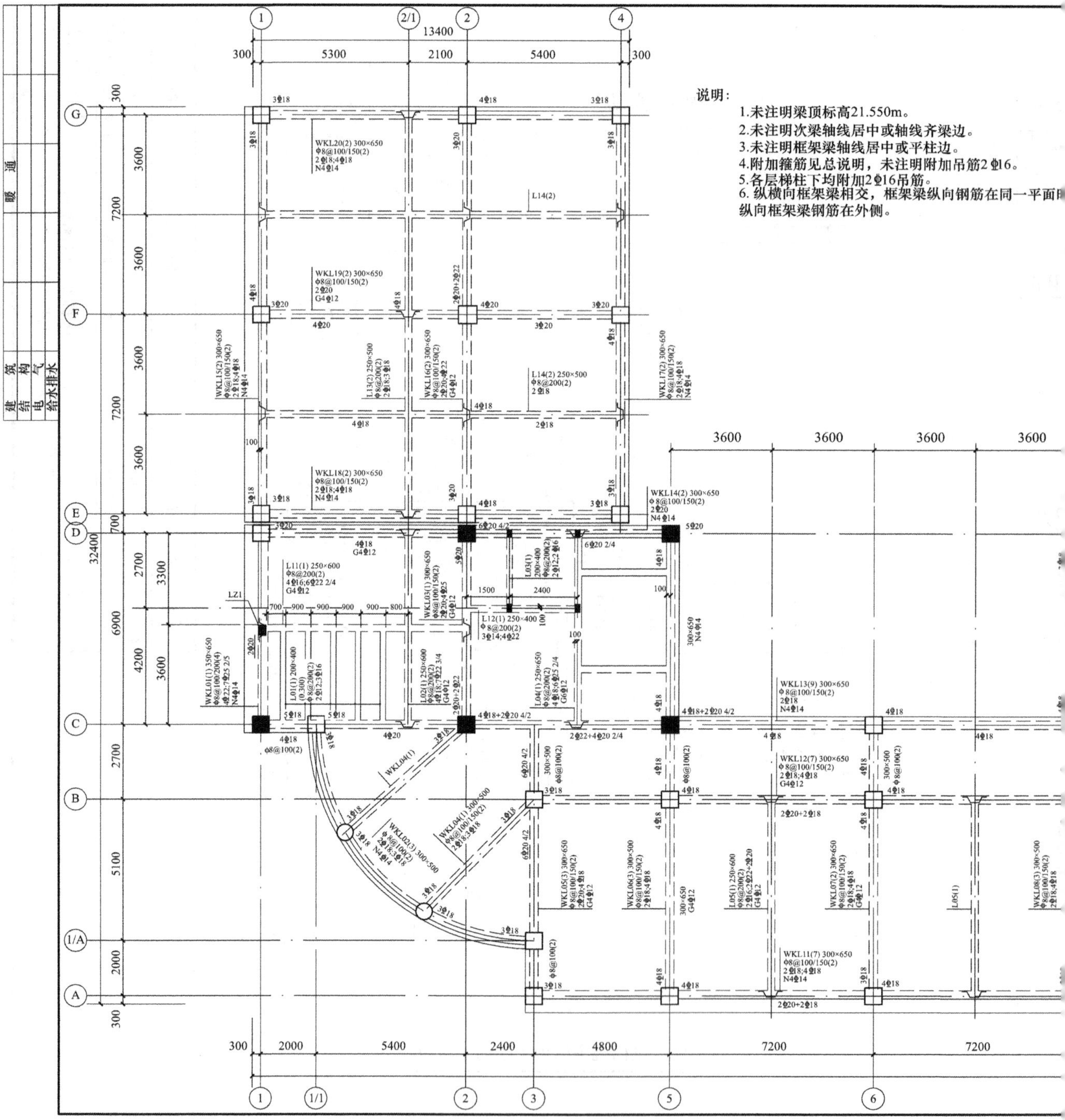

说明：

1.未注明梁顶标高21.550m。

2.未注明次梁轴线居中或轴线齐梁边。

3.未注明框架梁轴线居中或平柱边。

4.附加箍筋见总说明，未注明附加吊筋2⌀16。

5.各层梯柱下均附加2⌀16吊筋。

6.纵横向框架梁相交，框架梁纵向钢筋在同一平面
纵向框架梁钢筋在外侧。

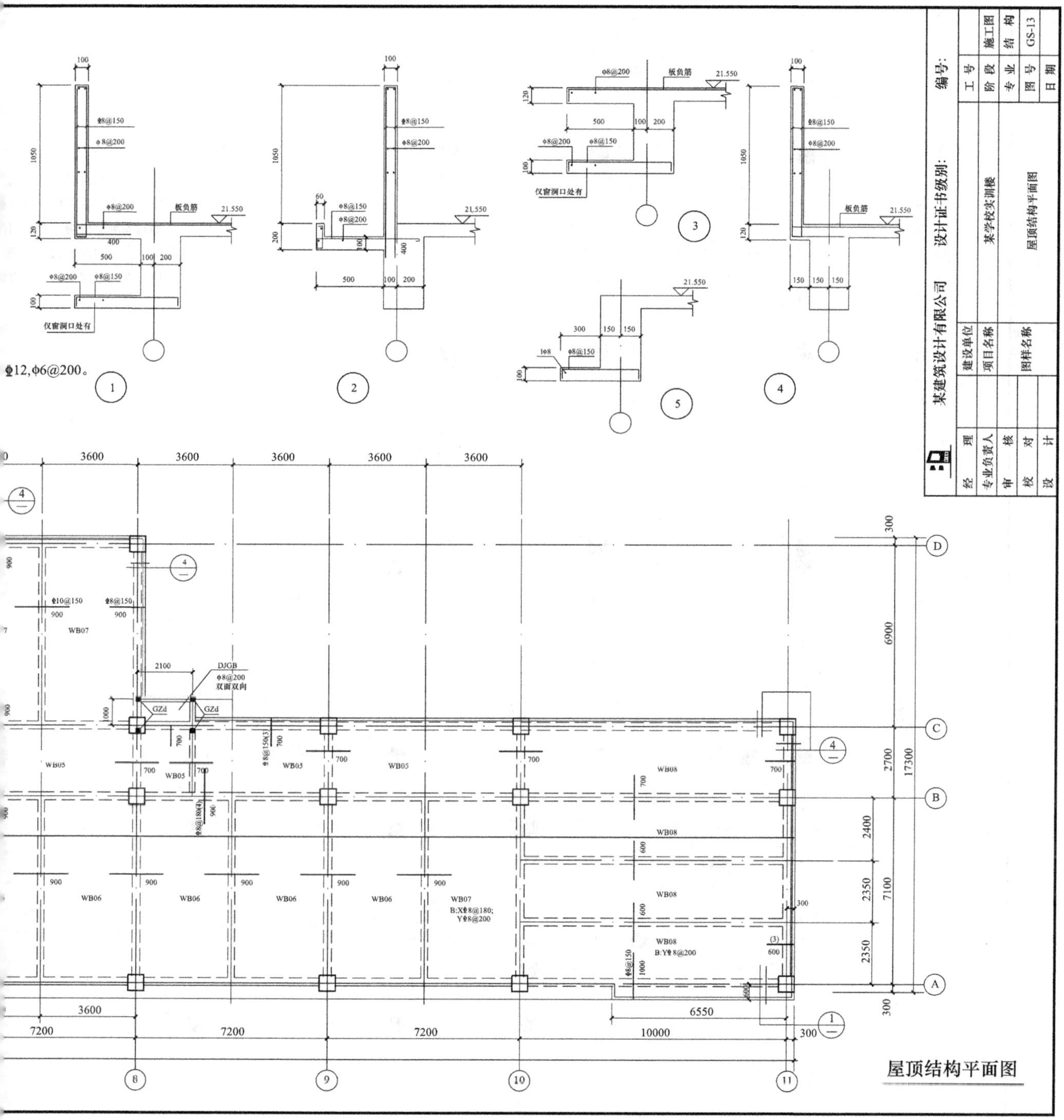

ɸ12,ϕ6@200。
ϕ8@150
ϕ8@200
板负筋
21.550
仅窗洞口处有
1050
DJGB
ϕ8@200
双面双向
GZd
WB03
WB05
WB06
WB07
WB08
B:X⌀8@180;
Y⌀8@200
B:Y⌀8@200
3600
7200
10000
6550
6900
2700
17300
2400
2350
7100
某建筑设计有限公司
设计证书级别:
编号:
经理
专业负责人
审核
校对
设计
建设单位
项目名称
某学校实训楼
图样名称
屋顶结构平面图
工号
阶段
施工图
专业
结构
图号
GS-13
日期
屋顶结构平面图

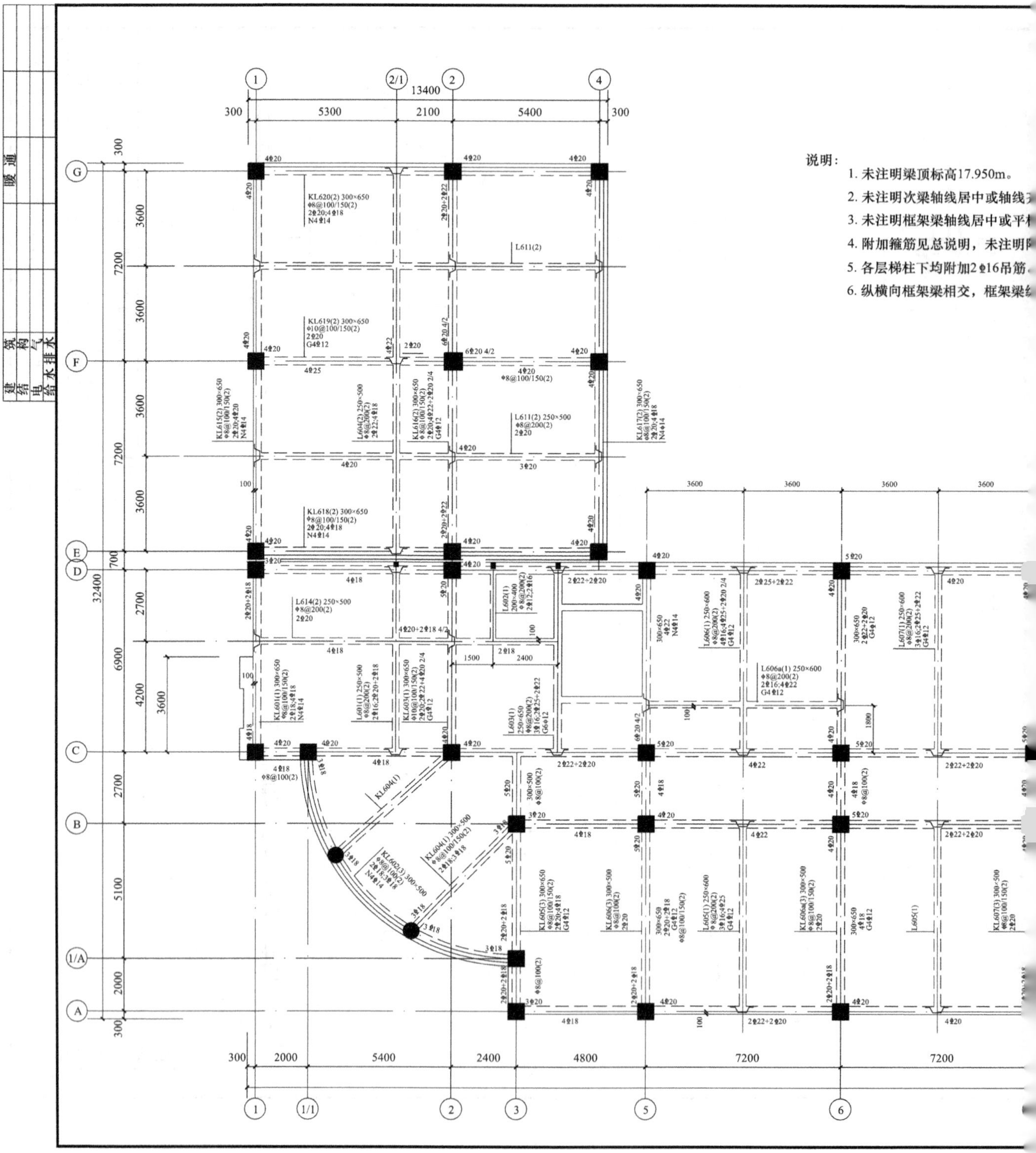

说明：

1. 未注明梁顶标高17.950m。
2. 未注明次梁轴线居中或轴线
3. 未注明框架梁轴线居中或平
4. 附加箍筋见总说明，未注明
5. 各层梯柱下均附加2⌀16吊筋
6. 纵横向框架梁相交，框架梁

厚均为100mm。

分别为200×250、250×250、200×200，配筋为4 ⌀12,φ6@200。

梁断面为墙厚×300，配筋为4 ⌀12,φ6@200。

某建筑设计有限公司	设计证书级别:		编号:
经理	建设单位		工号
专业负责人	项目名称	某学校实训楼	阶段 施工图
审核			专业 结构
校对	图样名称	六层结构平面图	图号 GS-11
设计			日期

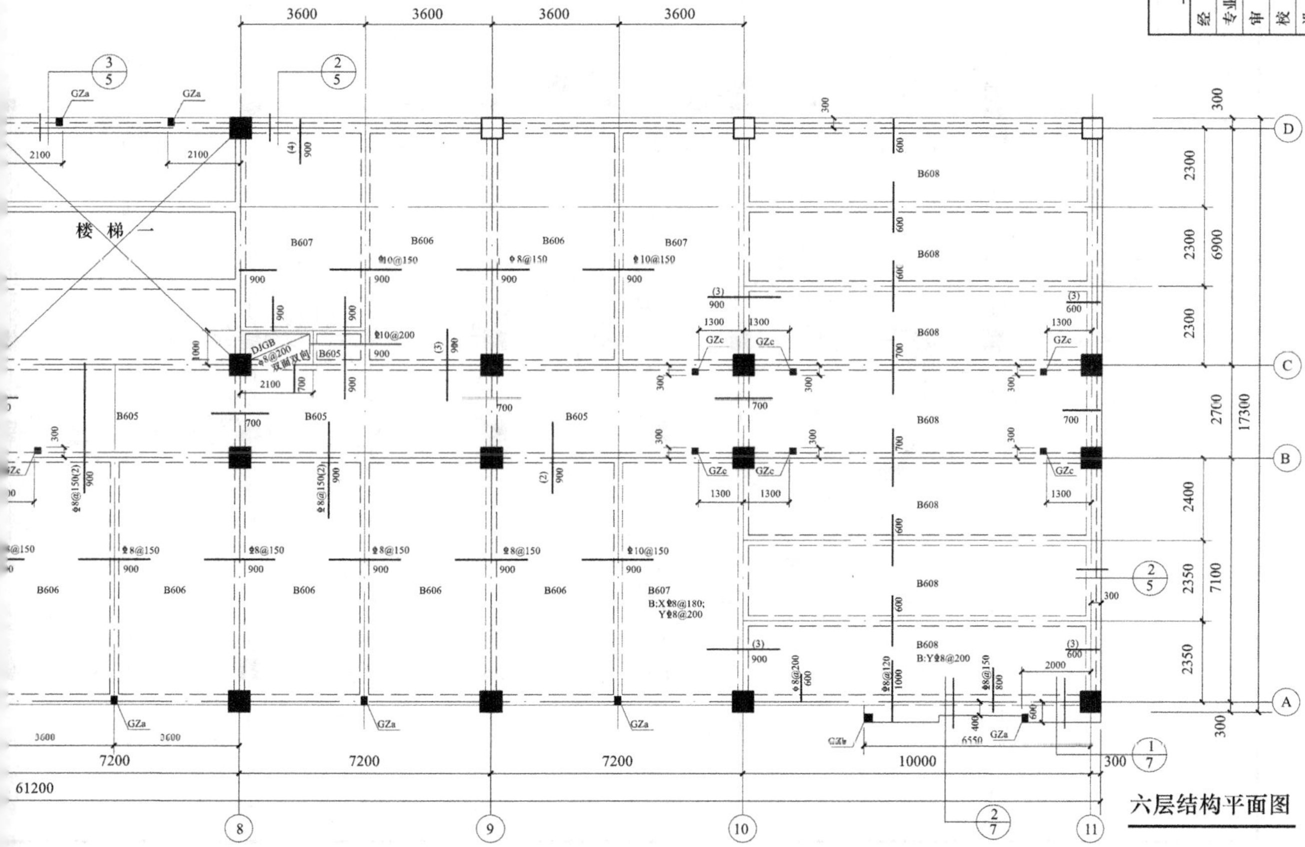

六层结构平面图

说明：
1. 未注明梁顶标高H-0.050，H=10.800m、
2. 未注明次梁轴线居中或轴线齐梁边。
3. 未注明框架梁轴线居中或平柱边。
4. 附加箍筋见总说明，未注明附加吊筋2
5. 各层梯柱下均附加2⌀16吊筋。
6. 纵横向框架梁相交，框架梁纵向钢筋在

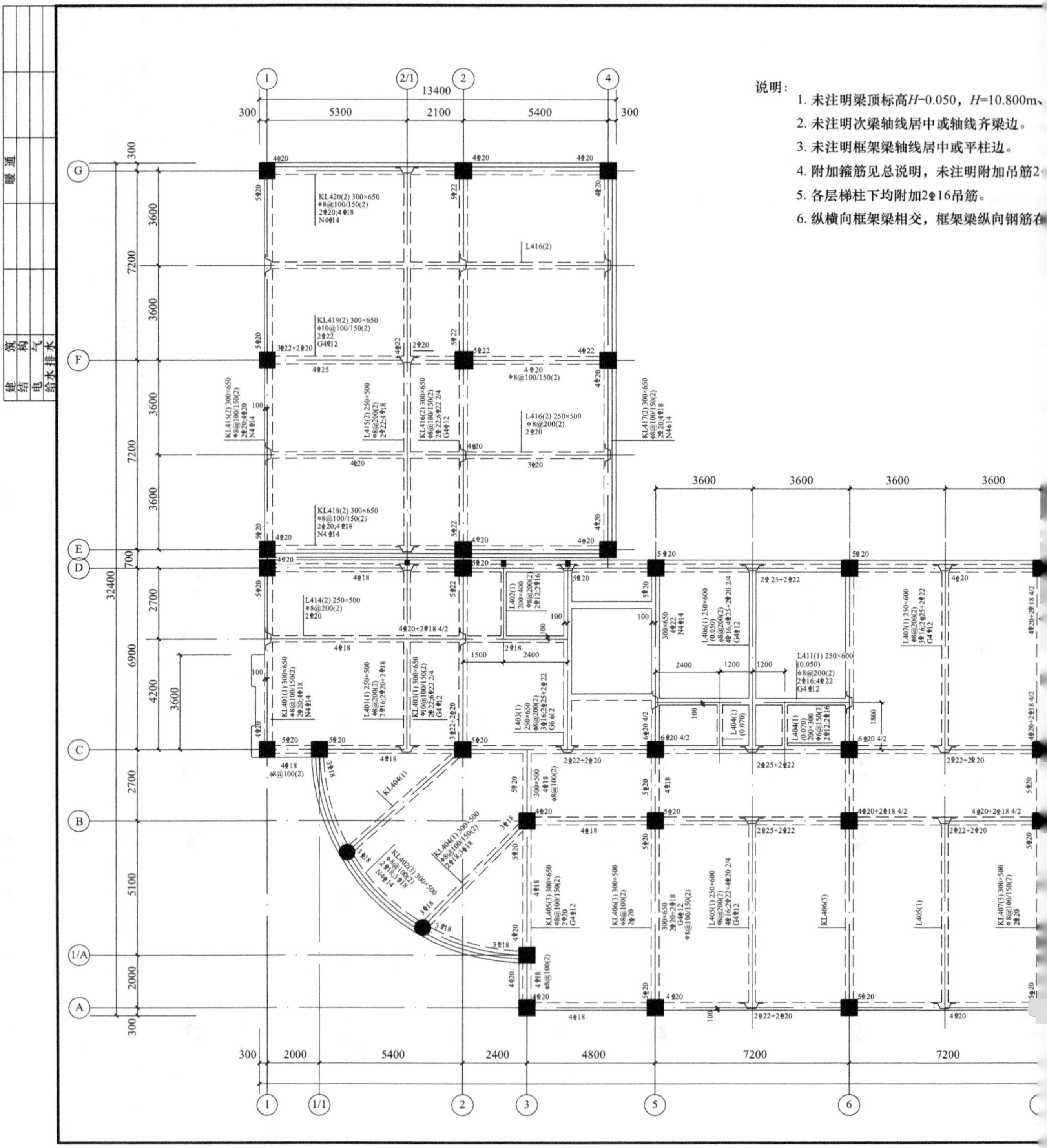

0m、14.400m；未注明板厚均为100mm。

面分别为200×250、250×250、200×200，配筋为4φ12,φ6@200。

梁断面为墙厚×300，配筋为4φ12,φ6@200。

某建筑设计有限公司	设计证书级别:	编号:
经理	建设单位	工号
专业负责人	项目名称 某学校实训楼	阶段 施工图
审核		专业 结构
校对	图样名称 四、五层结构平面图	图号 GS-09
设计		日期

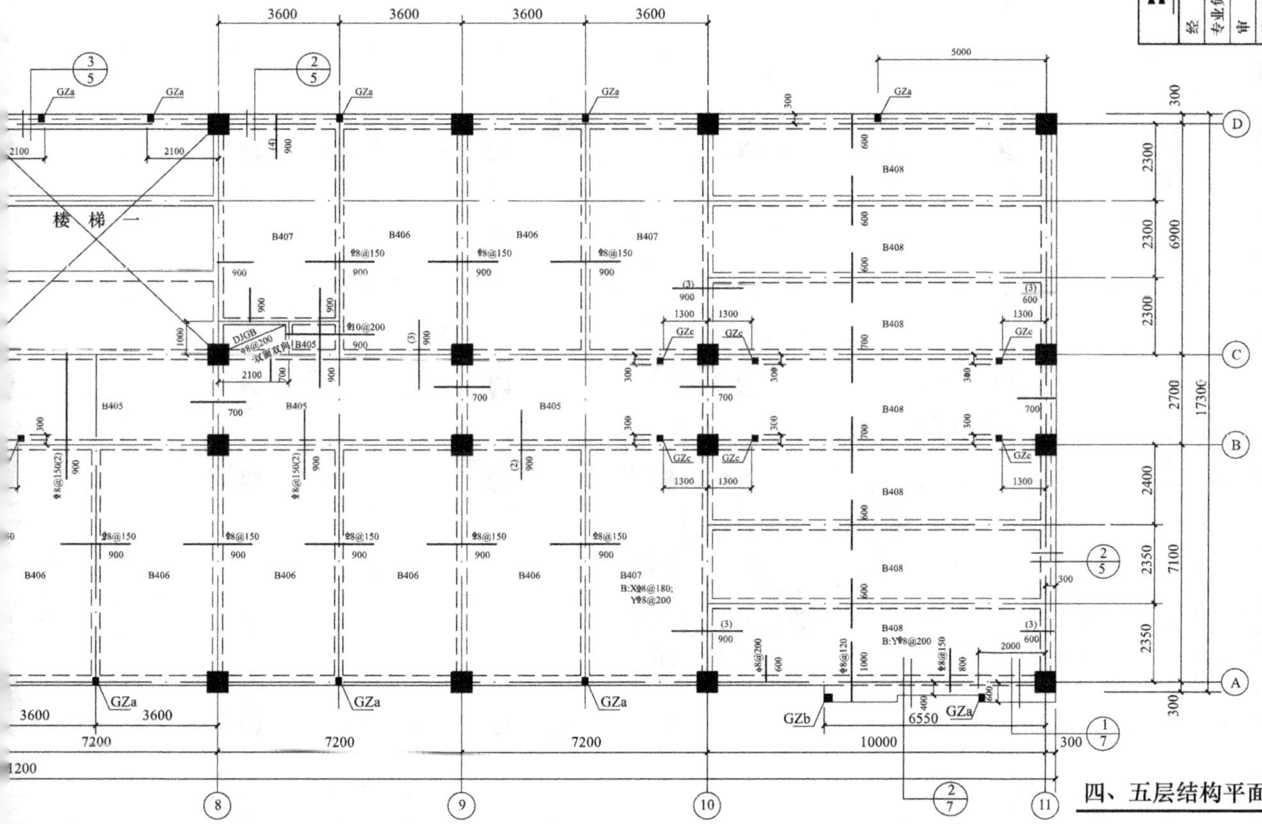

四、五层结构平面图

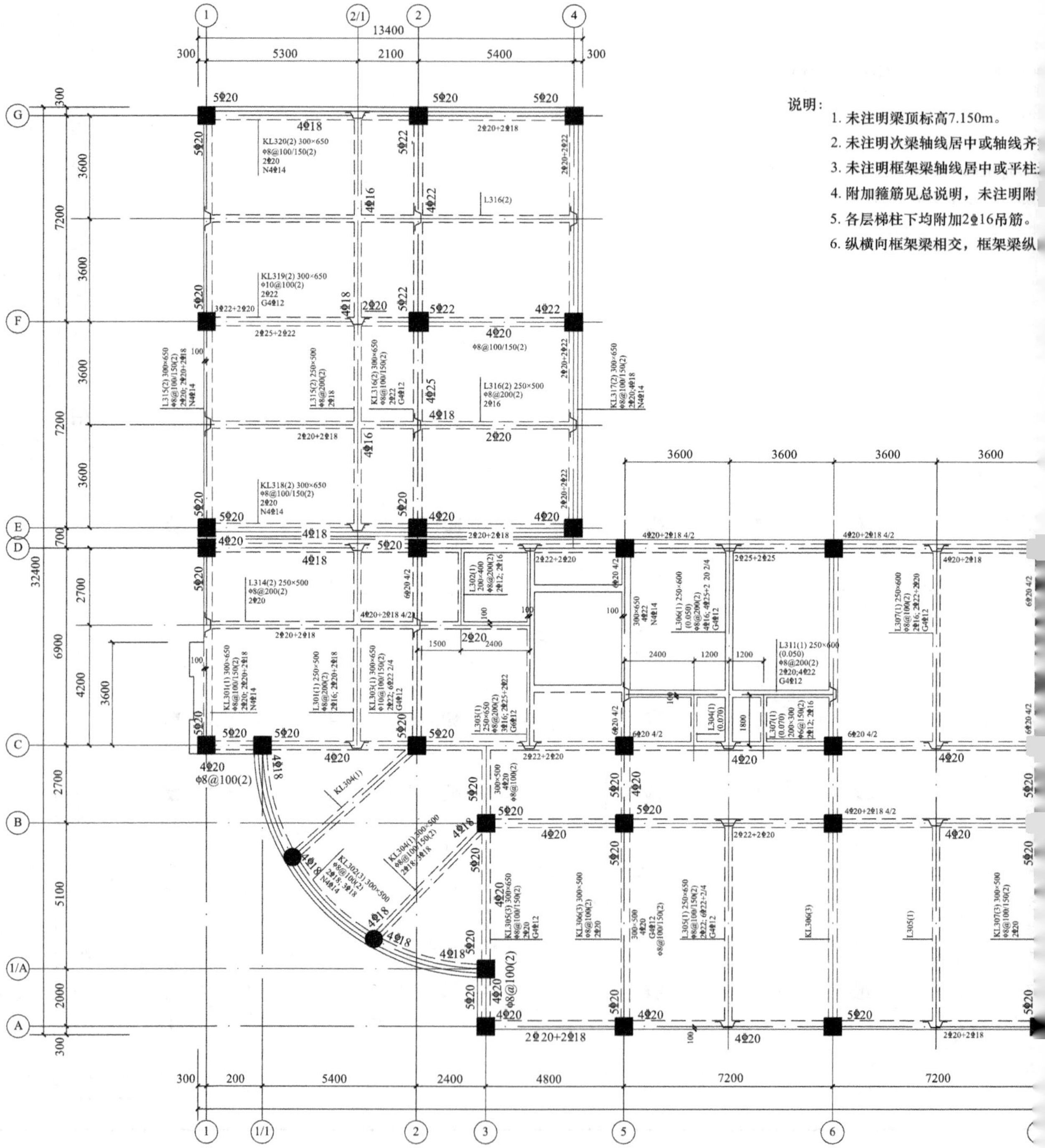

说明：
1. 未注明梁顶标高7.150m。
2. 未注明次梁轴线居中或轴线齐
3. 未注明框架梁轴线居中或平柱
4. 附加箍筋见总说明，未注明附
5. 各层梯柱下均附加2Φ16吊筋。
6. 纵横向框架梁相交，框架梁纵

建筑结构平法识图

工作页

主　编　刘晓立
副主编　李庆肖　郝　哲　尚　敏
参　编　王绍强　赵伟森　崔欣英　高晓旋　房　倩
　　　　刘永娟　何国林　舒兆涛　杜亚港
主　审　张玉威

机械工业出版社

目　录

任务 1 混凝土结构平法识图通用知识

【任务引导】

班级：________________ 姓名：________________ 学号：________________

导学任务	混凝土结构平法识图通用知识	信息页码
建筑结构的定义		
按建筑物主要承重构件所用材料结构分为哪几类		
按承重结构分为哪几类		
房屋中有哪些承重构件		
写出教学楼、宿舍楼的结构类型		

【任务描述】

你作为某建筑公司的施工技术人员（钢筋工），根据教材附录中图样 GS-01 结构设计说明，正确填写下面信息。

班级：＿＿＿＿＿＿＿＿第＿＿组　　组长：＿＿＿＿＿＿＿＿　　小组成员：＿＿＿＿＿＿＿＿

工程名称：某学校实训楼

图样名称：结构设计总说明

1. 工程标高用＿＿＿为单位。
2. 建筑结构主体总高度为＿＿＿ m、室内外高差＿＿＿ m、结构类型为＿＿＿＿＿＿。
3. 建筑抗震设防类别为＿＿＿、框架结构的抗震等级为＿＿＿。
4. 混凝土材料：基础垫层混凝土为＿＿＿，基础及梁板柱楼梯为＿＿＿，其余圈梁、构造柱为＿＿＿。
5. 钢筋采用＿＿＿＿＿＿＿＿＿。
6. 结构配筋采用平法制图，墙梁柱制图规则及构造详图参见＿＿＿＿＿＿＿＿＿。
7. 钢筋直径 D<20mm 时，可采用＿＿＿＿，D>20mm 时，采用＿＿＿＿，当质量确有保证时，也可采用＿＿＿。
8. 在附表一中，基础混凝土保护层厚度不应小于＿＿＿ mm，当无垫层时，保护层厚度不应小于＿＿＿ mm。

【任务分析】

结构设计总说明主要以文字和图表形式表达与工程相关的重要信息，通过阅读附录中图样 GS-01 结构设计总说明，主要包括了下面哪几项内容（　　）。

A. 工程概况　　B. 设计依据（图集、规范）

C. 各部位材料　　D. 结构措施及构造

E. 地基与基础

【任务计划——小组分工】

班级：________________　小组名称：________________　小组成员：________________

序号	任务名称	负责人	内容摘要	查找 GS-01
1	工程概况			
2	设计依据（图集、规范）			
3	各部位材料			
4	钢筋连接锚固构造			
5	附表一主要内容			

【任务实施】

班级：____________ 姓名：____________ 学号：____________

混凝土结构平法识图通用知识——结构类型及结构构件

填空题

1. 建筑结构是由____________等基本构件按照一定的组成规则，通过正确的连接方式所组成的。

2. 按建筑物主要承重构件所用材料分为________、砌体结构、________、木结构。

3. 按承重结构主要分为________、________、框架-剪力墙结构、筒体结构。

4. 在钢筋混凝土结构中，________是典型的受弯构件，____为受压构件，________或有挑檐的边梁为受扭构件。

混凝土结构平法识图通用知识——钢筋种类与弯钩

选择题

1. 普通混凝土结构主要采用热轧钢筋，热轧钢筋的牌号依次为 HPB300、HRB400、(　　)。

A. HPB235　　B. HRB300

C. HRB500　　D. HRB440

2. 封闭箍筋末端弯钩平直段长度为（　　）。

A. $10d$　　B. 75 和 $10d$ 取较大值

C. 75　　D. $5d$

混凝土结构平法识图通用知识——混凝土结构环境类别与混凝土保护层厚度

填空题

1. 混凝土结构的一类环境类别条件指的是____________；无侵蚀性静水浸没环境。

2. 混凝土保护层厚度是指混凝土结构构件中，最____________的外缘至混凝土表面之间的距离。

3. 混凝土保护层的作用包括保证钢筋和混凝土之间的黏结；防止____________。

4. 构件中受力钢筋的保护层厚度不应小于钢筋的公称________。

5. 基础底面钢筋的保护层厚度，有混凝土垫层时应从垫层顶面算起，且不应小于________ mm。

选择题

1. 根据教材混凝土保护层的最小厚度表格，判断一类环境类别板保护层最小厚度为(　　) mm。

A. 15　　B. 20

C. 25　　D. 30

2. 混凝土保护层的作用是（　　）。

A. 保证钢筋和混凝土之间的黏结　　B. 防止钢筋锈蚀

C. 扩大面积　　D. 抗压

3. 梁、柱的保护层厚度从（　　）起算。

A. 纵筋　　B. 拉筋

C. 箍筋　　D. 弯起筋

（续）

混凝土结构平法识图通用知识——钢筋锚固与连接

填空题

1. 建筑工程按抗震设防类别分为以下四类：________、________、________、________。

2. 抗震设防目标可概括为“________、________、________”。

3. 建筑抗震等级分为________________级，其中________________最高。

4. 纵向受力钢筋的锚固长度是指受力钢筋依靠其________________作用达到设计承受应力的最小理论________。

5. 纵向受拉钢筋的锚固长度可通过________系列图集查到。

6. 受拉钢筋基本锚固长度用字母表示为________和________。

7. 受拉钢筋锚固长度用字母表示为________和________。

8. 钢筋的连接方法可分为________、________、________三种。

9. 位于同一连接区段内受拉钢筋搭接接头面积百分率：对梁类、板类及墙类构件，不宜大于____%；对柱类构件，不宜大于____%。

10. 纵向受力钢筋的机械连接接头宜________。钢筋的机械连接区段的长度为____，d 为连接钢筋的____直径。

11. 纵向受力钢筋的焊接连接接头宜________。钢筋焊接连接区段的长度为____ d 且不小于____ mm，d 为连接钢筋的较小直径。

选择题

1. 建筑抗震等级为三级时，梁内混凝土的强度等级为 C30，钢筋种类为 HRB400，直径为 20mm，根据受拉钢筋抗震锚固长度 l_{aE} 表格，钢筋最小锚固长度为（　　）。

A. 41d　　B. 37d　　C. 40d　　D. 45d

2. 建筑抗震等级为二级时，梁内混凝土的强度等级为 C30，钢筋种类为 HRB400，直径为 20mm，根据受拉钢筋抗震锚固长度 l_{aE} 表格，钢筋最小锚固长度为（　　）。

A. 41d　　B. 37d　　C. 40d　　D. 45d

3. 建筑抗震等级为三级时，梁内混凝土的强度等级为 C30，钢筋种类为 HRB400，直径为 28mm，根据受拉钢筋抗震锚固长度 l_{aE} 表格，钢筋最小锚固长度为（　　）。

A. 41d　　B. 37d　　C. 40d　　D. 45d

4. 建筑三级抗震等级时，柱内混凝土的强度等级为 C30，钢筋种类为 HRB400，钢筋直径为 22mm，同一区段内搭接钢筋面积百分率为 50%，通过查表，纵向受拉钢筋抗震搭接长度 l_{lE} 为（　　）。

A. 59d　　B. 64d　　C. 52d　　D. 57d

混凝土结构平法识图通用知识——平面整体表示方法制图规则

填空题

1. 混凝土结构施工图采用　　　　　　　　　平面整体表示方法（简称平法）。

2. 平法的表达形式是把结构构件的____和____等信息，按照平面整体表示方法的制图规则，直接在各类构件的结构平面布置图上表达，再与标准构造详图相配合，构成一套完整的结构设计施工图。

3. 结构层楼面标高是指将建筑图中的各层地面和楼面标高值________建筑面层及垫层做法厚度后的标高，________应与建筑楼层号对应一致。

（续）

选择题

1. 如图 1-1 所示“平直段长度”及“弯折段长度”是否包括弯弧在内的投影长度？（　　）

A. 包括　　　　B. 不包括

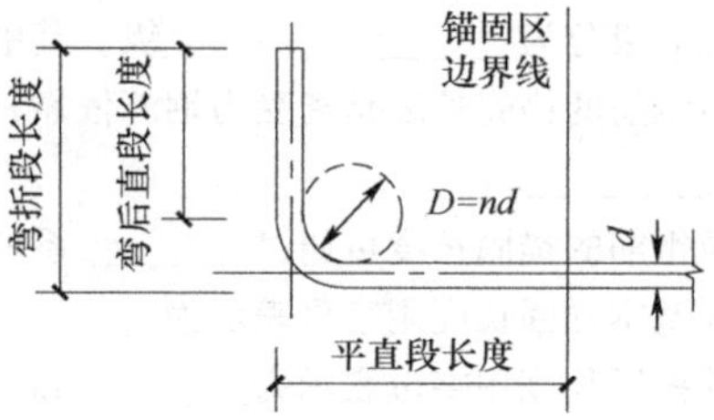

图　1-1

2. 如图 1-2 所示，2 层结构标高、2 层层高分别为（　　）m。

A. 12.270、3.6　　B. 4.470、3.6　　C. 4.470、4.2　　D. 8.670、3.6

7	23.070	3.60
6	19.470	3.60
5	15.870	3.60
4	12.270	3.60
3	8.670	3.60
2	4.470	4.20
1	−0.030	4.50
−1	−4.530	4.50
−2	−9.030	4.50
层号	标高/m	层高/m

结构层楼面标高
结构层高

注：上部结构嵌固部位为−4.530m。

图　1-2

【任务评价】

教师收集学生提交的成果，组织学生进行自评和小组互评，并进行教师点评，将评价分数（权重）填写至表1-1中。

表1-1 任务评价表

班级：________ 姓名：________ 学号：________

项目名称	评价内容	分值	评价分数（权重）		
			自评	小组互评	教师点评
职业素养（30%）	协作意识	5			
	责任意识	5			
	探索精神	5			
	问题意识	5			
	积极互动	5			
	按时完成任务	5			
知识技能（70%）	掌握结构类型	5			
	掌握钢筋种类与弯钩	5			
	理解混凝土结构环境类别与混凝土保护层厚度	5			
	理解钢筋锚固与连接	5			
	理解平面整体表示方法制图规则	5			
	能识别建筑结构类型	5			
	能绘制结构构件平面图	5			
	能识读钢筋牌号及符号	5			
	能正确识读封闭箍筋及拉筋弯钩构造	5			
	能判断构件混凝土最小保护层厚度	5			
	能正确查表得出钢筋锚固长度	10			
	会根据图纸目录，查找相应图样	5			
	会识读层高表	5			
总分[权重自评(20%)+小组互评(30%)+教师点评(50%)]=					
反思改进方面					

任务 2 独立基础平法施工图识读

【任务引导】

班级：________________ 姓名：________________ 学号：________________

导学任务	独立基础平法施工图识读	信息页码
基础的定义		
基础按使用的材料分类		
基础按结构形式分类		
扩展基础的形式		
写出你知道的基础类型		

【任务描述】

你作为某建筑公司的施工技术人员（钢筋工），根据教材附图 GS-02 基础平面图、GS-03基础详图，计算 DJ03 的基础底板钢筋的外包尺寸并汇总填写该基础钢筋料单。

班级：________________第____组　　组长：________________　　小组成员：________________

工程名称：某学校实训楼

构件名称（数量）：独立基础 DJ03（　　　个）

构件编号：DJ03

钢筋编号	钢筋牌号、直径	钢筋简图	外包长度/mm	单位根数	总根数	每米钢筋质量/(kg/m)	总质量/kg

汇总：

【任务分析】

要完成独立基础 DJ03 的钢筋外包尺寸的计算，需要找出要解决的任务关键问题。查阅、收集相关资料，了解基础类型、独立基础平法制图规则和独立基础标准构造详图的规定。

1. DJ03 是________________基础（填写基础类型）。
2. DJ03 编号的基础在图样中共有________________个（填写基础数量）。
3. DJ03 截面尺寸为________________×________________。
4. DJ03 底板钢筋牌号直径为________________________。
5. DJ03 底板钢筋设置形式为________________（交错布置、非交错布置）。

【任务计划——小组分工】

班级：________ 小组名称：________ 小组成员：________

序号	任务名称	负责人	内容摘要	信息页码
1	GS-02 基础平法施工图中基础类型			
2	DJ03 基础的类型及数量			
3	DJ03 截面尺寸			
4	DJ03 基础底板钢筋牌号、直径			
5	基础底板钢筋的设置方式的种类			
6	基础底板钢筋交错布置满足的条件			
7	基础底板钢筋定位尺寸规定			
8	DJ03 基础底板钢筋计算			

【任务实施】

班级：________________ 姓名：________________ 学号：________________

独立基础平法施工图识读——基本知识

填空题

1. 基础是指________以下的承重结构，是建筑物的墙或柱子在地下的________，它是将结构所承受的各种作用传递到________的结构组成部分。

2. 基础按使用的材料可分为砖基础、毛石基础、混凝土基础、毛石混凝土基础、灰土基础、三合土基础、________________等。

3. 基础按结构形式可分为无筋扩展基础、________、柱下________、________、箱形基础、桩基础等。

4. 扩展基础系是________________和________钢筋混凝土条形基础。

5. 如图 2-1 所示基础是________________。

它根据截面形状不同，分为________________（图 2-1a）、________________（图 2-1b）。

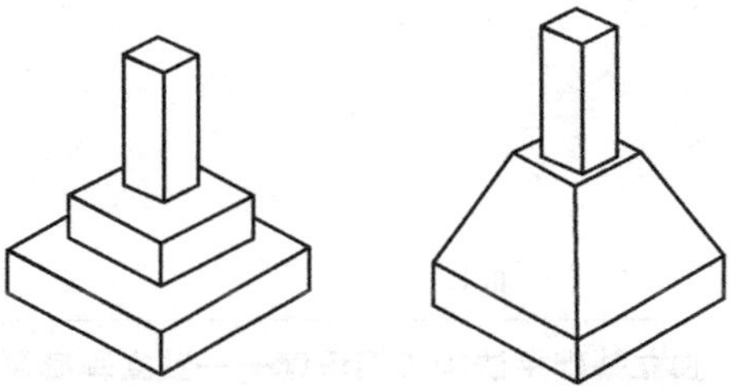

a) b)

图 2-1

选择题

1. 扩展基础是指（　　）。

A. 柱下钢筋混凝土独立基础

B. 筏形基础

C. 柱下钢筋混凝土条形基础

D. 墙下钢筋混凝土条形基础

2. 基础部分指的是图 2-2 中的哪部分？（　　）？

A. A　　B. B　　C. C

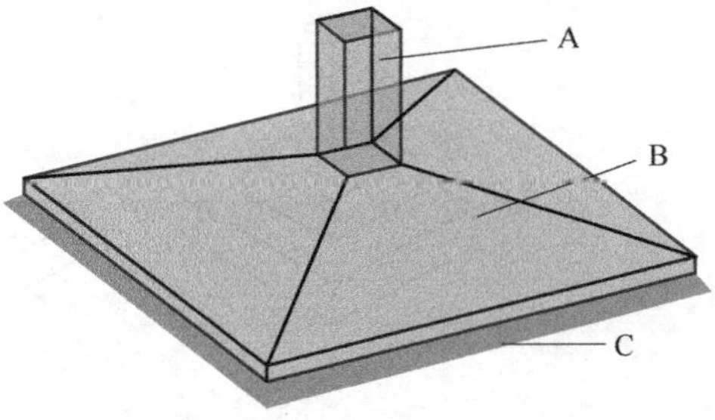

图 2-2

（续）

选择题

3. 柱下钢筋混凝土独立基础________均设置受力钢筋，钢筋排布：________方向钢筋在下，________方向钢筋在上。（　　）

A. 双向、短边、长边

B. 单向、长边、短边

C. 双向、长边、短边

D. 单向、短边、长边

4. 如图 2-3 所示，DJ03 为（　　）基础。

A. 柱下钢筋混凝土锥形独立基础

B. 筏形基础

C. 柱下钢筋混凝土阶形独立基础

D. 墙下钢筋混凝土条形基础

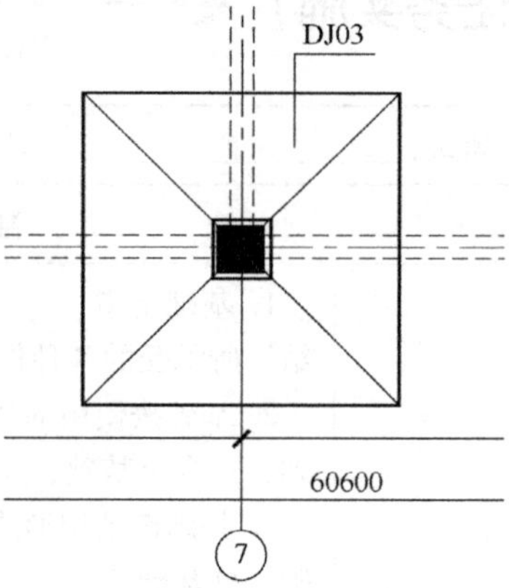

图　2-3

作图题

根据图 2-2，用直尺和铅笔画出基础平面图和剖面图。

平面图　　　　剖面图

独立基础平法施工图识读——独立基础平法制图规则

填空题

1. 独立基础平法施工图有平面注写、________和________三种表达方式。

2. 独立基础的平面布置图应将________平面与基础所支承的____一起绘制。

3. 当设置连系梁时，可根据图面的疏密情况，将________与______________一起绘制，或将基础连系梁布置图单独绘制。

4. 在基础的平面布置图上应标注基础的________。对于编号相同且定位尺寸相同的基础，可仅选择________进行标注。

5. 独立基础的平面注写方式包括________和________两部分内容。

6. 如图 2-4 所示，图 2-4a 所示基础的代号为________、图 2-4b 所示基础的代号为________。

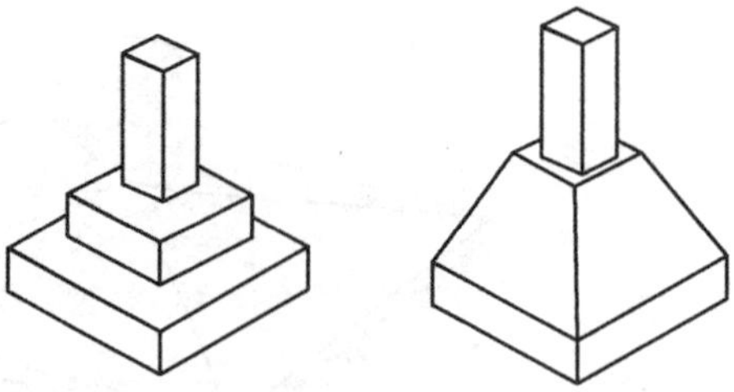

a)　　　　b)

图　2-4

（续）

填空题

7. 独立基础编号由________和________两部分组成，DJz03，表示03号________，基础底板截面形状为________。

8. 当普通独立基础为锥形截面时，截面竖向尺寸注写为 h_1/h_2，图2-5中所示应注写为________。

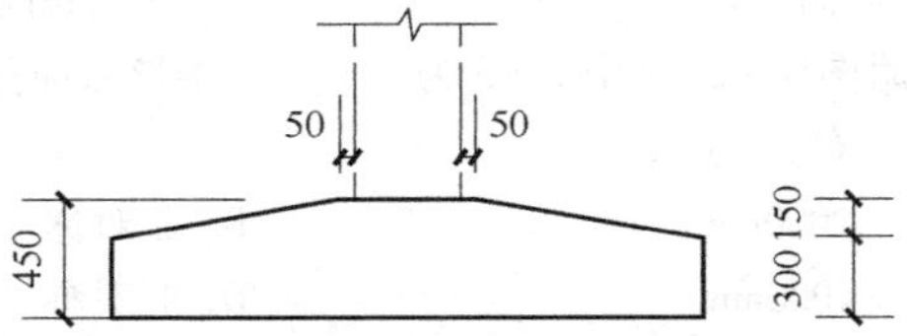

图 2-5

9. 独立基础底板双向配筋注写规定：____代表各种独立基础底板的________配筋。________以X开头、________以Y开头注写。

10. 如独立基础底板双向配筋注写为B：X Φ 18@140　Y Φ 16@120，表示独立基础底板的底部配筋 X 向为________钢筋，直径为____ mm，钢筋间距为____ mm；Y 向为________钢筋，直径为____ mm，钢筋间距为________ mm。

11. 当具体工程全部基础底面标高相同时，基础底面基准标高即为______________。当基础底面标高不同时，应取________的底面标高为基础底面的________。

12. 如图2-6所示的柱下独立基础集中标注，基础编号为________，截面形状为____，截面竖向尺寸 h_1 为________ mm，h_2 为____ mm 独立基础底板配筋 X 向为________钢筋，直径为____ mm，________为110mm。Y 向为________钢筋。____为12mm，间距为________ mm。

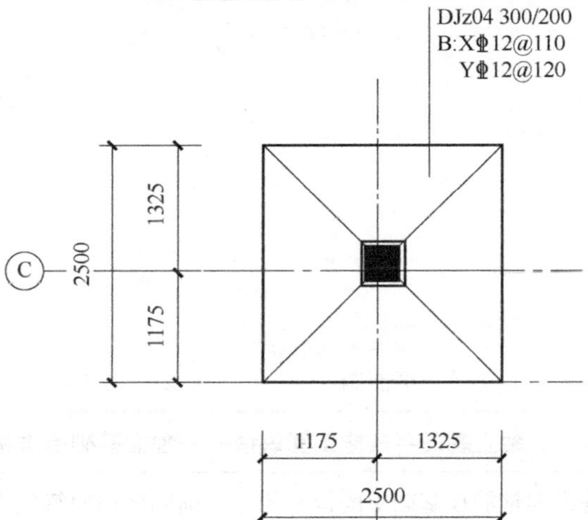

图 2-6

13. 如图2-6柱下独立基础所示原位标注，独立基础两向边长均为________ mm，锥形截面尺寸 x_1 为________ mm、x_2 为________ mm、y_1 为________ mm、y_2 为________ mm。

14. 独立基础采用列表注写方式，应在______________上对所有基础进行编号。对于多个____基础，采用列表注写（______________示意图）的方式集中表达。表中内容为______________的几何尺寸和________等。

15. 教材附录中的图样GS-02基础平面图、GS-03基础详图，结合平面布置图采用截面注写和______________相结合的表达方式。

（续）

<table>
<tr><td>选择题</td><td>1. 普通独立基础和杯口独立基础的集中标注包括了（　　）和必要的文字注解选注内容。
A. 独立基础编号　　B. 独立基础截面竖向尺寸
C. 独立基础配筋　　D. 基础底面标高（与基础底面基准标高不同时）
2. 教材附图样 GS-02 中 DJ03 为________锥形截面独立基础，基础底板双向尺寸 x、y 均为________（　　）。
A. 对称、2000mm　　B. 非对称、4000mm
C. 对称、4000mm　　D. 非对称、2000mm
3. 教材后附录图样 GS-03 中 DJ03 截面竖向尺寸为（　　）。
A. 250/450　　B. 450/250
C. 250/400　　D. 400/250
4. 教材后附录图样 GS-03 中 DJ03 基础底板的底部配筋为（　　）。
A. 两向配筋均为Φ 14@ 120
B. 两向配筋均为Φ 14@ 110
C. 两向配筋均为Φ 12@ 110
D. 两向配筋均为Φ 12@ 140</td></tr>
<tr><td>作图题</td><td>根据教材附图样 GS-03 上列表注写内容绘制 DJ03 的平面图和剖面图（标注几何尺寸）。

平面图　　　　剖面图</td></tr>
<tr><td colspan="2">独立基础平法施工图识读——独立基础标准构造详图</td></tr>
<tr><td>填空题</td><td>1. 柱纵向钢筋在基础中的构造要点：锚固区横向箍筋应满足直径________（d 为纵筋最大直径），间距____（d 为纵筋最小直径），且____的要求。
2. 独立基础底板双向交叉钢筋____设置在下，____设置在上。
3. 独立基础底板钢筋定位尺寸距离________为≤75mm 且____。s 为________。
4. 当独立基础底板长度________时，除________外，底板配筋长度可取相应方向底板长度的________倍，________放置，________________不缩短。
5. 当非对称独立基础底板长度≥2500mm 时，但该基础某侧从________至基础底板边缘的距离________ mm，钢筋在该侧________。</td></tr>
</table>

（续）

选择题	1. 根据教材附图 GS-03 中 DJ03 基础底板双向长度均为 4000mm，除外侧钢筋外，底板配筋长度为（　　）。 A. 3600mm　B. 3820mm　C. 3960mm　D. 3900mm 2. 根据教材附图 GS-03 中 DJ03 基础底板双向长度均为 4000mm，底板除交错布置钢筋外，外侧钢筋长度为（　　）。 A. 3600mm　B. 3820mm　C. 3960mm　D. 3900mm 3. 根据教材附图 GS-03 中 DJ03 基础底板钢筋定位尺寸距离基础边缘为（　　）。 A. 60mm　B. 55mm　C. 75mm　D. 50mm
作图题	根据教材附图 GS-03 绘制 DJ03 基础底板配筋构造图（标注钢筋长度、定位尺寸）。

【任务评价】

教师收集学生提交的成果，组织学生进行自评和小组互评，并进行教师点评，将评价分数（权重）填写至表2-1中。

表 2-1 任务评价表

班级：__________ 姓名：__________ 学号：__________

项目名称	评价内容	分值	评价分数（权重）		
			自评	小组互评	教师点评
职业素养（30%）	协作意识	5			
	责任意识	5			
	探索精神	5			
	问题意识	5			
	积极互动	5			
	按时完成任务	5			
知识技能（70%）	掌握独立基础底板配筋	5			
	理解独立基础平面表示的方法	5			
	理解独立基础平面注写方式	5			
	理解独立基础列表注写方式	5			
	理解独立基础底板配筋构造	5			
	理解独立基础底板配筋长度缩短10%构造	5			
	能根据基础平面布置图识别基础类型	5			
	能根据基础三维图绘制平面和截面图	5			
	能根据基础平法识读几何数据和配筋	5			
	能判断图样中独立基础底板钢筋布置方式	5			
	能正确计算基础底板钢筋外包长度	10			
	能正确绘制基础钢筋构造图	10			
总分[权重自评(20%)+小组互评(30%)+教师点评(50%)]=					
反思改进方面					

任务 3 条形基础平法施工图识读

【任务引导】

班级：________ 姓名：________ 学号：________

导学任务	条形基础平法施工图识读	信息页码
条形基础的定义		
条形基础按上部结构分类		
条形基础按下部结构分类		
条形基础的长度和宽度的比值的关系		

【任务描述】

你作为某建筑公司的施工技术人员，根据教材后附录图样 GS-02 基础平面图、GS-03 基础详图，准确识读 JL01 和 TJ-02 基础底板的相关信息。

一、根据下图 3-1 识读 JL01

班级：＿＿＿＿＿＿＿＿第＿＿组　　组长：＿＿＿＿＿＿＿＿　　小组成员：＿＿＿＿＿＿＿＿

工程名称：某学校实训楼

构件编号：JL01（见图 3-1）

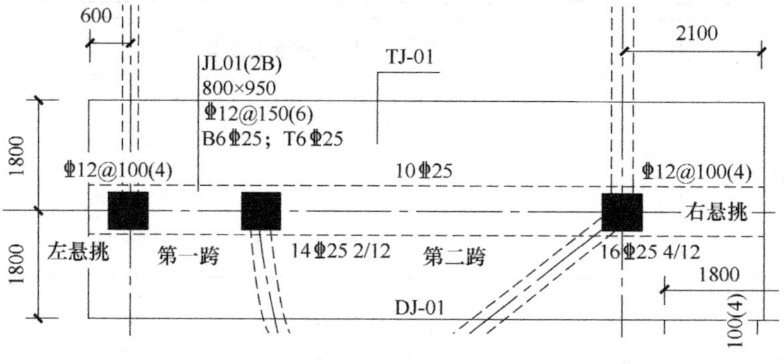

图　3-1

序号	识读内容	识读信息
1	基础梁名称、跨数、有无悬挑	
2	截面尺寸	
3	集中标注配筋	箍筋： 上下贯通钢筋：

（续）

序号	识读内容	识读信息
4	原位标注配筋	左悬挑： 第一跨： 第二跨： 右悬挑：

二、根据图 3-2，识读 TJ-02 基础底板

班级：________________第____组　　组长：________________　　小组成员：________________

工程名称：某学校实训楼

构件编号：TJ-02 基础底板（见图 3-2）

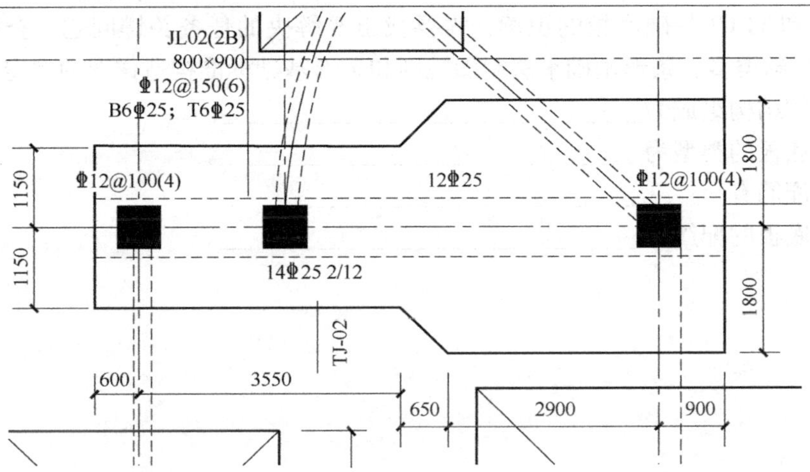

条形基础列表

序号	基础编号	B	h_3	h_4	As_1	备注
1	TJ-01	3600	250	350	Φ16@120	
2	TJ-02	3600	250	350	Φ16@120	
		2300	250	350	Φ12@120	
3	TJ-03	4600	250	350	Φ16@110	

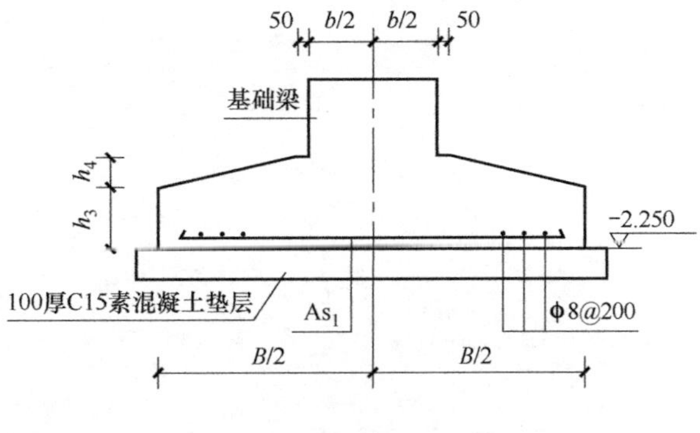

条形基础详图 1∶20

图 3-2

（续）

序号	识读内容	识读信息
1	条形基础底板名称、跨数、有无悬挑	
2	条形基础底板尺寸	平面尺寸： 长________，宽$_{(1)}$________，宽$_{(2)}$________ 竖向尺寸： h_3 =________，h_4 =________
3	配筋	横向受力钢筋： 纵向分布钢筋：

【任务分析】

要完成 JL01 和 TJ-02 基础底板的识读，需要找出要解决的任务关键问题。查阅、收集相关资料，了解基础类型、条形基础平法制图规则和条形基础标准构造详图的规定。

1. 条形基础的结构组成为________________________________。
2. 条形基础底板的类型为________________________________。
3. 基础梁的配筋有________________________________。
4. 条形基础底板的配筋有________________________________。

【任务计划——小组分工】

班级：________ 小组名称：________ 小组成员：________

序号	任务名称	负责人	内容摘要	信息页码
1	条形基础的定义和类型			
2	JL01 的名称			
3	JL01 的截面尺寸			
4	JL01 的配筋			
5	TJ-02 基础底板的名称			
6	TJ-02 基础底板的尺寸			
7	TJ-02 基础底板的配筋			

【任务实施】

班级：________ 姓名：________ 学号：________

条形基础平法施工图识读——基本知识

填空题	条形基础是指基础长度远远大于宽度的一种基础形式。条形基础按上部结构分为________和________，按下部结构可以分为________和________。
选择题	条形基础按照下部结构可以分为（ ）。 A. 墙下条形基础 B. 柱下条形基础 C. 梁板式条形基础 D. 板式条形基础
作图题	根据教材中的图 3-1，用直尺和铅笔画出两种条形基础。 板式条形基础 梁板式条形基础

条形基础平法施工图识读——条形基础平法制图规则

填空题	1. 条形基础平法施工图有________和________两种表达方式。 2. 基础梁 JL 的平面注写方式分为集中标注和原位标注。施工时，________优先。 3. 基础梁的集中标注内容包括基础梁________、________、________三项必注内容。 4. JL003（3A）表示____号基础梁，____跨，____端有悬挑。 5. TJBp04（2B）表示 04 号________，底板形状为____，____跨，____端有悬挑。 6. B 4⌀20；T 7⌀22 5/2，表示梁底部配置贯通纵筋为______；梁顶部配置贯通纵筋上一排为______，下一排为________，共________。 7. 在基础梁支座处原位注写 2⌀22+1⌀20，表示基础梁支座底部有 3 根纵筋，2⌀22 分别放在________，1⌀20 放在______。 8. 条形基础底板分为________基础底板（用 TJBp 表示）和________基础底板（用 TJBj 表示）。 9. 原位注写条形基础底板的平面定位尺寸。原位标注 b、b_i，$i=1$，2，…。其中，b 为基础底板________，b_i 为基础底板____的宽度。

（续）

选择题	1. 注写基础梁箍筋信息包括（　　）。 A. 钢筋种类　　B. 钢筋直径 C. 箍筋间距　　D. 箍筋肢数 2. 当具体设计采用两种箍筋或者两种箍筋间距时，用（　　）分隔不同箍筋。 A. +　　B. /　　C. -　　D. @ 3. 梁底部贯通纵筋用哪个字母表示？（　　） A. A　　B. B　　C. C　　D. T 4. 梁顶部贯通纵筋用哪个字母表示？（　　） A. A　　B. B　　C. C　　D. T 5. 当梁底部或顶部贯通纵筋多于一排时，用（　　）将各排纵筋自上而下分开。 A. +　　B. /　　C. -　　D. @
作图题	根据教材附图 GS-02、GS-03 上列表注写内容，绘制 TJ-02 的平面图（标注尺寸）和条形基础详图（标注尺寸和配筋）。
条形基础平法施工图识读——条形基础标准构造详图	
填空题	1. 条形基础底板配筋可以分为受力钢筋和分布钢筋，______在下，______垂直于受力钢筋在上。 2. 基础梁梁宽范围内不设分布筋，分布钢筋距离边缘要求≤____且≤____，距离基础梁≤____。 3. 当条形基础底板宽度不小于 2500mm 且单边宽度不小于 1250mm 时，底板受力钢筋长度可在相应侧边处缩短____%。 4. 条形基础梁贯通纵筋连接区：顶部贯通纵筋连接区范围为支座宽度及两侧____，底部贯通纵筋连接区为跨中≤____。 5. 条形基础梁第一、二排底部非贯通钢筋从支座处伸出长度为______。l_n 取值为左右两跨的______。 6. 梁侧钢筋的拉筋直径除注明者外均为 8mm，间距为箍筋间距的____倍。当设有多排拉筋时，上下两排拉筋______设置。

（续）

<table>
<tr><td>选择题</td><td>1. 如图 3-3 所示，梁侧面构造钢筋要求 a 不大于（　　）mm。
A. 500　　B. 400　　C. 300　　D. 200
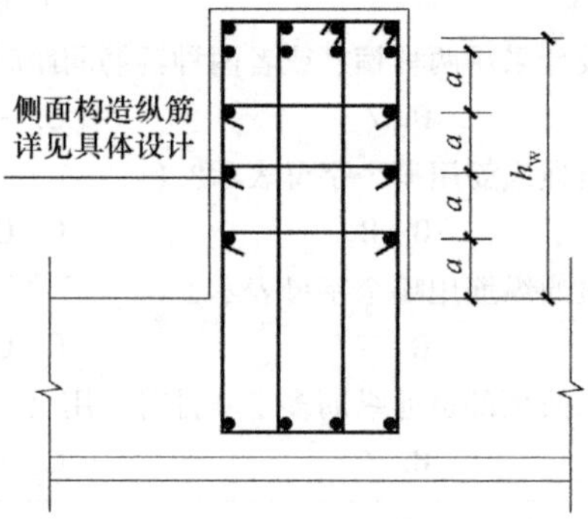
图 3-3

2. 基础主梁和次梁的附加钢筋构造，分为______、______两种形式。（　　）
A. 附加箍筋　　B. 附加吊筋　　C. 弯起钢筋　　D. 洞口加强筋</td></tr>
<tr><td>作图题</td><td>绘制纵向钢筋与箍筋构造和条形基础梁端部与外伸部位钢筋构造。</td></tr>
</table>

【任务评价】

教师收集学生提交的成果，组织学生进行自评和小组互评，并进行教师点评，将评价分数（权重）填写至表3-1中。

表3-1 任务评价表

班级：________ 姓名：________ 学号：________

项目名称	评价内容	分值	评价分数（权重）		
			自评	小组互评	教师点评
职业素养（30%）	团结协作	5			
	勤于反思	5			
	乐学善学	5			
	批判质疑	5			
	理性思维	5			
	自我管理	5			
知识技能（70%）	掌握条形基础的类型	5			
	掌握条形基础梁配筋	5			
	掌握条形基础板配筋	5			
	掌握条形基础平面表示的方法	5			
	掌握条形基础平面注写方式	10			
	掌握条形基础列表注写方式	10			
	理解条形基础梁配筋构造	5			
	理解条形基础板配筋构造	5			
	能准确识读条形基础平面图	10			
	能正确绘制条形基础钢筋构造图	10			
总分［权重自评(20%)+小组互评(30%)+教师点评(50%)］=					
反思改进方面					

任务 4 柱平法施工图识读

【任务引导】

班级：________________ 姓名：________________ 学号：________________

导学任务	柱平法施工图识读	信息页码
常用的柱截面形式		
受压构件的分类		
柱中配置的钢筋类型		
柱纵筋的净距的最小值		
柱中箍筋的形式		

【任务描述】

你作为某建筑公司的施工技术人员（钢筋工），根据教材后附录图样 GS-04 框架柱配筋平面图，计算 KZ1 的柱纵向受力钢筋和箍筋的外包尺寸并汇总填写钢筋料单。

班级：__________第____组　组长：__________　小组成员：____________________

工程名称：某学校实训楼

构件名称（数量）：框架柱 KZ1（　　个）

构件编号：KZ1

钢筋编号	钢筋牌号、直径	钢筋简图	外包长度/mm	单位根数	总根数	每米钢筋质量/(kg/m)	总质量/kg

汇总：

【任务分析】

要完成框架柱 KZ1 的钢筋外包尺寸的计算，需要找出要解决的任务关键问题。查阅、收集相关资料，了解柱的基本知识、柱平法制图规则和柱标准构造详图的规定。

1. KZ1 在柱平法施工图中共有____________________个（填写数量）。
2. KZ1 分为________个柱段 。
3. KZ1 在两个柱段中分别设置纵筋牌号、直径及根数________。
4. KZ1 在两个柱段中分别设置箍筋牌号、直径、间距、形式________________。
5. KZ1 纵筋的连接方式为________________。
6. KZ1 箍筋的形式为________________。

【任务计划——小组分工】

班级：______________　小组名称：______________　小组成员：______________

序号	任务名称	负责人	内容摘要	信息页码
1	图中框架柱的种类及各自的数量			
2	KZ1 的数量			
3	KZ1 截面尺寸			
4	KZ1 纵向受力筋的牌号、直径及根数			
5	KZ1 纵向受力筋连接区长度、接头错开距离			
6	KZ1 箍筋形式、加密区长度			
7	每层柱 H_n 的计算			
8	KZ1 纵向受力钢筋箍筋计算			

【任务实施】

班级：________________ 姓名：________________ 学号：________________

<table>
<tr><th colspan="2">柱平法施工图识读——基本知识</th></tr>
<tr><td>填空题</td><td>1. 柱分为：框架柱、__________、__________。
2. 柱的钢筋种类包括________________。
3. 受压构件分为________________和________________两种。</td></tr>
<tr><td>选择题</td><td>1. 框架柱的编号为（　　）。
A. KL　　B. KZ　　C. ZHZ　　D. XZ
2. 下列常见构件属于受压构件的是（　　）。
A. 梁　　B. 柱　　C. 板　　D. 楼梯
3. 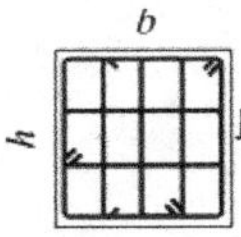此柱截面箍筋的形式为（　　）。
A. 3×4　　B. 4×4　　C. 5×4　　D. 5×5</td></tr>
<tr><td>作图题</td><td>用直尺和铅笔画出柱截面图：截面尺寸为700mm×750mm，纵筋为24Φ25，纵筋四周均匀布置，箍筋为Φ10@100/150，形式为4×4的复合箍筋。

截面图</td></tr>
<tr><th colspan="2">柱平法施工图识读——柱平法制图规则</th></tr>
<tr><td>填空题</td><td>1. 柱平法施工图有__________注写和__________注写两种注写方式。
2. 当设计图中没有注明框架柱嵌固部位时，则可以理解为框架柱嵌固部位在__________面。
3. 柱表中包括的内容有：__________、__________、__________、__________、__________、__________。
4. KZ2 表示________________；XZ3 表示________________；转换柱的代号是__________。
5. 框架柱的根部标高是指________________标高。
6. 圆柱的截面尺寸用圆柱的________________表示。</td></tr>
</table>

（续）

填空题

7. 在框架柱平法施工图中，箍筋的配筋信息：Φ8@100/200 表示________________。

8. 识读图4-1柱截面配筋图，根据提示内容完成填空。柱截面 b 边为______mm、h 边为______mm；角筋__________；箍筋__________，箍筋的肢数为______×______；b 边一侧中部纵筋：__________；h 边一侧中部纵筋：__________；全部纵筋为____根。

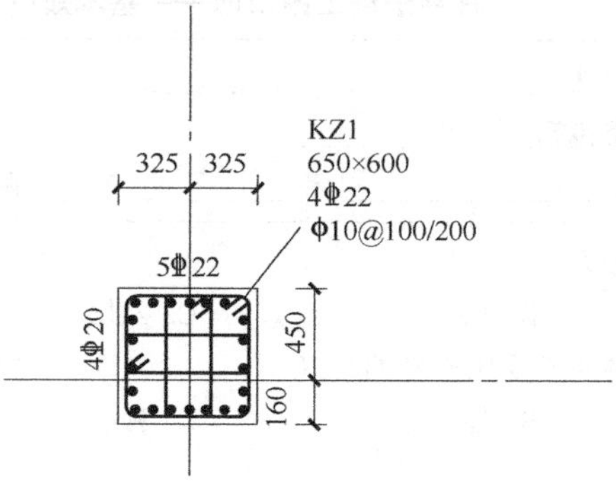

图　4-1

9. 识读某学校实训楼图样GS-04，回答问题。

（1）框架柱的种类有__________种。

（2）Ⓓ轴与②轴相交的KZ5的顶标高为__________，⑥轴与Ⓓ轴相交的KZ6顶标高为__________。

（3）以Ⓐ轴与⑪轴相交的KZ1为例：

1）根数__________。

2）截面尺寸为______×______，柱顶标高为__________。

3）首层柱纵筋根数为__________，直径为__________，箍筋直径为__________，加密区间距为__________，非加密区间距为__________，箍筋的形式为______×______。二层以上纵筋根数为__________，直径为__________，箍筋直径为__________。柱中纵筋采用的连接方法为__________。

选择题

1. 两个柱编成统一编号必须相同的条件是（　　）。

A. 柱的总高相同　　B. 分段截面尺寸相同

C. 截面和轴线的位置关系相同　　D. 配筋相同

2. 识读某学校实训楼图样GS-04（附录中某学校实训楼工程图），KZ2共有（　　）根。

A. 2　　B. 3　　C. 4　　D. 5

3. 识读某学校实训楼图样GS-04（附录中某学校实训楼工程图），KZ2的柱顶标高是（　　）m。

A. 17.950　　B. 21.550　　C. 25.800　　D. 19.450

4. 识读某学校实训楼图样GS-04（附录中某学校实训楼工程图），KZ2基础顶～3.550柱纵向受力钢筋为（　　）。

A. 16Φ25　　B. 12Φ25　　C. 24Φ25　　D. 20Φ25

5. 识读某学校实训楼图样GS-04（附录中某学校实训楼工程图），KZ2基础顶～3.550箍筋为（　　）。

A. Φ8@100/150　　B. Φ8@100/200

C. Φ10@100/150　　D. Φ10@100/200

（续）

选择题	6. 识读某学校实训楼图样 GS-04（附录中某学校实训楼工程图），KZ2 基础顶~3.550 柱箍筋的形式为（　　）。 A. 4×5　　B. 4×4　　C. 5×5　　D. 3×3
作图题	绘制图样 GS-04 KZ1 第一柱段的截面配筋图，并标出钢筋的规格（标注几何尺寸）。 截面配筋图
柱平法施工图识读——柱标准构造详图	
填空题	1. 柱纵向钢筋的连接方式有________、________、________。 2. 柱相邻纵向钢筋连接接头应________，在同一连接区段内钢筋接头面积百分率不宜大于________。 柱纵向钢筋的非连接区位置：从嵌固部位以上________范围；中间楼层为框架梁以下________+________+楼面以上________。 3. 柱纵筋采用绑扎搭接时，搭接接头需要错开的净距离为________；采用焊接连接时，相邻焊接接头需要错开的距离为________；采用机械连接时，相邻机械连接接头需要错开的距离为________。 4. 当上柱段纵筋配筋数量比下柱段纵筋配筋数量多时，上柱段增加的纵筋应从楼面开始锚入下柱段________的长度。 5. 框架柱边柱或角柱到柱顶时，柱外侧纵筋与梁上部纵筋在柱顶部外侧直线搭接，梁上部纵向钢筋伸至柱外侧纵向钢筋内侧弯折，与柱外侧纵向钢筋搭接长度不应小于________，且伸至梁底；当梁上部纵向钢筋配筋率大于____%时，宜分两批截断，截断点之间距离不宜小于________。 6. 框架柱箍筋的加密区范围同柱纵筋的________区范围一致，底层刚性地面上下________mm 范围内箍筋应加密。 7. 抗震中柱顶层节点构造，当不能直锚时，需要伸到节点顶后弯折，其弯折长度________。 8. 识读某学校实训楼图样 GS-04（附录中某学校实训楼工程图），Ⓐ轴与⑪轴相交的 KZ1，回答问题。 （1）首层柱的 H_n 指从________至________的高度，首层柱 H_n 高度为________，二层柱 H_n 为________。 （2）基础顶处纵筋向上非连接区的长度为________，机械连接相邻接头错开的距离为________。二层楼面处梁顶以上箍筋加密区的长度为________，梁底以下箍筋加密区的长度为________。首层比二层多出的纵筋锚固长度为________。

（续）

选择题

1. 框架节点内箍筋设置原则是（　　）。

A. 不设箍筋　　B. 梁箍筋和柱箍筋都设置

C. 只设置梁箍筋　　D. 只设置柱箍筋

2. 柱箍筋加密区范围包括（　　）。

A. 节点范围

B. 底层刚性地面上下 500mm

C. 柱净高中间部位

D. 基础顶面嵌固部位向上 $1/3H_n$

E. 纵筋搭接范围

3. 抗震框架柱纵筋连接时，（　　）。

A. 可以在箍筋加密区进行绑扎搭接

B. 可以在箍筋加密区进行机械连接

C. 可以在箍筋加密区进行焊接

D. 应避开箍筋加密区进行连接

4. 柱的第一根箍筋距基础顶面的距离是（　　）。

A. 50mm　　B. 100mm

C. 箍筋加密区间距　　D. 箍筋加密区间距/2

5. 首层柱 H_n 的取值下面说法正确的是（　　）。

A. H_n 为首层建筑净高

B. H_n 为首层高度

C. H_n 为嵌固部位至首层节点底的距离

D. 无地下室时 H_n，为基础顶面至首层节点底的距离

6. 如图 4-2 所示抗震框架柱的纵筋，当上柱段钢筋数量比下柱段钢筋数量多时，采用图中的______施工方式；当下柱段钢筋直径比上柱段的大时，采用图中的______施工方式。（　　）

A. a　　B. b　　C. c　　D. d

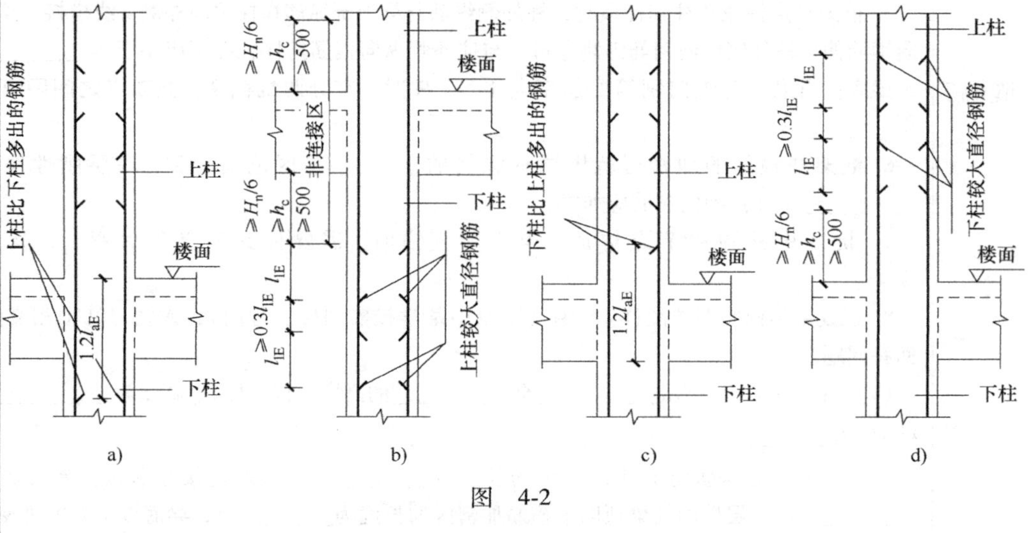

a)　　b)　　c)　　d)

图　4-2

（续）

作图题	画出附录中图样 GS-04 中Ⓐ轴与⑪轴相交的 KZ1 基础顶到二层梁顶配筋立面图和截面图（已知条件：KZ1 的柱插筋伸入基础内，基础底标高为-2.250m，基础高度为 650mm。二层梁顶标高为 3.550m，二层梁高为 650mm）。

【任务评价】

教师收集学生提交的成果，组织学生进行自评和小组互评，并进行教师点评，将评价分数（权重）填写至表 4-1 中。

表 4-1　任务评价表

班级：________　姓名：________　学号：________

项目名称	评价内容	分值	评价分数（权重）		
			自评	小组互评	教师点评
职业素养（30%）	协作意识	5			
	责任意识	5			
	探索精神	5			
	问题意识	5			
	积极互动	5			
	按时完成任务	5			
知识技能（70%）	掌握基础类型	5			
	掌握框架柱配筋	5			
	理解柱平面表示的方法	5			
	理解柱列表注写方式	5			
	理解柱内纵向钢筋连接构造	5			
	理解柱内箍筋加密区范围的构造	5			
	理解变截面柱纵筋的连接构造	5			
	理解中柱柱顶、边柱和角柱柱顶的纵向钢筋构造	5			
	能根据柱平面图识别柱的种类	5			
	能根据柱平法识读截面尺寸和配筋	5			
	能正确计算柱纵筋和箍筋的外包长度	5			
	能正确绘制柱钢筋截面图	5			
	能正确绘制柱立面图并表示出纵筋连接及箍筋加密区位置	10			
总分［权重自评（20%）+小组互评（30%）+教师点评（50%）］=					
反思改进方面					

任务 5 梁平法施工图识读

【任务引导】

班级：________________ 姓名：________________ 学号：________________

导学任务	梁平法施工图识读	信息页码
梁的定义		
梁按照截面形式分类		
梁按施工方法分类		
梁按受力状态分类		
梁按在建筑结构中的位置分类		
钢筋混凝土梁内配置钢筋的种类		
找一找你身边的梁构件		

【任务描述】

你作为某建筑公司的施工技术人员（钢筋工），根据教材附录图样 GS-06 二层梁配筋平面图，计算 KL219（2）的纵向钢筋长度并汇总填写该梁钢筋料单。

班级：__________第____组　　组长：__________　　小组成员：____________________

工程名称：某学校实训楼

构件名称（数量）：楼层框架梁 KL219（2）（ 1 个）

构件编号：KL219（2）

钢筋编号	钢筋名称	钢筋级别直径	钢筋根数	下料长度/mm	每米钢筋质量/(kg/m)	总质量/kg

汇总：

【任务分析】

要完成 KL219（2）的纵向钢筋长度的计算，需要找出要解决的任务关键问题。查阅、收集相关资料，了解梁平法制图规则和梁标准构造详图的规定。

1. KL219（2）根据其所在位置属于____________________。

2. 该实训楼抗震等级为____________________。

3. 梁柱混凝土强度等级为____________________。

4. 梁柱混凝土保护层厚度为____________________。

5. KL219（2）边支座 KZ6 的截面尺寸为______×______。中间支座 KZ7 的截面尺寸为______×______。

6. KL219（2）第一跨（①～②之间）的净跨值为____________________。第二跨（②～④之间）的净跨值为____________________。

【任务计划——小组分工】

班级：________ 小组名称：________ 小组成员：________

序号	任务名称	负责人	内容摘要	信息页码
1	GS-06 二层梁配筋平面图中梁的类型			
2	KL219（2）的类型			
3	结构抗震等级、梁柱混凝土强度等级、保护层厚度			
4	KL219（2）纵向钢筋根数、级别、直径			
5	KL219（2）上部纵向钢筋端支座锚固方式、锚固长度			
6	KL219（2）上部通长筋长度计算			
7	KL219（2）梁①轴、④轴端支座上部支座负筋长度计算			
8	KL219（2）梁②轴中间支座上部支座负筋长度计算			
9	KL219（2）下部纵向钢筋端支座锚固方式、锚固长度			
10	KL219（2）下部纵向钢筋中间支座锚固长度			
11	KL219（2）下部筋长度计算			
12	KL219（2）侧面构造钢筋长度计算			
13	KL219（2）钢筋汇总计算			

【任务实施】

班级：________________　　姓名：________________　　学号：________________

梁平法施工图识读——基本知识

填空题

1. 梁是承受____荷载，以____为主的构件，一般____放置，用来支撑板并承受板传来的各种竖向荷载和梁的自重。
2. 梁按截面形式分为__________、__________、__________、花篮形截面梁和倒 L 形截面梁等。
3. 梁按施工方法分为__________、__________和__________。
4. 梁按受力状态分为__________、__________、__________等。
5. 梁按在建筑结构中的位置分为__________、__________、__________、非框架梁、悬挑梁等。
6. 当梁腹板高度 $h_w \geqslant$____时，应在梁的两侧沿高度设置纵向构造钢筋，纵向构造钢筋间距 $a \leqslant$____。构造钢筋用于防治梁侧面产生垂直于梁轴线的收缩裂缝，加强钢筋骨架的刚性。
7. 梁两侧的构造钢筋宜用拉筋联系，当梁宽 $b \leqslant 350$mm 时，拉筋直径为____；梁宽 $b > 350$mm 时，拉筋直径为____。拉筋间距取非加密区箍筋间距的____倍。

选择题

1. 图 5-1 中①号钢筋为（　　）。
A. 上部通长筋　　B. 下部通长筋
C. 支座负筋　　D. 构造钢筋
2. 图 5-1 中②号钢筋为（　　）。
A. 上部通长筋　　B. 架立筋　　C. 支座负筋　　D. 构造钢筋
3. 图 5-1 中③号钢筋为（　　）。
A. 支座负筋　　B. 构造钢筋　　C. 箍筋　　D. 拉筋
4. 如图 5-1 中④号钢筋为（　　）。
A. 上部通长筋　　B. 下部通长筋
C. 箍筋　　D. 构造钢筋
5. 图 5-1 中⑤号钢筋为（　　）。
A. 上部通长筋　　B. 下部通长筋
C. 吊筋　　D. 构造钢筋或受扭钢筋

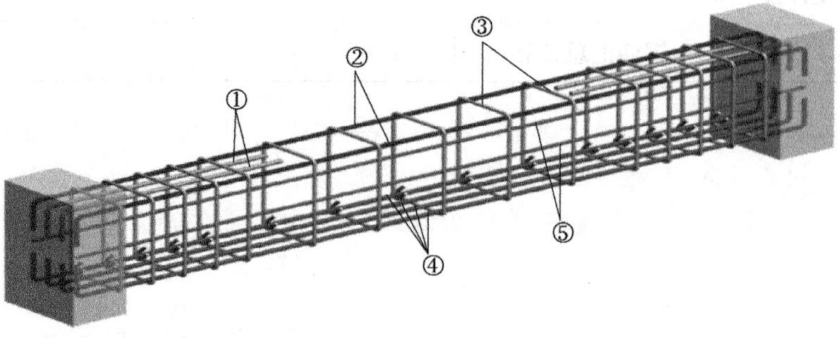

图　5-1

（续）

梁平法施工图识读——梁平法制图规则	
填空题	1. 梁平法施工图有__________、__________两种表达方式。 2. 梁平面注写方式包括__________和__________。 3. 集中标注表达梁的__________，原位标注表达梁的__________。 4. 当集中标注中的某项数值不适用于某部位时，则将该项数值进行原位标注。施工时，__________取值优先。 5. 梁集中标注的内容有5项必注值（包括__________、__________、__________、__________、__________）及1项选注值__________。 6. 梁的编号由__________、__________、__________、__________4项组成。 7. 当为等截面梁时，用 $b \times h$ 表示，其中 b 表示____________________，h 表示____________________。 8. 当有悬挑梁且根部和端部的高度不同时，用斜线分割根部与端部的高度值。即为 $b \times h_1/h_2$，其中 h_1 表示__________，h_2 表示__________。 9. 结合附录图样GS-06二层梁配筋平面图，回答以下问题： 1）KL219的跨数为____跨，梁截面宽度为__________，梁截面高度为__________，梁上部通长筋为__________。 2）KL219箍筋级别为__________，直径为______，加密区间距为__________，非加密区间距为__________，肢数为______。 3）KL219集中标注中G4Φ12，表示梁____________________钢筋，共________根，每侧________根。 4）KL219①轴右侧4Φ25，表示梁__________钢筋，钢筋级别为______，直径为______，其中______根通长筋，______根非通长筋。 5）KL219②轴中间支座4Φ25/2Φ20，表示梁支座上部钢筋，钢筋级别为__________，分____排布置，上排为__________，下排为__________。 6）KL219第一跨下部纵筋为__________，第二跨下部钢筋为__________。 7）KL219第一跨主次梁交接处附加吊筋为______。
选择题	1. 梁编号中WKL表示（　　）。 A. 楼层框架梁　　B. 屋面框架梁 C. 框支梁　　D. 非框架梁 2. KL2（3B）中的3B表示（　　）。 A. 两跨两端悬挑　　B. 两跨一端悬挑 C. 三跨两端悬挑　　D. 三跨一端悬挑 3. 当梁上部既有通长筋又有架立筋时，用（　　）将通长筋和架立筋相连。 A. /　　B. ; C. +　　D. × 4. 梁侧面纵向受扭钢筋以大写字母（　　）开头。 A. B　　B. T　　C. N　　D. G 5. 梁侧面构造钢筋，其搭接与锚固长度为（　　）。 A. $10d$　　B. $15d$　　C. l_{lE}　　D. l_a

（续）

<table>
<tr><td>选择题</td><td>6. 附录图样 GS-06 二层梁配筋平面图中，KL206 第一跨（Ⓐ~Ⓑ轴之间）的截面尺寸为（　　）。
A. 300mm×500mm　　B. 300mm×650mm
C. 500mm×300mm　　D. 650mm×300mm
7. 附录图样 GS-06 二层梁配筋平面图中，L204 集中标注中（0.070）表示（　　）。
A. 该梁顶面的结构标高比所在结构层楼面标高低 0.070m
B. 该梁顶面的结构标高比所在结构层楼面标高高 0.070m
C. 该梁顶面的结构标高比所在结构层楼面标高低 0.070mm
D. 该梁顶面的结构标高比所在结构层楼面标高高 0.070mm</td></tr>
<tr><td colspan="2">梁平法施工图识读——梁标准构造详图</td></tr>
<tr><td>填空题</td><td>1. 楼层框架梁上部纵向钢筋端支座锚固有＿＿＿＿、＿＿＿＿和＿＿＿＿三种。
2. 当框架梁上有架立筋时，架立筋与非贯通钢筋（支座负筋）的搭接长度为＿＿＿＿。
3. 框架梁上部非贯通筋（支座负筋）伸出长度的规定，第一排自支座边伸出＿＿；第二排自支座边伸出＿＿。
4. 框架梁上部通长筋与非贯通筋直径相同时，连接位置宜位于跨中＿＿范围内，梁下部钢筋连接位置宜位于支座＿＿范围内，在同一连接区段内接头面积百分率不宜大于＿＿%。
5. 非框架梁上部纵向钢筋在端支座处的锚固方式有＿＿＿＿和＿＿＿＿，当伸入端支座直段长度满足 l_a 时，可＿＿＿＿。
6. 非框架梁下部纵向钢筋在中间支座的锚固长度为＿＿＿＿。
7. 附加箍筋和附加吊筋设置在主次梁相交处的＿＿＿＿上。
8. 梁侧面纵向受扭钢筋的搭接长度：框架梁为＿＿＿＿，非框架梁为＿＿＿＿。</td></tr>
<tr><td>选择题</td><td>1. 某框架梁的中间支座，与其相邻的两端的梁净跨度值分别为 2400mm、2100mm，该梁中间支座第一排支座负筋自支座边伸出的长度为（　　）。
A. 800mm　　B. 700mm
C. 600mm　　D. 525mm
2. 某框架梁的中间支座，与其相邻的两端的梁净跨度值分别为 2400mm、2100mm，该梁中间支座第二排支座负筋自支座边伸出的长度为（　　）。
A. 800mm　　B. 700mm
C. 600mm　　D. 525mm
3. 框架梁端支座上部纵向钢筋采用弯锚方式，上部纵筋伸至柱外侧纵筋内侧且 ≥ $0.4l_{abE}$，并向下弯折（　　）。
A. $10d$　　B. $12d$
C. $15d$　　D. $20d$
4. 框架梁箍筋的起步距离为（　　）。
A. 50mm　　B. 80mm
C. 120mm　　D. 150mm</td></tr>
</table>

（续）

选择题	5. 附录图样 GS-06 二层梁配筋平面图中，KL219（2）箍筋加密区的范围是（　　）（注：由结构设计总说明可知其抗震等级为三级）。 A. 1300mm　　B. 975mm C. 650mm　　D. 500mm 6. 当主梁高度 $h_b \leqslant 800$mm 时，吊筋弯起角度为（　　）。 A. 25°　　B. 30°　　C. 45°　　D. 60°

【任务评价】

教师收集学生提交的成果，组织学生进行自评和小组互评，并进行教师点评，将评价分数（权重）填写至表 5-1 中。

表 5-1　任务评价表

班级：________________　姓名：________________　学号：________________

项目名称	评价内容	分值	评价分数（权重）		
			自评	小组互评	教师点评
职业素养（30%）	协作意识	5			
	责任意识	5			
	探索精神	5			
	问题意识	5			
	积极互动	5			
	按时完成任务	5			
知识技能（70%）	掌握梁的类型	5			
	掌握钢筋混凝土梁内配筋	5			
	理解梁平面的表示方法	5			
	理解梁平面的注写方式	10			
	理解梁截面的注写方式	5			
	理解楼层框架梁纵向钢筋构造	5			
	理解屋面框架梁纵向钢筋构造	5			
	理解非框架梁纵向钢筋构造	5			
	理解侧面纵向构造筋、受扭钢筋和拉筋构造	5			
	理解框架梁箍筋构造	5			
	理解附加箍筋和附加吊筋构造	5			
	能正确计算框架梁纵向钢筋长度	10			
总分［权重自评（20%）+小组互评（30%）+教师点评（50%）］=					
反思改进方面					

任务 6 板平法施工图识读

【任务引导】

班级：________________ 姓名：________________ 学号：________________

导学任务	板平法施工图识读	信息页码
板的分类		
写出板的钢筋的名称		
写出板的钢筋的作用		
写出常见悬挑板的名称		
板混凝土保护层厚度		

【任务描述】

你作为某建筑公司的施工技术人员（钢筋工），根据教材附录图样 GS-05 二层结构平面图、GS-06 二层梁配筋平面图，计算 B212 板的钢筋的外包尺寸并填写该板的钢筋料单。

班级：__________第____组　　组长：__________　　小组成员：____________________

工程名称：某学校实训楼

构件名称（数量）：B212 板（　　　个）

构件编号：B212

钢筋编号	钢筋牌号、直径	钢筋简图	外包长度/mm	单位根数	总根数	每米钢筋质量/(kg/m)	总质量/kg

汇总：

【任务分析】

要完成 B212 板的钢筋外包尺寸的计算，你需要找出要解决的任务关键问题。查阅、收集相关资料，了解板种类、平法制图规则和标准构造详图规定。

1. B212 板是哪类板？________________。
2. B212 板在板平法施工图中共有几块？________________。
3. B212 板的长边尺寸及短边尺寸为________________。
4. B212 板钢筋编号、直径分别为________________________________。
5. B212 板支座上部内侧的分布钢筋是________________（写出直径、级别和间距）。

【任务计划——小组分工】

班级：________________ 小组名称：________________ 小组成员：________________

序号	任务名称	负责人	内容摘要	信息页码
1	B212 板的种类及数量			
2	B212 板的长边尺寸及短边尺寸			
3	B212 板的钢筋编号、直径和间距			
4	板边第一根钢筋起步距离			
5	B212 板支座上部钢筋形状及根数			
6	B212 板底部钢筋形状及根数			
7	B212 板支座上部钢筋长度计算			
8	B212 板底部钢筋长度计算			

【任务实施】

班级：________________　姓名：________________　学号：________________

板平法施工图识读——基本知识

填空题

1. 楼板根据板周边的支承情况及板的长度方向与宽度方向的比值分为________和________板。

2. 楼盖分为________和________，________是以梁为支座的楼面与屋面板。

3. 板中通常配有________和________。

4. 分布筋布置在受力筋的________，与受力钢筋________。

5. 如图 6-1 中所示楼板，图 6-1a 为________、图 6-1b 为________。图 6-1a 中①号钢筋为________，②号钢筋为________，图 6-1b 中①号钢筋为________，②号钢筋为________。

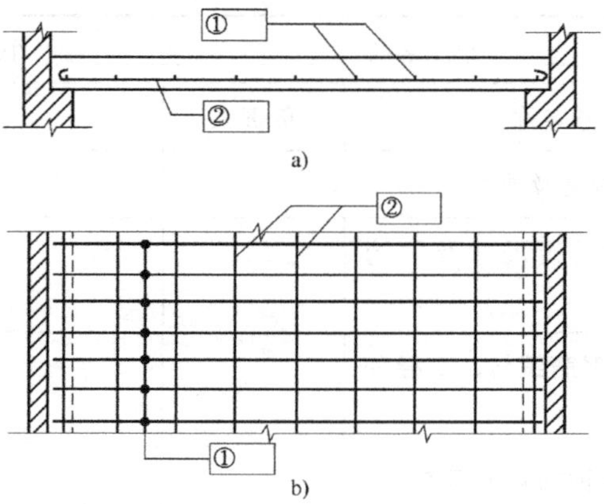

图　6-1

板平法施工图识读——板平法制图规则

填空题

1. 板平面注写包括____________________和____________________。

2. 结构平面图的坐标方向规定如下：两向轴网正交布置时，图面________为 X 方向，________为 Y 方向；轴网向心布置时，切向为____方向，径向为____方向。

3. 板厚为________板面的厚度，注写为 h=×××；当悬挑板根部和端部厚度不同时，注写为 h=×××/×××，斜线前为__________，斜线后为__________。

4. 板贯通筋分为________和________贯通筋，B 代表板块__________，T 代表__________。

5. LB2，h=120，B：X10@110，Y10@140 表示序号为 2 的________，板厚________，板下部贯通筋为直径____，钢筋为________，X 方向钢筋间距为__________，Y 方向钢筋间距为__________，板上部没有配置贯通纵筋。

6. XB1，h=120/90，B：XcΦ8@200，YcΦ8@200 表示序号为 1 的__________，板根部厚度__________，端部厚度__________，板__________双向均为Φ8@200。

7. LB1，h=120，B：XΦ10@120，YΦ10@150（-0.100）表示____________________。

（续）

填空题	8. 板支座原位标注包括________________和________________。 9. 某板支座标注①Φ12@130（3A），表示________①号钢筋Φ12@130，横向连续布置________________________。
选择题	1. 混凝土板块编号“WB”表示（　　）。 A. 楼面板　B. 屋面板　C. 悬挑板　D. 现浇板 2. 下列钢筋不属于板中配筋的是（　　）。 A. 支座负筋　B. 下部受力钢筋　C. 架立钢筋　D. 分布钢筋 3. 板块集中标注中的选注项的是（　　）。 A. 板块编号　B. 板的贯通纵筋　C. 板厚　D. 板顶面标高差 4. 如图6-2所示悬挑板板厚注写为 $h=130/90$ 表示（　　）。 A. 根部厚度为90mm　B. 端部厚度为90mm C. 平均厚度为90mm　D. 中部厚度为90mm 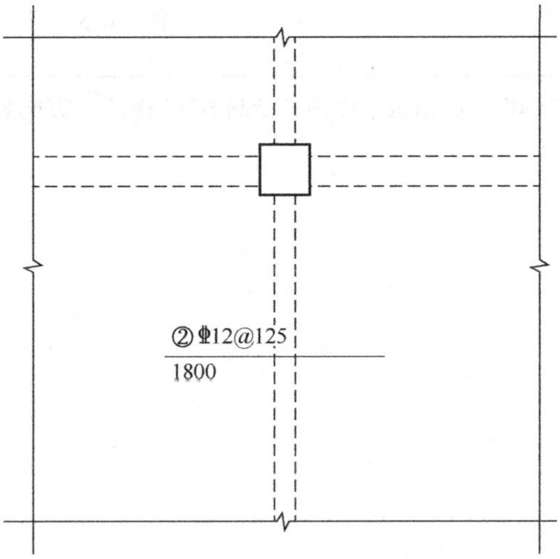 图　6-2 5. 板注写为LB1 $h=120$ 表示（　　）。 A. 1号楼面板，板厚度为120mm　B. 1号楼面板，板长度为120mm C. 1号屋面板，板厚度为120mm　D. 1号悬挑板，板厚度为120mm 6. 板注写为WB2 $h=120$　B：X12@110，Y10@130表示（　　）。 A. 2号屋面板，板厚度为120mm，板下部配有贯通筋 B. 2号楼面板，板厚度为120mm，板下部配有贯通筋 C. 2号屋面板，板厚度为120mm，板上部配有贯通筋 D. 2号屋面板，板厚度为120mm，板上部和下部均配有贯通筋 7. 板支座标注如图6-2所示，下列描述正确的是（　　）。 A. 板支座上部非贯通纵筋钢筋间距为125mm，自支座边线向跨内的伸出长度为1800mm B. 板支座上部非贯通纵筋钢筋间距为125mm，自支座中线向跨内的伸出长度为1800mm C. 此图表示支座上部非贯通纵筋向支座两侧非对称伸出 D. 以上选项均不正确

（续）

选择题

8. 板标注如图 6-3 所示，下列描述正确的是（　　）。

A. 1 号悬挑板上部 X 方向和 Y 方向均配有构造钢筋

B. 1 号悬挑板板厚不是等截面的

C. 1 号悬挑板上部 X 方向配有贯通钢筋，钢筋间距为 150mm

D. 3 号钢筋横向连续布置 3 跨

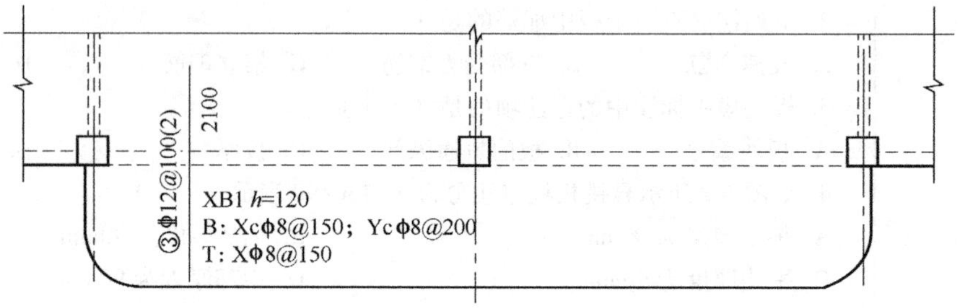

图　6-3

作图题

根据 GS-05 二层结构平面图，绘制 B212 板的 X 方向和 Y 方向截面图（标注几何尺寸）。

板平法施工图识读——板标准构造详图

填空题

1. 板下部纵向钢筋应伸入支座的长度________，且____________________。

2. 板边第一根钢筋定位尺寸为____________，a 为____________。

3. 板支座上部钢筋在端支座应____________________，弯折长度为____，当平直段长度分别__________时可不弯折。

4. 板贯通纵筋同一连接区段内钢筋接头面积百分率不宜大于____%。

（续）

<table>
<tr><td>选择题</td><td>1. 当板的端支座为梁时，下部钢筋伸入支座的长度为（　　）。
A. 12d　　B. 5d
C. 15d　　D. 取 5d 和支座宽/2 两项的较大值
2. 当板的端支座为梁时，板支座上部钢筋伸入支座内平直段长度为（　　），向下弯折。
A. 12d　　B. 梁角筋内侧
C. 15d　　D. 取 5d 和支座宽/2 两项的较大值
3. 悬挑板下部配置构造钢筋时，该钢筋伸入支座内的长度不应小于（　　），且至少伸至支座的中心线。
A. 12d　　B. 5d　　C. 15d　　D. 10d
4. 悬挑板上部受力钢筋应伸至支座对边纵向钢筋内侧弯折，直锚时锚固长度要（　　）。
A. ≥12d　　B. ≥5d　　C. ≥l_a(l_{aE})　　D. ≥10d
5. 下列关于板开洞的钢筋构造正确的是（　　）。
A. 板开洞边长或直径≤300mm 时，受力钢筋绕过孔洞，不另设补强钢筋
B. 板开洞边长或直径≤300mm 时，受力钢筋绕过孔洞，应设补强钢筋
C. 板开洞边长或直径≤300mm 时，受力钢筋直接切断，不需补强钢筋
D. 以上描述均不正确
6. 板上部贯通钢筋连接区为（　　）。
A. ≤跨中 l_n/2　　B. ≥跨中 l_n/2　　C. ≤跨中 l_n/3　　D. ≤跨中 l_n/4</td></tr>
<tr><td>作图题</td><td>绘制 B212 板的钢筋排布图（标注钢筋长度、定位尺寸）。

钢筋排布图</td></tr>
</table>

【任务评价】

教师收集学生提交的成果，组织学生进行自评和小组互评，并进行教师点评，将评价分数（权重）填写至表 6-1 中。

表 6-1　任务评价表

班级：__________　姓名：__________　学号：__________

项目名称	评价内容	分值	评价分数（权重）		
			自评	小组互评	教师点评
职业素养（30%）	协作意识	5			
	责任意识	5			
	探索精神	5			
	问题意识	5			
	积极互动	5			
	按时完成任务	5			
知识技能（70%）	掌握板的类型	5			
	掌握板的配筋	5			
	理解板的平面图的形成	5			
	理解板的平面注写内容	5			
	理解板的钢筋构造	5			
	理解板的钢筋排布	5			
	理解板开洞的钢筋构造	5			
	能识别板的类型	5			
	能绘制板的平面图和截面图	5			
	能根据板平法施工图识读数据和配筋	5			
	能正确计算板钢筋外包长度	10			
	能正确绘制板钢筋构造图	10			
总分[权重自评(20%)+小组互评(30%)+教师点评(50%)]=					
反思改进方面					

任务 7　楼梯平法施工图识读

【任务引导】

班级：________　姓名：________　学号：________

导学任务	楼梯平法施工图识读	信息页码
楼梯的定义		
楼梯按结构形式分类		
板式楼梯的主要构件		
写出非抗震楼梯的种类		
写出你知道的楼梯结构类型		

【任务描述】

你作为某建筑公司的施工技术人员（钢筋工），根据某学校实训楼的楼梯详图一、二，计算该学校实训楼的楼梯梯板钢筋的外包尺寸并汇总填写该楼梯梯板钢筋料单。

班级：__________第____组　组长：__________　小组成员：____________________

工程名称：某学校实训楼

构件名称（数量）：板式楼梯 AT1（　　个）

构件编号：AT1

钢筋编号	钢筋牌号、直径	钢筋简图	外包长度/mm	单位根数	总根数	每米钢筋质量/(kg/m)	总质量/kg

汇总：

【任务分析】

要完成板式楼梯 AT1 的钢筋外包尺寸的计算，需要找出要解决的任务关键问题。查阅、收集相关资料，了解楼梯的类型、平法制图规则和楼梯标准构造详图的规定。

1. AT1 是什么类型的梯板？________________。
2. 在楼梯平法施工图中有哪几种类型的梯板？________________。
3. AT1 梯板的厚度是________________。
4. AT1 梯板下部设置钢筋牌号、直径为________________________________。
5. AT1 梯板底板下部纵筋的锚固长度是________________。

【任务计划——小组分工】

班级：________ 小组名称：________ 小组成员：________

序号	任务名称	负责人	内容摘要	信息页码
1	楼梯平法施工图中楼梯类型（梁式、板式）			
2	AT1梯板的种类			
3	AT1梯板的厚度			
4	AT1梯板上部纵筋钢筋牌号、直径			
5	AT1楼梯踏步段的总高度			
6	楼梯梯板上部纵筋应满足的锚固条件			
7	楼梯梯板上部纵筋在梯板内的投影长度确定方法			

【任务实施】

班级：________________ 姓名：________________ 学号：________________

楼梯平法施工图识读——基本知识

<table>
<tr><td>填空题</td><td>1. 楼梯是多层建筑和高层建筑的竖向通道，要求满足________、____、____等要求，按结构形式不同，楼梯分为________和________。
2. 板式楼梯由________________、________________、________________组成。
3. 板式楼梯共有 14 种类型，其中普通梯段 7 种：____、____、____、____、____、____、____，这 7 种楼梯都是一跑楼梯，____、____是两跑楼梯。
4. DT 型梯板由________________________________组成。
5. 如图 7-1 所示的楼梯是________型梯板。
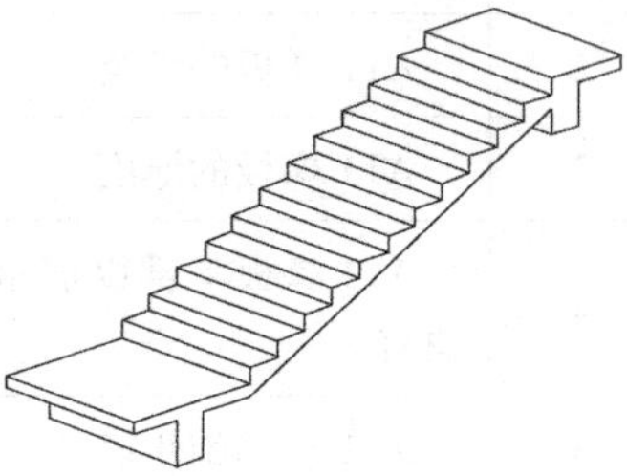
图 7-1</td></tr>
<tr><td>选择题</td><td>1. 全部由踏步段构成的是（　　）型梯板。
A. AT　B. BT　C. CT　D. DT
2. 由踏步段和高端平板构成的是（　　）型梯板。
A. AT　B. BT　C. CT　D. DT
3. 梯板上部纵筋用于设计考虑充分发挥钢筋抗拉强度的情况时，锚固长度取（　　）l_{ab}。
A. 0.15　B. 0.25　C. 0.35　D. 0.60
4. 楼梯上部纵筋伸至支座对边再向下弯折（　　）d。
A. 15　B. 20　C. 5　D. 10</td></tr>
<tr><td>作图题</td><td>根据图 7-2，用直尺铅笔画出该楼梯的平面图和立面图。
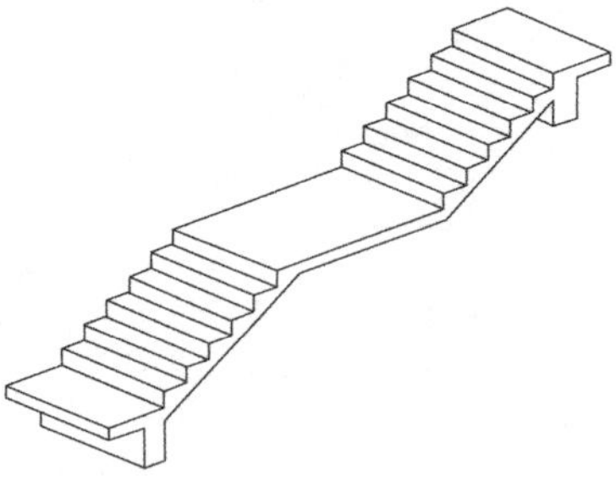
图 7-2

平面图　立面图</td></tr>
</table>

（续）

楼梯平法施工图识读——楼梯平法制图规则

填空题

1. 板式楼梯的平法施工图有________、____________和____________三种表达方式。

2. 板式楼梯的平法施工图，平面注写集中标注中包含________、________、________、________、________5 项内容。

3. 某楼梯集中标注中标注内容为 1600/10，其中，“1600”表示____________，“10”表示____________。

4. 板式楼梯平法施工图外围标注的内容包括________________________________等。

5. 根据教材中图 7-6 写出编号为 BT3 的楼梯在集中标注中的注写方式____________。

6. 根据图 7-3 回答下列问题：

1）该梯板类型属于____________型。

2）该梯梯板厚度为________；踏步级数为________；踏步宽度为________；踏步高度为________。

3）上部纵筋级别为________，直径为________，钢筋间距为________；下部纵筋级别为________，直径为________，钢筋间距为________；分布钢筋级别为________，直径为________，钢筋间距为________。

4）梯段斜板的水平投影长度是________。

5）楼梯间开间为________，进深为________。

6）层间休息平台顶结构标高为________；楼层休息平台顶结构标高为________。

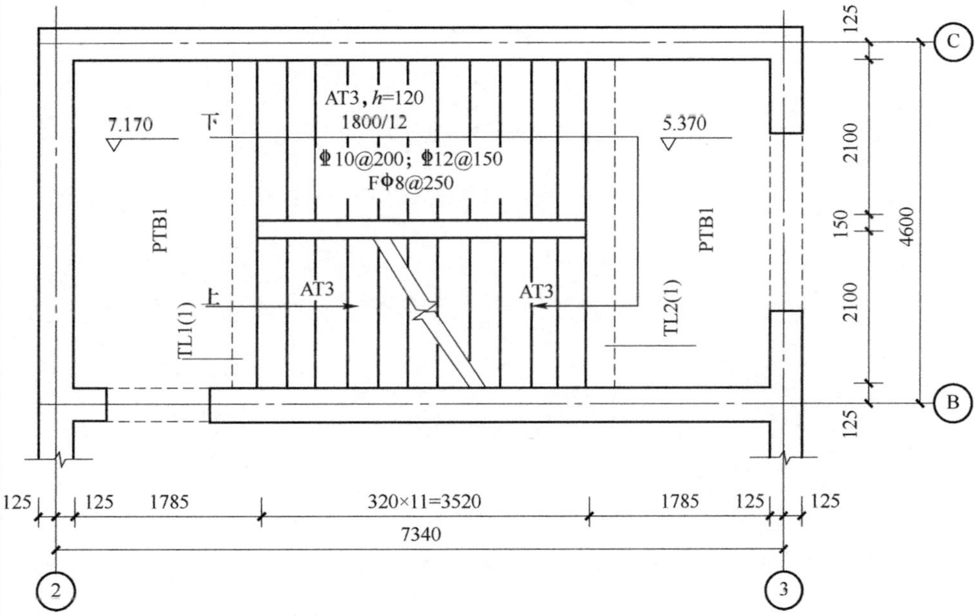

图 7-3

选择题

1. 下列标注形式不属于楼梯平法施工图的注写方式的是（　　）。

A. 平面注写　　B. 原位注写　　C. 列表注写　　D. 剖面注写

2. 下列（　　）型是抗震梯板的构造类型。

A. BT　　B. FT　　C. ATa　　D. GT

（续）

作图题	根据 22G101-2 图集第 2-8 页，尺寸参照第 2-7 页 AT 型楼梯示例尺寸，抄绘 AT 型楼梯配筋构造图。

【任务评价】

教师收集学生提交的成果，组织学生进行自评和小组互评，并进行教师点评，将评价分数（权重）填写至表7-1中。

表7-1　任务评价表

班级：________　姓名：________　学号：________

项目名称	评价内容	分值	评价分数（权重）		
			自评	小组互评	教师点评
职业素养（30%）	协作意识	5			
	责任意识	5			
	探索精神	5			
	问题意识	5			
	积极互动	5			
	按时完成任务	5			
知识技能（70%）	掌握楼梯梯板的类型	5			
	掌握不同梯板的构成方式	5			
	理解楼梯平面表达方式	5			
	理解楼梯平面注写方式	5			
	理解楼梯剖面注写方式	5			
	理解楼梯列表注写方式	5			
	理解梯板配筋构造	5			
	能根据楼梯平面布置图识别梯板类型	5			
	能根据楼梯三维图绘制平面图和立面图	5			
	能根据楼梯平法识读几何数据和配筋	5			
	能计算梯板钢筋锚固长度	5			
	能正确绘制梯板钢筋构造图	15			
总分[权重自评(20%)+小组互评(30%)+教师点评(50%)]=					
反思改进方面					

任务 8 剪力墙平法施工图识读

【任务引导】

班级：________ 姓名：________ 学号：________

导学任务	剪力墙平法施工图识读	信息页码
剪力墙的定义		
剪力墙的作用		
剪力墙的组成部分		
剪力墙墙身配筋的种类及特点		
剪力墙墙柱的种类及区别		
剪力墙墙梁的种类及区别		

【任务描述】

你作为某建筑公司的施工技术人员（钢筋工），根据 22G101-1 图集第 22-24 页剪力墙平法施工图（见图 8-1），回答问题并描述说明。

班级：__________第____组　　组长：__________　　小组成员：____________________

工程名称：某学校综合楼

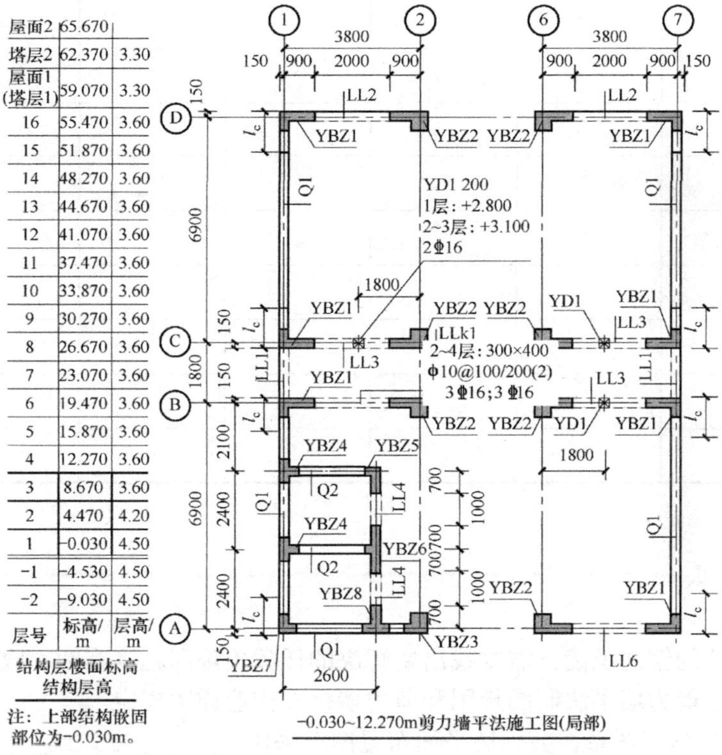

图　8-1

构件名称	楼层	标高	截面尺寸	配筋 1	配筋 2	配筋 3	其他
Q1							
YBZ1							
YBZ2							
YBZ4							

（续）

班级：__________第____组　组长：__________　小组成员：____________________

构件名称	楼层	标高	截面尺寸	配筋 1	配筋 2	配筋 3	其他
LL1							
LL3							
AL1							
BKL1							
YD1							
LLk1							

【任务分析】

要完成剪力墙的钢筋识读，需要找出要解决的任务关键问题。查阅、收集相关资料，了解剪力墙的组成、剪力墙平法制图规则和剪力墙标准构造详图规定。

1. 剪力墙平法施工图系在剪力墙平面布置图上采用________方式或________方式表达。

2. 在剪力墙平法施工图中，应给出结构层高表，注明各结构层的________及相应的________，尚应注明________________位置。

3. 剪力墙由____________、____________和____________三种构件组成。

4. 图 8-1 适用于标高________________的范围内剪力墙的施工与算量。

5. 剪力墙身钢筋由________________、________________和________________组成。

6. 剪力墙柱分为____________和____________两种类型。前者包括____________和____________；后者包括____________和____________。

7. 约束边缘构件 YBZ 和构造边缘构件 GBZ 的区别是____________、____________，另外____。

连梁 LL 是____________________，相类似砌体结构____________________的位置，暗梁 AL 则是______________________________，一般位于____________位置，边框梁 BKL 与暗梁 AL 的区别在于________________________________。

【任务计划——小组分工】

班级：________ 小组名称：________ 小组成员：________

序号	任务名称	负责人	内容摘要	信息页码
1	结构层高表识读			
2	剪力墙墙身识读			
3	剪力墙转角墙柱识读			
4	剪力墙翼墙柱识读			
5	剪力墙连梁识读			
6	剪力墙暗梁识读			
7	剪力墙边框梁识读			
8	剪力墙洞口识读			

【任务实施】

班级：________________　姓名：________________　学号：________________

<table>
<tr><th colspan="2">剪力墙平法施工图识读——基本知识</th></tr>
<tr><td>填空题</td><td>1. 综合楼的层数为地下____层，地上____层，局部____层。
2. 首层结构标高________，比建筑标高________低了________，为________。
3. 地下一层结构标高________，地下二层结构标高________。
4. 结构层高 = ________ - ________。层高为 4.5m 的有____________，二层层高为________，____至____层的层高为 3.6m，塔层 1 和塔层 2 层高为________。
5. 综合楼的建筑高度为________ m，是由________-________计算得到。</td></tr>
<tr><td>选择题</td><td>1. 剪力墙构件编号 GBZ 表示（　　）。
A. 构造柱　B. 约束边缘构件
C. 构造边缘构件　D. 扶壁柱
2. 剪力墙包括（　　）构件。
A. 井字梁　B. 墙柱
C. 墙梁　D. 墙身
E 基础梁
3. 剪力墙墙身钢筋包括（　　）。
A. 拉结筋　B. 竖向分布钢筋
C. 纵向钢筋　D. 水平分布钢筋
E. 箍筋
4. 平面图中，既有框架柱，也有剪力墙，这样的结构称为（　　）。
A. 剪力墙结构　B. 框架-剪力墙结构
C. 框架结构　D. 复合结构
5. 剪力墙平法施工图层高表中的标高表示（　　）。
A. 该楼层的连梁顶标高
B. 该楼层的连梁梁底标高
C. 该楼层楼面的结构标高
D. 该楼层楼面的建筑标高
6. 下列编号不属于剪力墙墙梁编号的是（　　）。
A. AL　B. FBZ
C. LL　D. YBZ
E. BKL
7. 剪力墙墙身拉结筋的布置方式有（　　）。
A. 矩形布置　B. 交点布置
C. 间隔布置　D. 梅花布置
E. 随意布置</td></tr>
</table>

（续）

剪力墙平法施工图识读——剪力墙平法制图规则

填空题

根据表 8-1 所示剪力墙墙柱表、表 8-2 所示剪力墙墙身和表 8-3 所示剪力墙墙梁表，读图并回答以下问题。

表 8-1　剪力墙墙柱表

截面	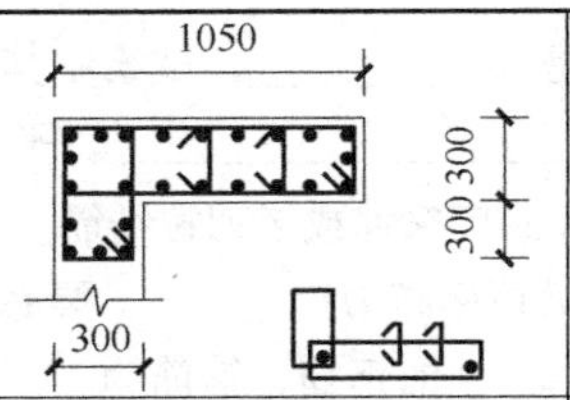	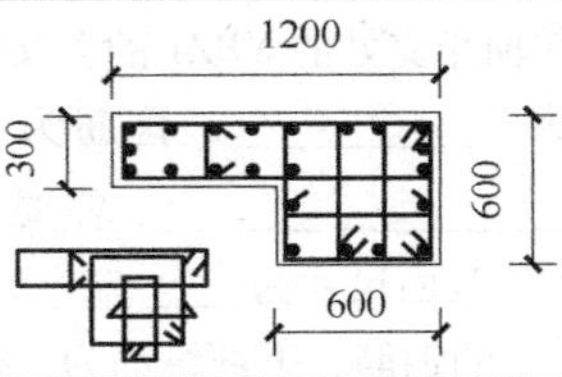	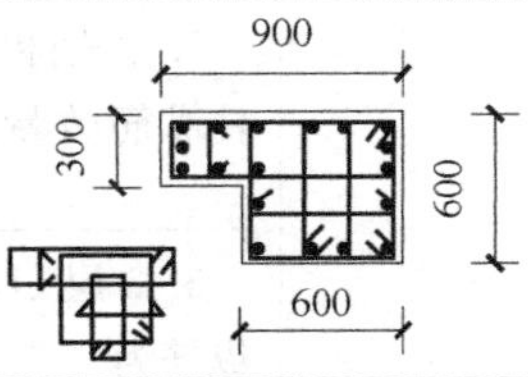
编号	YBZ1	YBZ2	YBZ4
标高	-0. 030~12. 270	-0. 030~12. 270	-0. 030~12. 270
纵筋	24Φ20	22Φ20	20Φ20
箍筋	φ10@100	φ10@100	φ10@100

表 8-2　剪力墙墙身表

编号	标高/m	墙厚/mm	水平分布筋	垂直分布筋	拉筋（矩形）
Q1	-0. 030~30. 270	300	Φ12@200	Φ12@200	φ6@600@600
	30. 270~59. 070	250	Φ10@200	Φ10@200	φ6@600@600
Q2	-0. 030~30. 270	250	Φ10@200	Φ10@200	φ6@600@600
	30. 270~59. 070	200	Φ10@200	Φ10@200	φ6@600@600

表 8-3　剪力墙墙梁表

编号	所在楼层号	梁顶相对标高高差	梁截面 $b\times h$	上部纵筋	下部纵筋	侧面纵筋	墙梁箍筋
LL1	2~9	0. 800	300×2000	4Φ25	4Φ25	同墙体水平分布筋	φ10@100(2)
	10~16	0. 800	250×2000	4Φ22	4Φ22		φ10@100(2)
	屋面 1		250×1200	4Φ20	4Φ20		φ10@100(2)
LL3	2		300×2070	4Φ25	4Φ25	18Φ12	φ10@100(2)
	3		300×1770	4Φ25	4Φ25	16Φ12	φ10@100(2)
	4~9		300×1170	4Φ25	4Φ25	10Φ12	φ10@100(2)
	10~屋面 1		250×1170	4Φ22	4Φ22	10Φ12	φ10@100(2)
AL1	2~9		300×600	3Φ20	3Φ20	同墙体水平分布筋	φ8@150(2)
	10~16		250×500	3Φ18	3Φ18		φ8@150(2)
BKL1	屋面 1		500×750	4Φ22	4Φ22	4Φ16	φ10@150(2)

注：当剪力墙厚度发生变化时，连梁 LL 宽度随墙厚变化。

（续）

填空题	1. Q1 分布在________________，分为____个墙段，标高为________________，墙厚为____________，轴线是否居中____，钢筋排数为____，水平分布筋和竖向分布筋为____________，拉结筋为____________，________布置；标高为________________，墙厚为____________，水平分布筋和竖向分布筋为________________，拉结筋为____________。钢筋排放时应把____________放在外。 2. ⑦轴和Ⓐ轴相交处的 YBZ1 的含义是____________，试绘制其与轴线的定位关系，其柱纵筋数量为____________，箍筋为____________________。平法施工图中标的 l_c 是____________________________，需要设封闭箍筋或多列拉结筋。 3. 3 层 LL1 的截面尺寸为________，梁顶标高为________，梁底标高为________，上部纵筋为________的钢筋，下部纵筋为________的钢筋，箍筋为____________的钢筋。侧面纵筋为________________。10 层 LL1 的截面尺寸为________，梁顶标高为________，梁底标高为________，上下部纵筋均为________的钢筋。 4. 2 层 AL1 的截面尺寸为________，梁顶标高为________，梁底标高为________，上部纵筋为________的钢筋，下部纵筋为________的钢筋，箍筋为____________的钢筋。侧面纵筋为________。 5. 屋面 1 层 BKL1 的截面尺寸为________，梁顶标高为________，梁底标高为________，上部纵筋为________的钢筋，下部纵筋为________的钢筋，箍筋为____________的钢筋。侧面纵筋为________。 6. 2 层 LL3 的截面尺寸为________，梁顶标高为________，梁底标高为________，上部纵筋为________的钢筋，下部纵筋为________的钢筋，箍筋为____________的钢筋。侧面纵筋为________。墙身留洞位置在________________，洞口中心相对标高________________，洞口尺寸为________________。每边补强钢筋为________，共________根。 7. Ⓑ轴上①~②轴间的 LLk1，其编号的含义为________________，跨高比为________，梁截面尺寸为____________，梁上部贯通纵筋为____________，梁下部纵筋为________，箍筋采用________________。
选择题	1. 剪力墙连梁标高高差标注-0.100 表示（　　）。 A. 该剪力墙连梁的梁顶标高为-0.100m B. 该剪力墙连梁的梁顶标高比该层结构标高高 0.100m C. 该剪力墙连梁的梁顶标高比该层结构标高低 0.100m D. 该剪力墙连梁的梁底标高比该层结构标高低 0.100m 2. 识读剪力墙墙柱时，我们应关注的信息有（　　）。 A. 墙柱的编号和位置　　B. 墙柱的截面尺寸 C. 墙柱的配筋　　D. 墙柱的起止标高 E. 板的类型 3. 连梁加强构造有（　　）。 A. 连梁（对角暗撑配筋）LL（JC）　　B. 连梁（交叉斜筋配筋）LL（JX） C. 连梁（集中对角斜筋配筋）LL（DX）　　D. 框架式连梁（跨高比不小于 5）LLk E. 边框梁 BKL 4. JD4 800×300，+3.100　3Φ18/3Φ14，表示 4 号矩形洞口，洞____800mm、洞____300mm，洞口中心________，________钢筋为 3Φ18，________钢筋为 3Φ14。（　　） A. 高，宽，高于本结构层楼面 3.100m，洞高方向补强，洞宽方向补强

（续）

选择题	B. 宽，高，高于本结构层楼面 3.100m，洞宽方向补强，洞高方向补强 C. 宽，高，低于本结构层楼面 3.100m，洞宽方向补强，洞高方向补强 D. 高，宽，高于本结构层楼面 3.100m，洞宽方向补强，洞高方向补强

剪力墙平法施工图识读——剪力墙标准构造详图

选择题	1. 当端部有暗柱时，墙身水平分布钢筋应伸至端部暗柱角筋内侧后（　　）。 A. 不弯折　B. 弯折 $5d$　C. 弯折 $10d$　D. 弯折 $15d$ 2. 墙身水平钢筋的搭接长度为（　　）。 A. $\geqslant l_a$　B. $\geqslant 1.2l_a$　C. $\geqslant 1.5l_a$　D. ≥500mm 3. 上下两排水平分布钢筋交错搭接时，错开距离为（　　）。 A. ≥500mm　B. ≥600mm　C. $\geqslant 1.2l_a$　D. <500mm 4. 当水平分布钢筋在转角处搭接且转角处为转角墙暗柱时，墙身内侧水平分布钢筋应伸至外边竖向钢筋内侧后（　　）。 A. 不弯折　B. 弯折 $10d$　C. 弯折 $12d$　D. 弯折 $15d$ 5. 当转角处为转角墙暗柱时，墙身外侧水平分布钢筋的连接方式有（　　）。 A. 均在暗柱范围外一侧搭接　B. 在暗柱范围外两侧轮流搭接 C. 各自弯折 $15d$　D. 在转角处搭接 E. 各自弯折 $10d$ 6. 墙身竖向分布钢筋或墙柱纵筋在楼板顶面进行焊接连接时，连接区位置应从基础顶面或楼板顶面算起（　　）。 A. ≥500mm　B. ≥600mm　C. $\geqslant 1.2l_a$　D. <500mm 7. 剪力墙顶层连梁在墙体内的箍筋直径和间距（　　）。 A. 直径按设计，间距按设计　B. 直径按设计，间距按 100mm C. 直径同跨中，间距同跨中　D. 直径同跨中，间距按 150mm 8. 当剪力墙连梁搁置端墙肢长度≤抗震锚固长度或≤600mm 时，连梁上部和下部纵筋伸至墙外侧纵筋内侧后弯折（　　）。 A. $10d$　B. $15d$　C. 150mm　D. 250mm 9. 剪力墙楼层连梁在墙体内的箍筋配置（　　）。 A. 直径同跨中，间距同跨中　B. 直径同跨中，间距按 150mm C. 不需配置　D. 直径按设计，间距按设计 10. 剪力墙连梁侧面纵筋的直径为（　　）。 A. 直径按设计 B. 直径取 12mm C. 直径按墙身的水平分布钢筋并和墙身连通 D. 直径取 10mm 11. 剪力墙顶层连梁在墙体内配置的第一道箍筋和梁端的距离为（　　）。 A. 100mm　B. 150mm　C. 按设计要求　D. 50mm 12. 剪力墙连梁在跨中配置的箍筋第一道起步距离为（　　）。 A. 100mm　B. 150mm　C. 按设计要求　D. 50mm

【任务评价】

教师收集学生提交的成果，组织学生进行自评和小组互评，并进行教师点评，将评价分数（权重）填写至表8-4中。

表8-4　任务评价表

班级：________　姓名：________　学号：________

项目名称	评价内容	分值	评价分数（权重）		
			自评	小组互评	教师点评
职业素养（30%）	协作意识	5			
	责任意识	5			
	探索精神	5			
	问题意识	5			
	积极互动	5			
	按时完成任务	5			
知识技能（70%）	掌握剪力墙的类型	5			
	掌握剪力墙墙身墙柱墙梁配筋特点	15			
	掌握剪力墙列表注写方式	5			
	理解剪力墙截面汁写方式	5			
	掌握剪力墙墙身表示方法与配筋	5			
	掌握剪力墙墙柱表示方法与配筋	5			
	掌握剪力墙墙梁表示方法与配筋	5			
	理解剪力墙洞口表示方法与配筋	5			
	掌握剪力墙墙身水平分布筋构造要求	5			
	掌握剪力墙墙身竖向分布筋构造要求	5			
	掌握剪力墙连梁墙顶配筋构造要求	5			
	掌握剪力墙连梁跨中配筋构造要求	5			
总分[权重自评(20%)+小组互评(30%)+教师点评(50%)]=					
反思改进方面					